# 基站天线测试技术与实践

王守源　安少赓　臧家伟　陈　林　陈　喆　潘　娟　孟　梦　著

電子工業出版社
Publishing House of Electronics Industry
北京·BEIJING

## 内容简介

本书围绕基站天线测试技术与实践，首先全面介绍了移动通信基站天线的发展历史、设计原理与结构，以及基站天线的种类和应用；接下来对开展基站天线检测的依据，即天线标准组织及架构、标准内容等做了详细的阐述；然后重点对基站天线的技术要求、测试场地和测试方法进行了讲解，此外还重点对作者所在实验室长期从事的基站天线测试工作积累的实践经验进行了分享；最后对基站天线的发展趋势进行了介绍。

本书作者所在实验室为国内权威的第三方检测实验室，本书是基站天线测试领域较为全面的论著，包含第三方检测实验室 20 余年丰富的检测经验，对基站天线测试技术有着全面、独到、深入的理解。本书可以为基站天线从业者提供大量检测方面翔实全面的技术细节，帮助读者了解基站天线检测活动的开展和相关的标准依据、测量原理、测试设备；也可以为天线检测设备的生产商、集成商、相关上下游产业的参与者提供天线产品检测的全流程运作情况，为更好地推动天线产品的生产及参与产业检测活动，提供技术上的支持和指导。



**图书在版编目（CIP）数据**

基站天线测试技术与实践/王守源等著. —北京：电子工业出版社，2021.6

ISBN 978-7-121-41391-9

Ⅰ. ①基…　Ⅱ. ①王…　Ⅲ. ①移动通信－通信设备－测试技术　Ⅳ. ①TN929.5

中国版本图书馆 CIP 数据核字（2021）第 124156 号

责任编辑：朱雨萌
印　　刷：北京虎彩文化传播有限公司
装　　订：北京虎彩文化传播有限公司
出版发行：电子工业出版社
　　　　　北京市海淀区万寿路 173 信箱　　邮编：100036
开　　本：720×1 000　1/16　印张：16.75　字数：306 千字
版　　次：2021 年 6 月第 1 版
印　　次：2021 年 6 月第 1 次印刷
定　　价：89.00 元

凡所购买电子工业出版社图书有缺损问题，请向购买书店调换。若书店售缺，请与本社发行部联系，联系及邮购电话：（010）88254888，88258888。

质量投诉请发邮件至 zlts@phei.com.cn，盗版侵权举报请发邮件至 dbqq@phei.com.cn。

本书咨询联系方式：zhuyumeng@phei.com.cn。

# 序言一

移动通信的迅猛发展已深刻地改变了我们的社会生活。与此同时，我国的移动通信产业，从无到有，从跟随到引领，进入了全球前列，培育了一批全球一流的公司与机构。

我国的基站天线产业作为移动通信产业的重要组成部分，也成为全球基站天线产业的领跑者。我国天线企业通过不断创新与突破，掌握了大量的专利技术，取得了辉煌的成就。目前，全球超过70%的基站天线产能来自中国。

中国信息通信研究院作为“国家高端智库　产业创新平台”，在ICT领域有着长期深入的研究，形成了政策法规、标准制定、检测认证等全过程的研究体系。

中国信息通信研究院泰尔实验室是我国检测领域的专业机构，长期聚焦信息通信设备的技术研究与检测。本书的作者均为泰尔实验室在移动通信领域有着丰富经验的高级专业技术人员。本书聚焦移动通信应用中天线产品的检测技术的发展，从测试的角度阐述了天线的发展历史、设计原理、技术需求和解决路径等。本书将理论与实践结合，是天线产业从业者不可多得的指导资料，也是我院服务产业的一种创新实践。

王志勤

中国信息通信研究院副院长

2021年4月22日

# 序言二

基站天线作为一种变换器，它将移动通信射频信号的传播形式在导行波和空间波之间转换，是发射或接收电磁波的设备。基站天线产品性能和质量的优劣直接关系到网络的通信效果和用户体验。

随着通信技术的发展，基站天线类型随着场景变化逐步升级和更新。2G 至 4G 时期，基站和天线处于分离的形态，从单一频段天线发展到多频复杂天线、从多频复杂天线发展到阵列天线；到了 5G 时期，产生了基站天线一体化的新形态，其中，5G 阵列天线引入了 Massive MIMO 技术和 3D 波束赋形技术，这些技术大幅提高了网络容量和信号质量。同时，5G 天线具有通信频段高频化、射频指标空口化的特点。这些 5G 天线的新特点，可以满足大带宽、低时延、广连接的 5G 场景。相应的测试方法也从最初的室外远场测试法逐步演进到目前的室内多探头球面近场和紧缩场测试法。伴随着天线技术的演进，面向基站天线测试技术的研究也日益深入，我们应通过不断的技术探索和设施更新，寻求一条全面衡量天线性能和质量的有效途径。

本书几位作者长期从事基站天线测试技术的研究工作，包括标准制定、场地建设、检测实践等。所就职的中国信息通信研究院泰尔实验室专业人才济济、检测设施设备齐全，是目前国内天线检测技术最先进、检测业务量最多、业界影响力最大的实验室，天线年检测量达到千根量级。在承担基础运营商集团采购天线选型和到货检测工作的同时，也为制造企业产品研发提供了大量的测试服务，在业内树立了较高的行业技术标杆并具有较好的美誉度。

随着 5G 技术的迅猛发展，天线技术迎来了巨大的变革，本书的出版恰逢其时。本书不仅全面系统地介绍了测试技术要求和测试方法，而且对众多不同类型的测试场地进行了详细的解读，书籍最后对天线未来的技术发展也做了深刻的分析与研究。

全书凝聚了作者就职的实验室 20 余年的天线检测经验，为制造商、运营商和第三方检测客观评价产品性能和质量提供了参考和帮助，也可以帮助对产业感兴趣的群体深刻理解产业发展形态。

中国信息通信研究院泰尔系统实验室主任、正高级工程师

2021 年 4 月 22 日

# 前言 FOREWORD

经过我国几代通信人的不断努力，在网络容量、产业规模和技术创新等方面，我国已成为名副其实的移动通信网络大国，拥有世界上最多的网民数量和最丰富的移动网络应用。回首我国移动通信 30 多年的发展历史，可以看到一条清晰的发展脉络——“1G 空白、2G 跟随、3G 突破、4G 并跑、5G 领先”。随着 2G 到 5G 移动网络的变化，我国移动通信基站天线（也称移动基站天线或简称基站天线）产业这一分支也经历了同样的大发展历程。

从 2G 到 5G，基站天线经历了全向天线、定向单极化天线、定向双极化天线、电调单极化天线、电调双极化天线、双频电调双极化天线、多频双极化天线、MIMO 天线及有源天线等过程，可以说基站天线的发展史就是我国通信产业发展的直接表现。我国基站天线产业经历了从无到有的过程，到目前已是全球基站天线生产大国，全世界超过 70%的基站天线由我国生产，我国在专利、技术方面也占据了全球领先的地位。

基站天线作为移动通信系统的最后一部分，其产品质量和性能的优劣直接影响通信网络覆盖和用户体验。所以在基站天线大发展过程中，无论是制造商、运营商还是第三方检测机构，都对基站天线产品的质量高度关注。因此，科学衡量天线产品质量的手段及方案，不断升级创新的天线测试技术，以及通过长期实践积累得来的经验显得非常宝贵。

中国信息通信研究院泰尔实验室作为国家级的第三方检测机构，从 20 世纪 90 年代就开始了基站天线的测试技术研究和实践摸索，是国内通信领域从事基站天线最早的第三方检测机构。在测量场地方面，从最初的电磁兼容暗室、室外远场，逐步升级到室内球面近场和紧缩场等场地设施，检测技术持续优化，测试手段在国际和国内均保持了一流的水准。在标准方面，通过中国通信标准化协会无线通信技术委员会无线网络配套设备工作组，主导编制了多项行业标准，经过多年的工作，创建了基站天线标准体系，为产业发展起到了良好的保障和推动作用。在大型检测项目方面，多年来承接了国内外运营商集团公司的大型集采选型和到货检测工作，得到了运营商和生产厂家的广泛认可。在研究团队建设方面，从最初的两三名测试工程师，发展到十几名，覆盖检测、标准制定和产品研发的天线团队。

本书作为基站天线检测应用领域的专业性论著，从专业的第三方检测实验室角度出发，系统地介绍了基站天线的发展历史、原理、结构、种类和应用，详细地介绍了标准体系的发展由来及演进过程。

本书对检测方法、流程进行了详细的描述，讲解了通用的基站天线测试技术要求和试验方法，包括辐射参数、电路参数、环境试验，以及测试场地要求和特点。通常技术要求和试验方法由行业标准规定，但是在实际使用过程中，厂家或运营商结合自己的实际特点，对指标做了一些修正或偏离。

本书也综合了实验室几十年的测试经验，叙述了实验室在长期测试基站天线过程中积累的一些实践经验。例如，检测基站天线测试场地的要求和实施方案、复杂多频天线测试方法和流程、电调接口实践、典型的测试场地等关键指标，以及一些经验型知识等。

另外，研判基站天线的发展趋势也是本书的重点内容之一。本书对天线技术的发展进行前瞻性研究，从而寻找和判断发展趋势，研究对应的测试技术，这也是一项重要的工作。

在本书的写作过程中，作者的分工如下：前言、第 1 章、第 2 章、第 3 章、第 5.1 节～第 5.3 节、第 6.1 节～第 6.3 节、第 6.5 节、第 7.1 节～第 7.3 节、第 7.5 节～第 7.6 节、附录 A 由王守源牵头起草；第 4 章由安少赓牵头起草；第 7.4 节由臧家伟牵头起草；第 5.4 节、5.5 节、6.4 节、6.6 节、6.7 节由陈林牵头起草；第 5.6 节由陈喆牵头起草；潘娟、孟梦完成了部分审稿工作；最终由王守源完成了全书的审稿和统稿工作。

在本书的编写过程中得到了中国信息通信研究院领导和泰尔实验室领导的关怀与指导，同时也得到了天线行业专家的悉心指导，在此一并表示衷心感谢！

作　者

2021 年 2 月

# 目录 CONTENTS

第 1 章

# 基站天线发展历史

## 1.1 引言

通信技术是当代生产力中最为活跃的技术因素，对生产力的发展和人类社会的进步起着直接的推动作用。通信最重要的目的就是传递信息，最早的通信包括最古老的文字通信，以及我国古代的烽火台传信。当今所谓的通信技术是指 18 世纪以来的以电磁波为信息传递载体的技术。通信技术的发展在历史上主要经历了 3 个阶段：初级通信阶段（以 1839 年电报发明为标志），近代通信阶段（以 1948 年香农提出的信息论为标志），现代通信阶段（以 20 世纪 80 年代以后出现的互联网、光纤通信、移动通信等技术为标志）。

随着国内经济的快速、持续发展，改革开放以来，通信产业发生了巨大变化，这是众所周知的。通信技术和经济效益的推进，使得通信产业成为国内最大的产业之一，为了适应这一新兴产业的发展，国家也在通信领域进行了重大机构改革。随着通信本身向信息经济的发展，信息实际上是现代经济的生命线。因此，通信已成为商业和工业，甚至农业等其他行业持续发展的关键因素。

在通信这一领域内，移动通信的发展更加耀眼夺目，人们已不满足在固定场所处理信息流。在外出旅游、度假、访问等途中也需要通信，因此移动通信的发展有了契机，它由工程师完善开发并成功地发展。在国内，从 20 世纪 80 年代中期至今，移动通信的发展变迁是有目共睹的，在我们周围处处可以看到移动终端——手机，丰富多彩、五花八门的手机几乎无时无刻不在传递信息，包括政治、经济、文化、生活等多个方面。国内最大的 GSM 蜂窝移动网的用户已逾两千万人；为了实现“村村通电话”这一宏伟目标，无线接入系统蓬勃发展，为农村，尤其是偏远村庄的经济发展提供了信息保障。

## 1.2 天线发展阶段

天线是无线电通信、无线电广播、无线电导航、雷达、遥测遥控等各种无线电系统中不可缺少的设备。天线发明至今经历了 100 多年的时间，纵观天线的发展，大致可分为 3 个阶段。

第一阶段：线天线时期（19 世纪末至 20 世纪 30 年代初）。

第一根天线是德国物理学家在 1887 年为验证英国数学家及物理学家麦克斯韦预言的电磁波而设计的。其发射天线是两根 30cm 长的金属杆，杆的终端连接两块 40cm 见方的金属板，采用火花放电激励电磁波，接收天线是环天线。此外，1888 年赫兹还用锌片制作了一根抛物面反射器天线，它由沿着焦线放置的振子馈电构成，工作频率为 455MHz。

1901 年，意大利发明家马可尼采用一种大型天线实现了远洋通信，其发射天线为由 50 根下垂铜线组成的扇形结构，顶部用水平横线连接在一起，水平横线挂在两个高 150 英尺（约 45.7m）、相距 200 英尺（约 70.0m）的塔上，电火花放电式发射机接在天线和地之间。这可以被认为是付诸实用的第一根单极天线。

早期无线电的主要应用是长波远洋通信，因此天线的发展也主要集中在长波波段上。自 1925 年以后，中、短波无线电广播和通信开始实际应用，各种中、短波天线得到迅速发展。

第二阶段：面天线时期（20 世纪 30 年代初至 20 世纪 50 年代末）。

第二次世界大战前夕，微波速调管和磁控管的发明导致了微波雷达的出现，厘米波得以普及，无线电频谱得到了更为充分的利用。这一时期广泛采用了抛物面天线或其他形式的反射面天线，这些天线都是面天线或称口径天线。此外，还出现了波导缝隙天线、介质棒天线、螺旋天线等。1940 年以后，有关长、中、短波线状天线的理论基本成熟，主要的天线形式沿用至今。第二次世界大战中，雷达的应用促进了微波天线特别是发射面天线的发展，微波中继通信、散射通信、电视广播的迅速发展，使面天线和线天线技术得到进一步发展和提高。这个时期，建立了口径天线和基本理论，如几何光学、口径场法等，发明了天线测试技术，开发了无线阵的综合技术。

第三阶段：大发展时期（20 世纪 50 年代至今）。

1957 年，人造地球卫星上天标志着人类进入了开发宇宙的新时代，也对天线提出了许多新的要求，如高增益、精密跟踪、快速扫描、宽频带、低旁瓣等。同时，电子计算机、微电子技术和现代材料的发展又为天线理论与技术的发展提供了必要的基础。1957 年，美国制成了用于精密跟踪雷达 AN/FPS-16 的单脉冲天线。1963 年出现了高效率的双模喇叭馈源，1966 年发明了波纹喇叭，1968 年制成了高功率相控阵雷达 AN/FPS-85。1972 年制成了第一批实用微带天线，并作为火箭和导弹的共形天线开始了应用。近年来，还出现了分形天线等小型化天线形式。

随着天线应用的发展，天线理论也在不断发展。早期对天线的计算方法是先根据传输线理论假设天线上的电流分布，然后由矢量位求其辐射场，由坡印亭矢量在空间积分求其辐射功率，从而求出辐射电阻。自 20 世纪 30 年代中期开始，为了比较精确地求出天线上的电流分布及输入阻抗，很多学者从边值问题的角度来研究典型的对称振子天线，提出用积分方程法来求解天线上的电流分布。20 世纪 30 年代以后，随着喇叭和抛物面天线的应用，发展了分析口径天线的各种方法，如等效原理、电磁场矢量积分方法等。由于天线问题是具有复杂边界条件的电磁场边值问题，难以得到严格解。20 世纪 70 年代以后，随着电子计算机的普及，各种电磁场数值计算方法应运而生，如矩量法（MOM）、时域有限差分法（FDTD）、有限元方法（FEM）和几何绕射理论（GTD）等分析方法，这些方法成为分析各种复杂天线问题的有力工具，并已形成商用软件。

天线作为无线电通信的发射和接收设备，直接影响电磁波信号的质量，因而天线在无线电通信中占有极其重要的地位。一个结构合理、性能优良的天线系统可以很大限度地降低对整个无线电系统的要求，从而节约系统成本，同时提高整个系统的性能。最典型的例子就是电视接收系统，它用一根高性能的天线覆盖了所有的电视频道，从而降低了设备成本。在天线测量技术方面，发展了微波暗室和近场测量技术，研制了紧缩天线测试场和利用射电源的测试技术，并建立了自动化测试系统。这些技术的运用解决了大天线的测量问题，提高了天线测量的精度和速度。

当今，天线技术已具有成熟科学的许多特征，但仍然是一个富有活力的技术领域。随着现代化城市的发展，高层建筑物日益增多，天线所处的电磁环境日益复杂化，并且通信系统尤其是移动通信为了提高信号质量，对天线的各项性能要求也在不断提高。无线主要的发展方向是：多功能化（以一代多）、智能化（提供信息处理能力）、小型化、集成化及高性能化（宽频带、高增益、低旁瓣、低交叉极化）等。

## 1.3　移动通信基站天线

在蜂窝移动通信系统中，天线是通信设备电路信号与空间辐射电磁波的转换器，是空间无线通信的桥头堡，因此移动通信基站天线（简称基站天线）是移动通信系统的重要组成部分，其特性直接影响整个无线网络的整体性。基站天线的发展主要经历了全向天线、定向单极化天线、定向双极化天线、电调单极化天线、电调双极化天线、双频电调双极化天线、多频双极化天线、MIMO 天线及有源天线等过程。

当前，不同的电信运营商几乎都需要不同类型的基站天线来满足其网络建设要求，并且价格仍是各电信运营商进行基站天线选型的主要参考因素，然而过度降低的价格势必在某种程度上影响基站天线性能，各运营商在建网时站点选择难度逐渐加大。这些都对基站天线的发展提出了新的挑战，如何提高基站天线的性价比且更好地应对站点选择难度逐渐加大等问题，是移动通信基站市场的后续发展趋势。从技术演进上看，随着新一代无线通信系统 LTE 的出现，如何合理平衡基站天线的性能与价格，设计具有智能波束赋形功能及系统一体化集成的有源天线，是其技术演进的基本方向。

移动通信的新技术、新器件令人耳目一新，对天线设计师也提出了前所未有的要求，如果在便携的移动终端上使用常规天线，那么用户是不会接受的，而且设备小型化、微型化也就毫无意义了。因此天线设计师必须研制小型甚至电子天线以适应现代技术，既能在很小的界面上工作，又能满足电性能指标。然而，对于天线设计师而言，不能停留在这种意义上的设计，还要有更高的追求，先进的天线设计能使天线产生另外的系统功能，如分集接收功能、降低多路径衰落或极化特性的选择功能等。尤其是基站天线设计不再局限于在一个平坦基面上实现小型化、轻重量、薄剖面或平嵌安装的全向天线，而是建立一个复杂的电磁结构，使其在无线信道中发挥重要作用，并成为系统设计的有机部分，涉及传播特性、本地环境条件、系统组成、性能、信噪比、带宽特性、基站天线本身的机械结构、制作技术的适应性，以及使用安装的方便性等。移动系统本身的种类对基站天线设计的影响也很大，陆地、海面、天空和卫星系统之间就有很大的不同。在分区系统中，辐射方向图必须与区域图一致以避免干扰；城市通信要采用分集接收的方式。

## 1.4 阵列天线

天线是一种用于发射和接收电磁能量的设备。在许多场合，通过单个天线（或称单个辐射器）就可以很好地完成发射和接收电磁能量的任务，如常用的各种线天线、面天线、反射面天线等，其本身就可以独立工作。但这些天线形式一旦选定，其辐射特性便相对固定了，如波瓣指向、波束宽度、增益等，这就造成了某些特殊应用场合的局限性，如雷达天线一般要求较强的方向性、较高的增益、很窄的波束宽度、波束可以实现电扫描及一些其他特殊指标，单个天线往往不能达到预定的要求，这时就需要多个天线联合起来工作，共同实现一个预定的指标，这种组合造就了阵列天线。若干天线（辐射器）按照一定的方式安排和激励，利用电磁波的干涉原理和叠加原理来产生特殊的辐射特性，这种多辐射器的结构就称为天线阵，构造成的按阵列排列的多天线可以看作一个独立的天线，称为阵列天线，构成阵列天线的单个辐射器称为单元。

对阵列天线的研究和设计常采用阵列天线综合法。近几十年来，天线阵列方向图的综合问题引起了人们的广泛关注，并且随着全球通信业务的迅猛发展，智能天线已经成为卫星通信和移动通信的研究热点。天线通信系统一般要求天线阵列方向图具有一定的主瓣宽度、特殊的主瓣形状和低的旁瓣电平等，因此需要根据这些指标，运用相关算法获得最佳的天线阵列权值系数，这种技术称为阵列方向图综合。

阵列方向图综合问题最初的研究工作集中在由均匀分布、各向同性元构成的阵列天线上。1946 年，Dolph 首先提出在均匀线阵的基础上实现切比雪夫方向图的综合方法，这一方法解决了在主瓣宽度一定的条件下，如何使旁瓣峰值电平最低的阵列方向图综合问题。Taylor、Hyneman、Elliott 提出了各种具有均匀旁瓣的阵列方向图综合方法。但是上述方法的共同特点是只适用于由均匀分布的各向同性阵元构成的阵列，而不能直接用于任意阵列。1990 年，Olen 和 Compton 提出将自适应原理应用于阵列方向图综合中。这种方法有很多通用性，可用于任意阵列，但该方法的收敛特性在很大程度上取决于循环增益 $K$，$K$ 值很难选取，只能使用试凑法来选取，另外该方法的精度也无法得到保证。

阵列方向图综合是指按规定的方向图要求，用一种或多种方法来进行天线系统的设计，使系统产生的方向图与所要求的方向图良好逼近。因此，阵列方向图综合问题实际上是天线分析的反设计，即在给定阵列方向图要求的条件下设计辐射源分布，所要求的阵列方向图随着应用的不同而有多种变化。例如，车载通信、地—空或陆—海搜索雷达所用的天线往往需要产生一种扇形波束，即在方向图主瓣范围内（扇形空间）有均匀辐射，除此之外的空间应无辐射。又如，某同步轨道中的通信卫星要求产生分离的双波束，一个波束对准美洲西部，另一个波束对准阿拉斯加，即要求有两个主瓣，且主瓣区内要均匀辐射，照射地球的其他区域的旁瓣应尽量低以减少干扰，照射地球之外的其他区域则允许有较高的旁瓣。阵列方向图综合对于相控阵雷达同样具有重要意义，对于预警雷达而言，总是希望阵列方向图主波束尽量窄、旁瓣尽量低，这样就易于发现目标、降低干扰的影响。

相控阵是阵列天线的一个典型代表，它通过改变阵列的馈电相位，来移动整个阵列天线合成波束。相控阵具有控制灵活、天线结构和转动机械要求低、波束扫描快和精度高等优势，尤其是随着电子技术的进步，使得基于半导体的控制电路成本越来越低、一致性越来越好，这种扫描方式已经逐渐占据了主导地位。目前不仅在高成本的雷达领域，甚至在传统上采用低成本抑制天线和机械扫描天线的通信领域，都已经或即将广泛应用，成为先进技术和高性能天线的象征。自适应阵和智能阵是指对各阵元接收的信号加以处理，使阵列变得积极，并对环境做出聪明的反应的阵列，可以操纵其波束指向想要的信号，且同时操纵其零点方向指向不想要的干扰信号，从而使所要信号的信噪比最大化；此外，借助对各阵元馈端上信号的适当取样和数字化，并用计算机加以处理，从原理上讲，能构成非常智能的天线阵。

# 第 2 章

# 基站天线设计原理与结构

# 2.1 天线设计原理

## 2.1.1 对称振子理论

对称振子是由两根粗细相同、长度相等的直线形导线构成的，馈电点是两根导线连接处的两个端点，其结构如图 2.1 所示。$l$ 为臂长，是单根导线的长度，整个对称振子长度为 $2l$。对称振子结构简单，被广泛用于无线通信系统中，如卫星通信、雷达探测等。就工作波段而言，对称振子经常在短波通信、超短波通信和微波通信中使用。不仅能够作为单独的天线使用，还能够被用作大型阵列天线的组成单元，也能够作为面天线的一部分（如馈源）。

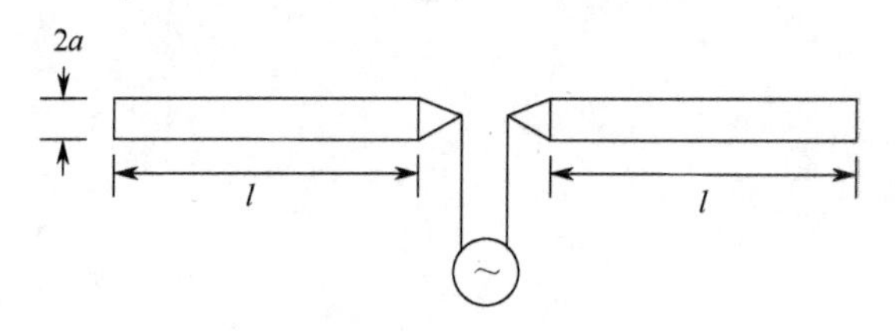


图 2.1 对称振子的结构

将一段开路传输线张开就可以构造出对称振子。通过分析该开路长线的电流分布可以近似地获得对称振子的电流分布情况。在无耗时，开路长线的电流分布是正弦形式的，这类似对称振子的电流分布，并且正弦分布的波形与振子臂的电长度相关。取坐标原点为对称振子的中心，沿 $z$ 轴为振子轴方向。对称振子的电流分布可以近似地表示为

$$I(z)=\begin{cases}I_{\mathrm{M}}\sin\beta(l-z) & 0<z<l\\ I_{\mathrm{M}}\sin\beta(l+z) & -l<z<0\end{cases} \tag{2.1}$$

式中，$I_{\mathrm{M}}$ 为波腹电流；$l$ 为对称振子一臂的长度；$\beta$ 为对称振子电流传输的相移常数，$\beta=2\pi/\lambda_a$（$\lambda_a$ 为振子上的波长），如果不考虑损耗，$\beta=k=2\pi/\lambda$（$k$ 为自由空间相移常数，$\lambda$ 为自由空间波长）。

式（2.1）也可以写为

$$I(z)=I_{\mathrm{M}}\sin\beta(l-|z|)\quad -l<z<0,\ 0<z<l \tag{2.2}$$

## 2.1.2　对称振子辐射方向图

天线辐射参量随空间方位的变化而变化情况可以用天线辐射方向图表示。这里天线辐射参量主要指辐射电磁波的功率通量密度、电场和磁场强度、相位及极化方式。在一般情况下，天线辐射方向图是在远场测定的，可以表示为空间方位坐标函数，也就是方向（图）函数。事实上，在没有特别说明的情况下，方向图通常指所辐射电磁波的功率通量密度的空间分布，或者有时指辐射场场强在远场的空间分布。天线在 $(\theta,\ \varphi)$ 方向所辐射的电场强度 $E(\theta,\ \varphi)$ 的大小可以表示为 $|E(\theta,\varphi)|=A_0 f(\theta,\ \varphi)$，式中，$A_0$ 是与空间方位不相关的常数，$f(\theta,\ \varphi)$ 为场强的方向函数，由此可得：

$$f(\theta,\ \varphi)=\frac{|E(\theta,\ \varphi)|}{A_0} \tag{2.3}$$

实际上，我们常用的是归一化的方向图，即用功率通量密度或辐射场场强的归一值来表示辐射方向图。设 $S(\theta,\ \varphi)$ 和 $E(\theta,\ \varphi)$ 为在方向 $(\theta,\ \varphi)$ 上的功率通量密度与电场强度，则归一化的功率方向图 $p(\theta,\ \varphi)$ 和归一的化场强方向图 $F(\theta,\ \varphi)$ 可表示为 $p(\theta,\ \varphi)=F^2(\theta,\ \varphi)$。另外，方向图也可以通过分贝表示，常表示为 $p(\theta,\ \varphi)(\mathrm{dB})=10\lg p(\theta,\ \varphi)=20\lg F(\theta,\ \varphi)$。

取 $A_0=60I_{\mathrm{M}}/r$ 可得对称振子的方向图，对称振子的场强方向函数为

$$f(\theta,\ \varphi)=\frac{\cos(kl\cos\theta)-\cos kl}{\sin\theta} \tag{2.4}$$

归一化场强方向函数为

$$F(\theta,\ \varphi)=\frac{\cos(kl\cos\theta)-\cos kl}{f_{\mathrm{M}}\sin\theta} \tag{2.5}$$

式中，$f_{\mathrm{M}}$ 为 $f(\theta,\ \varphi)$ 的最大值，功率方向函数为

$$P(\theta,\ \varphi)=\left[\frac{\cos(kl\cos\theta)-\cos kl}{f_{\mathrm{M}}\sin\theta}\right]^2 \tag{2.6}$$

### 2.1.3 天线的方向性系数

天线的方向性系数是用来描述天线将所辐射的电磁波能量集中起来的能力的参量。其定义为在辐射功率相同的情况下，某天线在某一点所产生的电场强度模值的平方($E^2$)和点源天线在相同的电场强度下所产生的平方($E_0{}^2$)的比值，常用$D$来表示，即：

$$D=\frac{E^2}{E_0^2}\text{（辐射功率 }P_r\text{ 相同）} \tag{2.7}$$

天线的方向性越强，则方向性系数越大。通常把天线在其大辐射方向上的方向性系数称为这个天线的方向性系数。增益与定向性之比是天线效率因子，这种关系可表示为 $G=kD$，效率因子 $k$（$0\leqslant k\leqslant 1$）是无量纲的。有很多设计良好的天线，其 $k$ 值可以接近于 1，但实际上 $G$ 总是小于 $D$ 且以 $D$ 为理想的最大值。

### 2.1.4 天线口径

天线口径的概念从接收天线的观点引入最为简便。假设该接收天线是置于均匀平面电磁波中的矩形电磁喇叭天线，记平面波的功率密度即坡印亭矢量的幅度为 $S$，喇叭的物理口径即面积为 $A_p$。如果喇叭以其整个物理口径从来波中摄取所有的功率，则喇叭吸收的总功率为 $P=E^2/ZA_p=SA_p$，于是，可认为电磁喇叭从来波中摄取的总功率正比于某种口径的面积。

但是喇叭对来波的响应并非是均匀的口径场分布，因为侧壁上的电场 $E$ 必须等于零。为此给出一个小于物理口径 $A_p$ 的有效口径 $A_e$，并定义两者之比为口径效率 $\varepsilon_{ap}$，即 $\varepsilon_{ap}=A_e/A_p$。对于喇叭和抛物面反射镜天线而言，口径效率普遍在 50%～80%（$0.5\leqslant\varepsilon_{ap}\leqslant 0.8$）。对于在物理口径边缘也能维持均匀场的偶极子或贴片大型阵列来说，口径效率则可以接近 100%。然而，要降低旁瓣就必须采用向边缘锥削的口径场分布，这必然导致口径效率的下降。

### 2.1.5 天线的辐射参数

对于基站天线来说，天线的方向图是一个极其重要的指标。天线的方向图一般是一个三维空间的曲面图形，但工程上为了方便经常采用两个相互垂直正交主平面上的剖面图来描述天线的方向性，通常取 $E$ 平面（电场矢量与传播方向构成的平面）和 $H$ 平面（磁场矢量与传播方向构成的平面）内的方向图。绘制某个平面的方向图，可以采用极坐标或直角坐标。天线的方向图一般呈现花瓣形，因此有时也被称为波瓣图。其中，波瓣最大的称为主瓣，其余的则称为副瓣或旁瓣。极坐标方向图直观性强，直角坐标方向图易于表示低副瓣和窄主瓣性能，前者主要用于绘制低、中增益天线的方向图，后者多用于绘制高增益或低副瓣天线的方向图。

对于基站天线来说，我们主要研究天线方向图的以下几个参数。

### 1. 波束宽度

波束宽度是基站天线的一个重要指标要求。通常把主瓣上两半功率点之间的夹角定义为天线方向图的波瓣宽度，即半功率波束宽度（HPBW）。主瓣瓣宽越窄，天线的方向性越好，抗干扰能力越强。对于基站天线来说，波瓣宽度影响天线的信号覆盖面积和传输距离。天线的波瓣宽度主要有垂直波瓣宽度和水平波瓣宽度，如图 2.2 所示，通常根据基站天线的用途和增益的要求来设计相应的波瓣宽度。对于全向天线来说，要求水平面方向图为一个圆，即呈现全向性。垂直面的半功率波瓣宽度则与天线的增益有关，增益越高，垂直面半功率波瓣宽度越窄。与全向天线不同，定向天线主要是用来覆盖蜂窝式小区的，由于不同用户采用的组网方案不同，对定向天线的水平面半功率波瓣宽度和天线增益的要求也各不相同，一般情况下水平面波瓣宽度分为 65°、90° 和 120°。

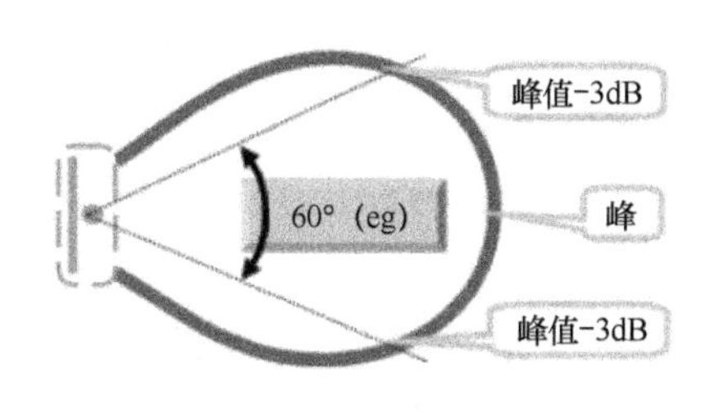


(a) 天线的水平波瓣宽度

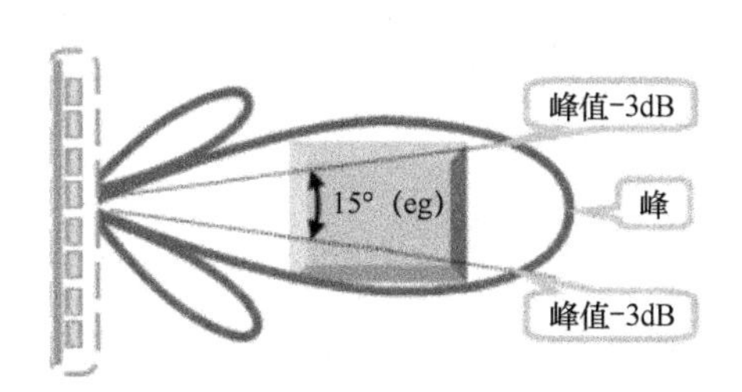


(b) 天线的垂直波瓣宽度

图 2.2　天线的波瓣宽度

### 2. 前后比

天线的前后比是指最大辐射方向（设为 $\theta$ =0° 方向）的场值与 180° ±30° 角域内最大场强之比，如图 2.3 所示，通常用符号 $F/B$ 来表示，可以写为

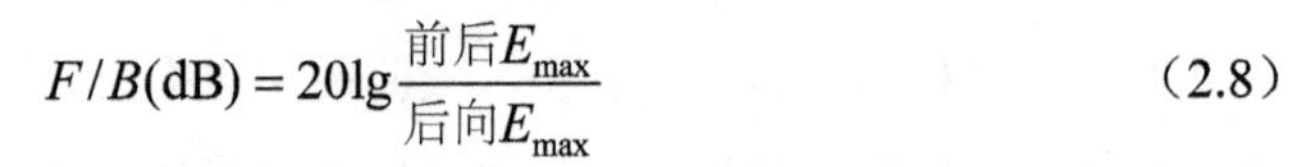

$$F/B(\text{dB}) = 20\lg\frac{\text{前后}E_{\max}}{\text{后向}E_{\max}} \tag{2.8}$$

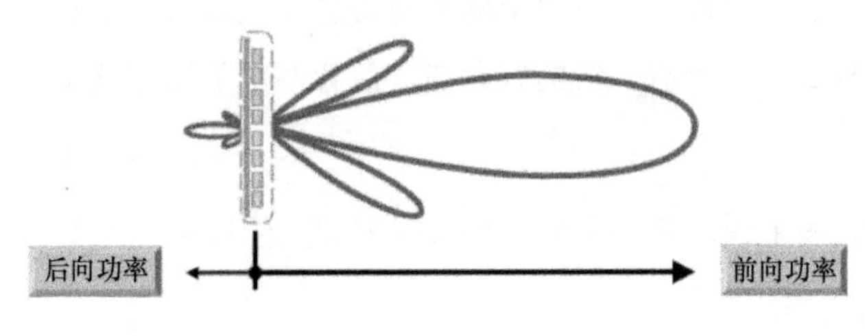


图 2.3　天线的前后比

### 3. 副瓣电平（SLL）

天线的副瓣电平一般用副瓣最大值与主瓣最大值的比值来表示，与前后比相似，也用 dB 来表示，具体表达式如下：

$$\text{SLL} = 20\lg\frac{\text{副瓣}E_{\max}}{\text{主瓣}E_{\max}} \tag{2.9}$$

在实际应用中，基站天线通常所要覆盖的区域都在地面上，在 $E$ 面上，天线上旁瓣的辐射方向指向天空，这个区域一般不需要覆盖，为了降低天线的能量损失，提高天线的增益，应该尽量降低天线上副瓣电平。对于需要下倾的基站天线，对上副瓣电平的抑制就显得更为重要了，因为当天线下倾时，天线的上副瓣电平刚好指向邻近的小区，会带来信号干扰，所以第一副瓣电平一般要小于 −16dB。

### 4. 波束下倾

天线方向图的最大辐射方向指向水平面，对于远离基站的用户来说有利，但是对于那些离基站相对较近的用户来说却是不利的，有可能造成“塔下黑”的情况，为了有效地解决“塔下黑”问题，必须使基站天线的波束下倾。实现波束下倾的方法主要有两种：①机械下倾；②电调下倾，如图 2.4 所示。

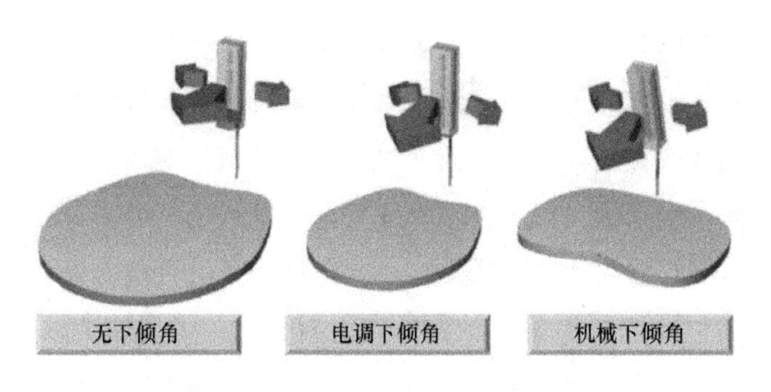


图 2.4　天线的波束下倾

机械下倾主要通过调整天线背面的支撑架位置来实现天线的波束下倾。这种方法虽然改变了天线主瓣的覆盖距离，但是并没有改变天线垂直和水平分量的幅度值，因此方向图极易出现变形。除此之外，对于这类天线的维护也是相当复杂的。电调下倾是指通过使用电子调整来改变天线的下倾角度，这种天线又被称为电调天线，它的主要原理是通过改变阵列天线单元之间的相位来调整天线电场强度的垂直和水平分量的大小，从而实现天线在垂直方向上的方向图下倾。与机械下倾相比，电调天线主要有以下优势：①操作简单，精确度高；②能够简化天线的安装、固定结构；③波束赋形效果好；④可以在下倾角的范围内实现任意角度的波束下倾。

### 5. 天线的极化

无线电波在空间传播时，其电磁场方向是按一定规律变化的。由于电场方向始终与磁场方向垂直，所以一般把电场矢量在空间的指向称为无线电波的极化。如果电场矢量在垂直传播方向的平面内随时间变化一周，其端点描绘的轨迹是一个椭圆，就称其为椭圆极化波；如果电场矢量端点描绘的轨迹是一个圆，就称其为圆极化波；如果电场矢量端点轨迹描绘的是一条线，就称其为线极化波。

天线的极化是指其辐射电场的极化。对线极化天线来说，振子的方向就是它的极化方向，如图 2.5 所示。

1）交叉极化

天线可能在非预定的极化上产生不需要的极化分量。以水平极化天线为例，在辐射水平极化的同时也有可能产生垂直极化分量，通常把这种不需要的极化波称为交叉极化波，也称为正交极化波。对圆极化波或椭圆极化波来说，如果需要的是右旋圆极化波或右旋椭圆极化波，那么左旋圆极化波或左旋椭圆极化波则为它的交叉极化波。交叉极化对于基站天线来说也是一个相当重要的指标，通常用交叉极化比来表示双极化天线的极化纯度。在移动基站天线的设计过程中，主要考虑的是天线在主轴方向和±60°方向的交叉极化比。天线在主轴方向和±60°范围内，主极化功率密度与交叉极化的功率密度的比值为天线的交叉极化大小，单位为分贝（dB）。要求主轴的交叉极化比要大于或等于15dB，在±60°方向上要大于或等于10dB。

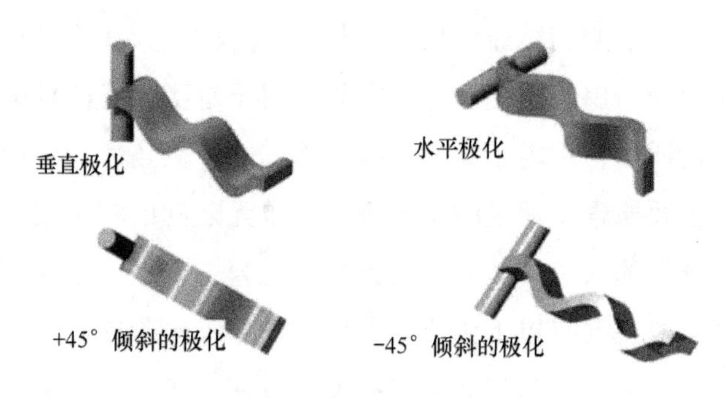


图 2.5　线极化天线

2）极化损失

极化损失是指收发天线极化不一致而造成的增益损失。在实际通信过程中，收发天线之间要得到大功率传输，不仅要求收发天线均与馈线匹配，而且要求收发天线极化方向必须一致，让收发天线极化一致的过程也称为极化匹配。对于线极化天线，发射天线若用垂直极化，那么接收天线也必须用垂直极化；对圆极化天线，如果发射为左旋圆极化，那么接收也必须使用左旋圆极化。下面给出了几种典型的情况。

（1）线极化收发天线极化正交，在理论上接收不到信号，增益损失无穷大。

（2）圆极化收发天线极化正交，在理论上增益损失无穷大。

（3）收发天线一个为线极化天线，另一个为圆极化天线，增益损失为3dB。

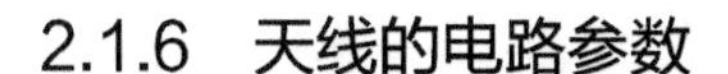

## 2.1.6　天线的电路参数

天线与发射机之间需要通过传输线进行连接，天线此时就成了传输线的负载，它需要与传输线进行阻抗匹配，天线的电路参数主要用来说明天线与传输线之间的匹配情况。由于天线可以等效为一段电路，可以通过电路原理对天线进行分析。

### 1．输入阻抗（$Z_{in}$）

天线输入端呈现的阻抗值定义为天线馈电端输入电压与输入电流的比值。天线的输入阻抗取决于天线的结构、工作频段及周围环境的影响。输入阻抗的计算比较困难，因为它需要准确地知道天线的激励电流。因此，在大多数情况下，工程上采取直接测量或近似计算的方法得到输入阻抗的值。基站天线通常采用 50Ω 的同轴电缆进行馈电，因此为了与馈线匹配，在一般情况下，基站天线的输入阻抗设计在 50Ω 左右，从而达到与同轴线良好匹配的目的。

### 2．电压驻波比（VSWR）

天线的输入阻抗不能和传输线的负载阻抗完全匹配，因此会有一部分信号被反射回来，这样在馈线上入射波和反射波就会叠加从而形成驻波。电压驻波比的定义为相邻的电压大值比小值，具体计算公式如下：

$$\mathrm{VSWR}=\frac{|U_{\mathrm{MAX}}|}{|U_{\mathrm{MIN}}|}=\frac{1+|\varGamma_{\mathrm{L}}|}{1-|\varGamma_{\mathrm{L}}|} \tag{2.10}$$

式中，$\varGamma_{\mathrm{L}}$ 为反射系数。由式（2.10）可以看出，天线的电压驻波比都是大于或等于 1 的。当天线的驻波比等于 1 时，说明 $\varGamma_{\mathrm{L}}=0$，即天线无反射信号，全部输出。对于移动通信系统而言，基站天线的 VSWR 在一般情况下要小于 1.5，如果天线的 VSWR 过大，不仅会减小基站的覆盖范围，而且还会对系统的内部造成较大干扰，从而严重影响整个基站的服务性能。

### 3．隔离度

对双极化基站天线来说，隔离度所反映的是两种极化之间相互影响的程度。从理论上来说，如果两种极化的极化方式相互垂直，那么它们之间就不会相互影响，隔离度应该是无限大的。然而，在实际工程应用时，在天线设计过程中，两个不同极化的辐射单元之间存在电磁能量耦合，再加上环境和加工精度等因素的影响，不可避免地会发生在某个极化工作时，另一个极化的信号会造成一定干扰的情况，因此在基站天线的设计中要尽量增加天线的隔离度，保证天线的正常使用。

**4．三阶互调**

当两个或多个频率的射频信号同时加在无源射频器件的输入端时，就会出现无源互调的产物。这种互调产物是因为异质材料的非线性会使无源器件产生混合信号。典型情况是，它的奇次阶产物可能正好落在基站上行频段或接收波段内，对接收机形成干扰，严重时可能使接收机无法正常工作。三阶互调是指将两个信号加在同一个线性系统时，因为存在非线性，而使其中一个信号的二次谐波与另一个信号的基波混频，产生了寄生信号。例如，信号 F1 的二次谐波表示为 2F1，这个二次谐波会与 F2 产生寄生信号 2F1-F2。可以看到，一个信号是二阶信号，另一个信号是一阶信号，两者合成为三阶信号，其中，2F2-F1 就是三阶互调信号，它是在信号调制时产生的。两者相互调制产生的差拍信号是干扰信号，所以也称为三阶互调失真信号，其产生的过程被称为三阶互调失真。F1 和 F2 信号的频率比较接近，这就造成 2F1-F2 和 2F2-F1 会干扰基带信号 F1 和 F2，这就是所谓的三阶互调干扰。因为互调阶数越高，则信号的强度越弱，所以这里的三阶互调干扰是主要的信号干扰源。

## 2.2 天线结构划分

本节主要介绍基站天线的结构，一般来说，天线主要由辐射单元、移相器、反射板和外罩组成。

### 2.2.1 辐射单元

辐射单元即通常所说的振子，是天线最核心的部件之一，进行能量的接收与发射（无线信号与有线信号转换），其常见类型主要有压铸振子、印刷电路板（PCB）振子、耦合馈电振子等，如图 2.6 所示。

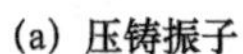

(a) 压铸振子　　(b) 印刷电路板振子　　(c) 耦合馈电振子

图 2.6　辐射单元的常见类型

压铸振子由于不含其他金属元素，因此生产过程比较单一，价格相对便宜，是目前常规工业中常用的一个系列。

印刷电路板（PCB）振子的优点在于使用金属少、重量轻。制作时，振子表面处理采用绿油处理或等级不低于绿油处理效果的其他防腐处理措施。绿油指的是涂覆在印刷电路板铜箔上面的油墨，绿油可以避免印刷电路板在使用过程中发生焊接短路，延长 PCB 的使用寿命，也有一定的防腐作用。因 GSM900 在应用 PCB 振子时，表面积较大、固定难度高，在实际网络应用中风险较高，故不建议使用。

## 2.2.2　移相器

电调天线是通过改变阵列天线中每个辐射单元的相位，来实现天线波束的下倾，从而实现下倾角可调的。移相器就是改变阵列天线单元相位的部件，移相器的技术指标主要有工作频带、相移量、相位误差、插入损耗、插损波动、电压驻波比、功率容量、移相器开关时间等。常见的移相器类型有如下几种。

（1）按照实现形式分：介质移相器、腔体移相器。

（2）按照形状分：微带扇形移相器、小型化腔体移相器、空气带状线移相器、U 形管移相器。

（3）按照布局分：分布式移相器、集中式移相器。

如图 2.7 所示，给出了两种常见的移相器。

(a) 腔体移相器

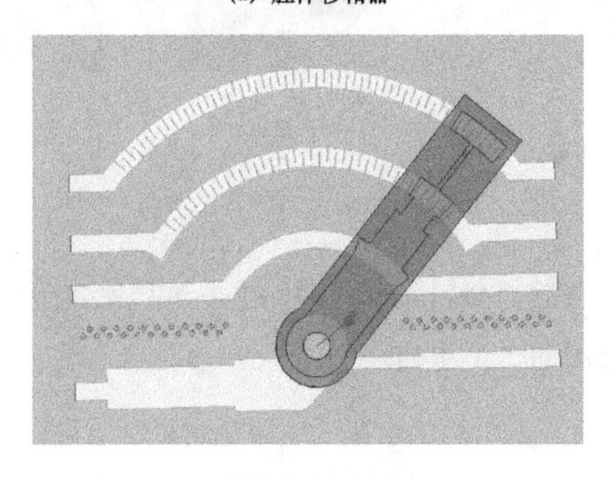

(b) 微带扇形移相器

图 2.7　两种常见的移相器

## 2.2.3　反射板

蜂窝移动通信系统中的基站天线通常由直线阵列加反射板构成，反射板的形状主要影响天线的前后比特性及水平面辐射方向图。反射板不仅可以将功率集中在正面，而且可以优化方向图指标，使得方向图的水平波束宽度、垂直波束宽度、增益等指标都满足行业标准的要求。反射板不一定是平面的，也可以是槽状的，有的反射板还带有一定的弧面或弯折面，这都是根据不同的要求进行设计的。

生产企业普遍采用铝合金作为定向天线的底板，其主要特点为密度低、抗拉强度高、延伸率高，但一般不可热处理，通常反射板厚度需大于 2mm 或 2.5mm。如图 2.8 所示为反射板示例。

图 2.8　反射板示例

## 2.2.4　外罩

外罩就是天线的“衣服”，以对天线主体的封装防护为目的，主要为了减缓温度、湿度、盐雾、雨淋、摄冰、大风等各种因素对天线性能的影响。同时，天线外罩不能对天线的电路性能和辐射特性产生明显的影响。天线外罩也是天线辐射系统的一部分，需要和天线外的其他部分做统筹考虑和一体化设计，如图 2.9 所示。

图 2.9　天线外罩

天线外罩常用的材料有以下 3 种。

（1）PVC：聚氯乙烯，是由氯乙烯在引发剂作用下聚合而成的热塑性树脂，是氯乙烯的均聚物。PVC 有较好的机械性能，抗张力强度为 60MPa 左右，有优异的介电性能，但对光和热的稳定性差，在 100℃以上经长时间阳光曝晒，就会分解产生氯化氢，并进一步自动催化分解，引起变色，物理机械性能也迅速下降。在实际应用时，必须加入稳定剂，以提高 PVC 对光和热的稳定性。故用纯粹的 PVC 做天线外罩并不是一种很好的选择。

（2）UPVC：UPVC 又称硬 PVC，它是由氯乙烯经聚合反应制成的无定型热塑性树脂加一定的添加剂（如稳定剂、润滑剂、填充剂等）组成的。除了用添加剂，还可以采用与其他树脂进行共混改性的方法，使其具有更优的实用价值。在UPVC 中添加不同性能的助剂，会使 UPVC 呈现不同的性能，这使得 UPVC 呈现多样性，并使其成为世界上产量最大的塑料产品之一。

（3）玻璃钢：即纤维强化塑料，一般指用玻璃纤维增强不饱和聚酯、环氧树脂与酚醛树脂基体，以玻璃纤维或其制品作增强材料，二者聚合后形成的材料。玻璃钢质轻而硬、不导电、机械强度高、耐腐蚀。一般认为，玻璃钢外罩的性能要比 PVC 和 UPVC 的好。

# 第 3 章

# 基站天线的种类和应用

天线的种类很多，从天线的方向性角度看，可以将其分为两类：全向天线和定向天线。定向天线在指定方向上的辐射能力比在其他方向上的强，保密性好，通常应用于点对点通信。全向天线指可以在某个方位面上实现能量 360° 均匀辐射的一种天线，它在功能上类似机械扫描天线及相控阵天线，不同的是，全向天线通常不需要复杂的馈电和移相网络等，它可以由单个天线实现在某个方位面内的全向辐射，也可以由若干个天线单元通过合理的排列实现天线的全向辐射。

按照极化方式的不同，天线可以分为线极化、圆极化及椭圆极化天线。线极化天线又可以分为水平极化、垂直极化及斜极化天线。水平极化全向天线已经广泛应用于移动通信、广播电视等领域。在工程上比较常见的垂直极化天线是垂直于地面放置的对称振子天线及其变形天线，这种类型的天线已经广泛应用于无线电监测等领域。圆极化天线是指能够实现某个方位面上均匀辐射圆极化波的一种天线，圆极化天线因为有着诸多优点而被广泛应用于遥测、卫星通信、电子对抗等领域。椭圆极化天线是指在某个方位面上可以实现均匀辐射椭圆极化波的一种天线。

# 3.1 全向天线

全向天线是指可以在某个方位面上实现能量的均匀辐射或均匀地接收来自空间的电磁波的一种天线。它可以由单个天线实现全向辐射，也可以通过若干个天线合理排列，组合实现全向辐射。对于这种类型的宽带全向天线，比较常见的有双锥天线、笼形天线、套筒天线及盘锥天线等。套筒天线由辐射体部分和套筒部分组成，套筒部分的功能相当于加粗了振子直径，这使得套筒天线有着良好的宽带阻抗特性。图 3.1 给出了套筒单极子天线结构示意图。

在一些特殊环境下，我们希望天线整体重量较轻，印刷电路板振子天线很适合这种环境，图 3.2 所示为平面单极子天线结构示意图。平面单极子天线主要由地板、介质板、辐射贴片等构成。一般采用同轴线进行馈电，将同轴线芯线连接辐射贴片，同轴线外皮连接地板。设计者可以通过改变平面印刷单极子天线辐射体的结构、枝节加载、元器件加载、辐射体开槽等方法展宽其带宽。平面印刷天线因为可以全向辐射，具有较宽的频带特性、成本低、易制作、重量轻等优势，近年来得到了快速的发展与应用。

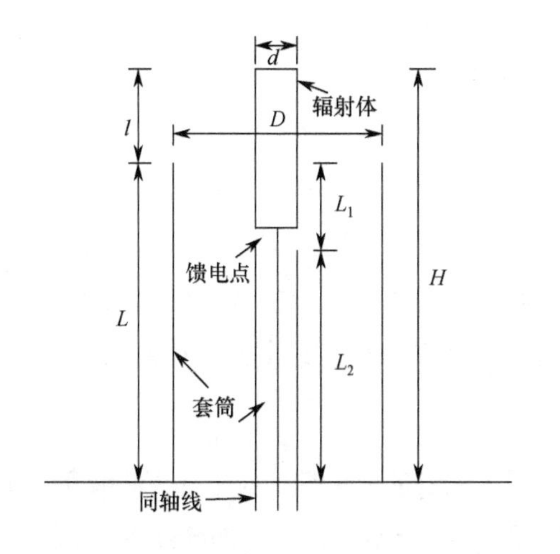


图 3.1　套筒单极子天线结构示意图

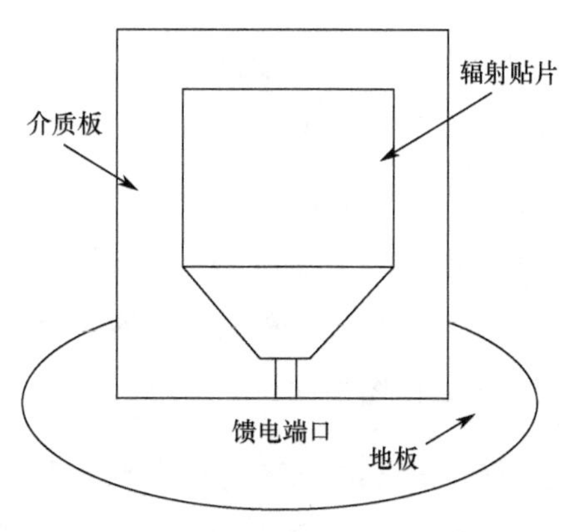


图 3.2　平面单极子天线结构示意图

## 3.2　定向天线

定向天线在指定方向上的辐射能力比在其他方向上的强，保密性好，通常应用于点对点通信。定向天线在垂直和水平方向上都具有方向性，一般是由直线天线阵加上反射板构成的，也可以直接采用方向天线（八木天线），其增益在 9～20dBd。高增益的天线，其方向图将会非常狭窄。如图 3.3 所示为定向天线示例。

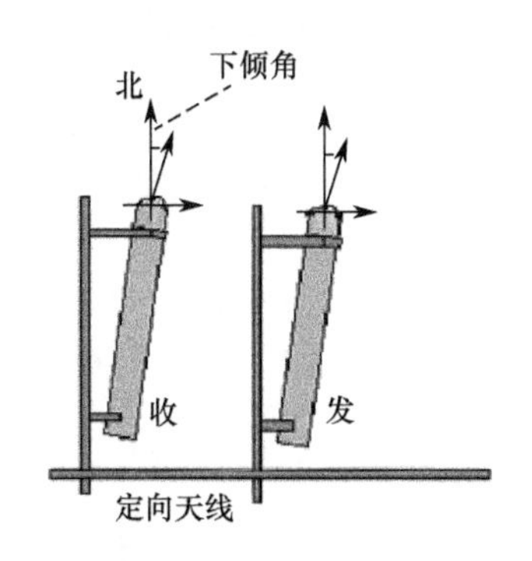


图 3.3　定向天线示例

## 3.3 智能天线

智能天线在降低发射功率、减少用户干扰、提升频谱使用率和系统容量等方面有巨大的优势，TD-SCDMA 系统引入了智能天线。智能天线相比传统基站天线主要有两个方面的区别，一是体现在天线结构上，二是体现在天线发射的算法上。其“智能”是指在 TD-LTE 系统中可以利用每个用户的上行信道信息，获取每个用户下行的多单元之间的激励方式，利用此激励可以实时产生高增益、窄波束的强方向图指向每个用户。

智能天线利用数字信号处理技术，采用了先进的波束切换技术（Witchedbeam Technology）和自适应空间数字处理技术（Adaptive Spatial Digital Processing Technology），产生空间定向波束，使天线主波束对准用户信号到达方向，旁瓣或零陷对准干扰信号的到达方向，达到高效利用移动用户信号并删除或抑制干扰信号的目的。传统无线基站的最大弱点是浪费无线电信号能量，在一般情况下，只有极小一部分信号能量到达收信方。此外，当基站收听信号时，它接收的不仅是有用信号，还受到其他信号的干扰。智能天线则不然，它能够更有效地收听特定用户的信号，并且更有效地将信号能量传递给该用户。不同于传统的时分多址（TDMA）、频分多址（FDMA）或码分多址（CDMA）方式，智能天线引入了第四维多址方式，即空分多址（SDMA）方式。在相同时隙、相同频率或相同地址码的情况下，用户仍可以根据信号不同的空间传播路径而被区分。智能天线相当于空时滤波器，在多个指向不同用户的并行天线波束控制下，可以显著降低用户信号间的干扰。具体而言，智能天线将在以下方面提高未来移动通信系统的性能：

（1）扩大系统的覆盖区域。

（2）提高系统容量。

（3）提高频谱利用效率。

（4）降低基站发射功率，节省系统成本，减少信号间的干扰与电磁环境污染。

智能天线分为两大类：多波束智能天线与自适应阵列智能天线，简称多波束天线和自适应阵天线。多波束天线利用多个并行波束覆盖整个用户区，每个波束的指向是固定的，波束宽度也随阵元数目的确定而确定。随着用户在小区中的移动，基站选择不同的响应波束，使接收信号最强。因为用户信号并不一定在固定波束的中心处，当用户位于波束边缘，干扰信号位于波束中央时，接收效果最差，所以多波束天线不能实现信号的最佳接收，一般只用作接收天线。但是与自适应阵天线相比，多波束天线具有结构简单、无须判定用户信号到达方向的优点。

自适应阵天线一般采用4～16天线阵元结构，阵元间距1/2波长，若阵元间距太大，则接收信号彼此的相关程度降低，若阵元间距太小，则会在方向图上形成不必要的栅瓣，故一般取半波长。阵元分布方式有直线型、圆环型和平面型。自适应阵天线是智能天线的主要类型，可以实现全向天线，完成用户信号的接收和发送。自适应阵天线系统采用数字信号处理技术识别用户信号到达方向，并在此方向上形成天线主波束。自适应阵天线根据用户信号在不同空间的传播方向提供不同的空间信道，等同于信号有线传输的线缆，有效克服了干扰对系统的影响。

目前，国际上已经将智能天线技术作为一个三代以后移动通信技术发展的主要方向之一。它是一个具有良好应用前景且尚未得到充分开发的新技术，是第三代移动通信系统中不可或缺的关键技术之一。

## 3.4 机械天线

机械天线是指使用机械调整下倾角的移动天线。机械天线与地面垂直安装好后，需要调整天线背面支架的位置改变天线的倾角来实现网络优化。在调整过程中，虽然天线主瓣方向的覆盖距离明显变化，但天线垂直分量和水平分量的幅值不变，所以天线方向图容易变形。实践证明，机械天线的最佳下倾角为1°～5°；当下倾角在5°～10°变化时，其天线方向图稍有变形但变化不大；当下倾角在

10°～15°变化时，其天线方向图变化较大；当机械天线下倾 15°时，天线方向图形状改变很大，从没有下倾时的鸭梨形变为纺锤形，这时虽然主瓣方向覆盖距离明显缩短，但是整个天线方向图不是都在本基站扇区内的，在相邻基站扇区内也会收到该基站的信号，从而造成严重的系统内干扰。

另外，在日常维护中，如果要调整机械天线的下倾角，则整个系统需要关机，不能在调整天线下倾角的同时进行监测。机械天线调整天线下倾角非常麻烦，一般需要维护人员爬到天线安放处进行调整。机械天线的下倾角是通过计算机模拟分析软件计算的理论值，同实际最佳下倾角有一定的偏差，机械天线调整倾角的步进精度为 1°，三阶互调指标为-120dBc。图 3.4 为一个典型基站天线的几种下倾效果。

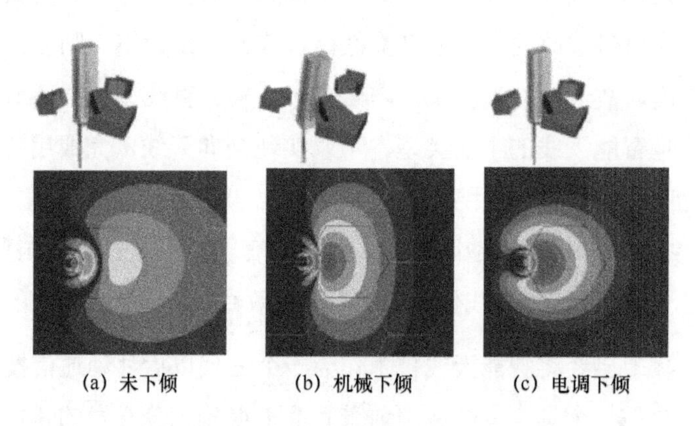


图 3.4　一个典型基站天线的几种下倾效果

## 3.5　电调天线

电调天线是指使用电子方式调整下倾角的移动天线。电调下倾的原理是通过改变共线阵天线振子的相位，改变垂直分量和水平分量的幅值大小，改变合成分量的场强强度，从而使天线的垂直方向图下倾。由于天线各方向的场强强度同时增大和减小，可保证在改变下倾角后天线方向图变化不大，主瓣方向覆盖距离缩短，同时又使整个方向图在服务扇区内减小覆盖面积但又不产生干扰。实践证明，电调天线下倾角在 1°～5°变化时，其天线方向图与机械天线的大致相同。

当下倾角在 5°～10°变化时，其天线方向图较机械天线的稍有改善；当下倾角在 10°～15°变化时，其天线方向图较机械天线的变化较大；当机械天线下倾 15°时，其天线方向图较机械天线的明显不同，这时天线方向图形状改变不大，主瓣方向覆盖距离明显缩短，整个天线方向图都在本基站扇区内，增加下倾角，可以使扇区覆盖面积缩小，但又不产生干扰，这样的方向图是我们需要的，因此采用电调天线能够降低呼损，减小干扰。

另外，电调天线允许系统在不停机的情况下对垂直方向图下倾角进行调整，实时监测调整的效果，调整下倾角的步进精度也较高（0.1°），因此可以对网络实现精细调整。电调天线的三阶互调指标为−150dBc，较机械天线提升 30dBc，有利于消除邻频干扰和杂散干扰。电调下倾效果如图 3.4（c）所示。

## 3.6　双极化天线

当电磁波在空间传播时，其电场方向会按照特定规律变化，这种现象称为电磁波的极化。电磁波的极化是指沿着电磁波传播方向电场矢量端点的运动状态。根据电场矢量的运动轨迹，极化方式包括线极化、椭圆极化和圆极化。基站天线常用垂直水平双线极化或±45°双线极化工作，如图 3.5 所示。双极化天线工作在收发双工模式下，不仅能够提高通信系统的信道容量，而且能削弱多径衰落效应，因此双极化天线在基站天线设计中得到了广泛的应用。

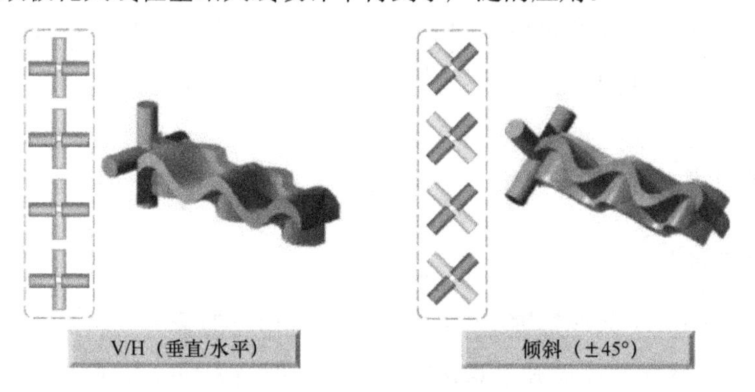


图 3.5　天线极化示意图

双极化天线是一种新型天线技术，组合了+45°和−45°两副极化方向相互正交的天线，同时工作在收发双工模式下，因此其最突出的优点是节省单个定向基站的天线数量。如果使用双极化天线，每个扇形只需要 1 根天线。同时，由于在双极化天线中，±45°的极化正交性可以保证+45°和−45°两副天线之间的隔离度满足互调对天线间隔离度的要求（≥30dB），因此双极化天线之间的空间间隔仅需 20～30cm。另外，双极化天线具有电调天线的优点，在移动通信网络中使用双极化天线与电调天线一样，可以降低呼损，减小干扰，提高全网的服务质量。如果使用双极化天线，由于双极化天线对架设安装要求不高，不需要征地建塔，只需要架一根直径 20cm 的铁柱，将双极化天线按相应的覆盖方向固定在铁柱上即可，因此可以节省基建投资，同时使基站布局更加合理，基站站址的选定更加容易。

## 3.7 MIMO 天线

### 3.7.1 MIMO 技术的定义

MIMO 技术即多入多出（Multiple-Input Multiple-Output）技术，指在发射端和接收端分别使用多个发射天线和接收天线，使信号通过发射端与接收端的多个天线传送和接收，从而改善通信质量。它能充分利用空间资源，通过多个天线实现多发多收，在不增加频谱资源和天线发射功率的情况下，成倍地提高系统信道容量，显示出明显的优势，被视为下一代移动通信的核心技术。

### 3.7.2 MIMO 技术的分类

#### 1. 空分复用

工作在 MIMO 天线配置下，能够在不增加带宽的条件下，相比单输入单输出（SISO）系统成倍地提升信息传输速率，从而极大地提高了频谱利用率。在发射端，高速率的数据流被分割为多个较低速率的子数据流，不同的子数据流在

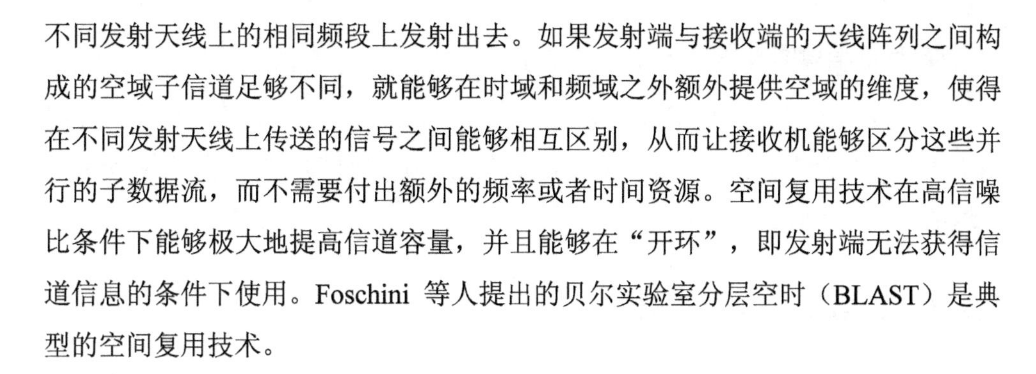
不同发射天线上的相同频段上发射出去。如果发射端与接收端的天线阵列之间构成的空域子信道足够不同，就能够在时域和频域之外额外提供空域的维度，使得在不同发射天线上传送的信号之间能够相互区别，从而让接收机能够区分这些并行的子数据流，而不需要付出额外的频率或者时间资源。空间复用技术在高信噪比条件下能够极大地提高信道容量，并且能够在“开环”，即发射端无法获得信道信息的条件下使用。Foschini 等人提出的贝尔实验室分层空时（BLAST）是典型的空间复用技术。

#### 2．空间分集

利用发射端或接收端的多根天线所提供的多重传输途径发送相同的资料，以增强资料的传输品质。波束赋形（Beamforming）是指借由多根天线产生一个具有指向性的波束，将能量集中在期望的传输方向上，增加信号品质，并减少与其他用户间的干扰。

#### 3．预编码

预编码主要通过改造信道的特性来实现性能的提升。

### 3.7.3　MIMO 技术的优点

当无线电发送的信号被反射时，会产生多份信号，每份信号都是一个空间流。使用 SISO 的系统一次只能发送或接收一个空间流。MIMO 技术允许多个天线同时发送和接收多个空间流，并能够区分发往或来自不同空间方位的信号。MIMO 技术的应用，使空间成为一种可以用于提高性能的资源，并能够增加无线系统的覆盖范围。

#### 1．提高信道的容量

从 MIMO 接入点到 MIMO 客户端之间可以同时发送和接收多个空间流，信道容量可以随着天线数量的增加而线性增加，因此可以利用 MIMO 信道成倍地提高无线信道容量，在不增加带宽和天线发送功率的情况下，频谱利用率可以成倍地提高。

#### 2. 提高信道的可靠性

MIMO 信道提供了空间复用增益及空间分集增益，可以利用多天线来抑制信道衰落。多天线系统的应用，使得并行的数据流可以同时被传送，显著避免了信道的衰落，降低了误码率。

### 3.7.4 MIMO 的 3 种应用模式

#### 1. 发射分集的空时编码

基于发射分集技术的空时编码主要有两种：空时分组码（STBC）和空时格码（STTC）。虽然空时编码方案不能直接提高数据速率，但是通过这些并行空间信道独立、不相关地传输信息，可以使信号在接收端获得分集增益，为数据实现高阶调制创造条件。

#### 2. 空间复用

系统将数据分割成多份，分别在发射端的多个天线上发射出去，接收端在接收到多个数据的混合信号后，利用不同空间信道间独立的衰落特性，可以区分这些并行的数据流，从而达到在相同的频率资源内获取更高数据速率的目的。空间复用与发射分集技术不同，它在不同天线上发射不同的信息。

#### 3. 波束成型技术

波束成型技术又称为智能天线，通过对多个天线输出信号的相关性进行相位加权，使信号在某个方向上形成同相叠加，在其他方向形成相位抵消，从而实现信号的增益。

## 3.8 5G 大规模天线滤波器一体化天线

5G 的话题在全球范围内一直处于风口浪尖的位置，目前全球多个国家和地区的众多运营商已开启了 5G 商用。美国在 2018 年 9 月推出“5G 加速发展计划”，在频谱、基础设施政策和面向市场的网络监管方面为 5G 发展铺平道路。目前，继美国最大的电信运营商 Verizon 成为首个 5G 运营商之后，AT&T 也于 2019 年 4 月 9 日宣布将其 5G 网络部署再扩展 7 个城市，加上之前的 12 个城市，其 5G 网络覆盖将达到 19 个城市，另外，T-Mobile 和 Sprint 也将陆续推出 5G 商用服务。韩国 3 家电信运营商于 2019 年正式推出 5G 商用服务。作为第五代移动通信的发展趋势，天线滤波器一体化（AFU）天线成为 5G 研究的关键产品类型，滤波器作为 AFU 的核心器件，已被各天线厂家划入重点发展方向。由于 5G 中频大规模天线滤波器一体化系统的研究具有高难度和高保密性，目前各国对于天线滤波器一体化系统技术研究的成果和具体数据不得而知。

天线作为收发无线信号必不可少的关键器件，尤其是第五代中频大规模天线滤波器一体化天线在其中扮演着不可或缺的重要角色。任何无线信号的收发都离不开天线。此外，通过引入密集面阵组阵技术及赋形算法技术、天线滤波器一体化解耦技术、陶瓷介质滤波器技术、中频低剖面新材料辐射单元技术等，可以实现 5G 系统的高集成度、小型化及轻量化。第五代中频大规模天线滤波器一体化天线由于其所采用的天线的特殊性，是一整套包括天线的设计及生产、介质滤波器的设计及生产，以及赋形算法的设计的软硬件结合的整体解决方案平台，其大规模商用部署将带来巨大的天线及滤波器需求，对于天线及滤波器产业来说，这将是一个万亿元级别的巨大市场，具有十分广阔的市场应用前景。

### 3.8.1 中频低剖面高分子聚合新材料辐射单元技术

辐射单元是天线的核心部件。辐射单元作为天线的主要组成部分，主要负责将有线信号转换为无线信号，或者将无线信号转换为有线信号。根据天线的形态，天线辐射单元形态包括多种多样，有杆状、面状等；根据加工工艺，主要有钣金、PCB、塑料等。传统 4G 天线振子多以金属钣金为主，如图 3.6 所示为新型高分子聚合材料一体化成型辐射单元与馈电网络辐射单元组一体化。

在 5G 时代，辐射单元应用在超密集组阵强耦合的电磁环境中。由于高集成度、小型化与轻量化的要求，因此对 5G 辐射单元在材料及形态上有了更高的要求。在形态上需要进行小型化设计，适合密集组阵；辐射单元的馈电和安装结构需要与功分网络充分匹配，利于安装；由于天线单元的大幅增加，辐射单元的重量也成了影响整机性能的重要因素，因此辐射单元需要进行轻量化设计；同时为了提高天线生产效率，辐射单元最好能实现辐射体和馈电片的一体化设计。各方设计需求的限制，工作频率的提高，以及复杂新材料的融合、新型的几何特性、高精度的生产工艺都为辐射单元的仿真设计带来了极大的挑战。高分子聚合一体化注塑成型振子生产工艺流程如图 3.7 所示。

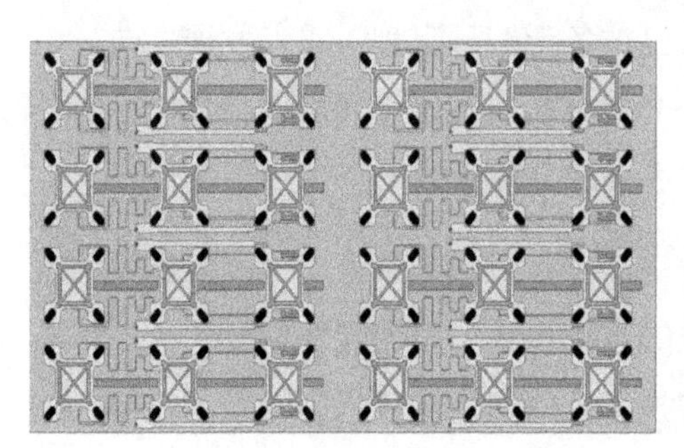

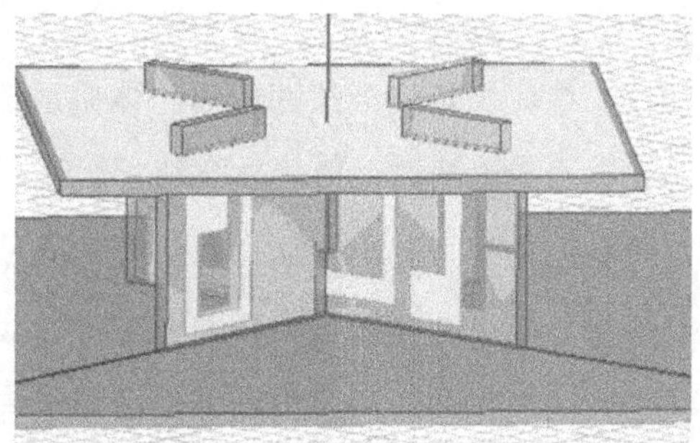

图 3.6 新型高分子聚合材料一体化成型辐射单元与馈电网络辐射单元组一体化

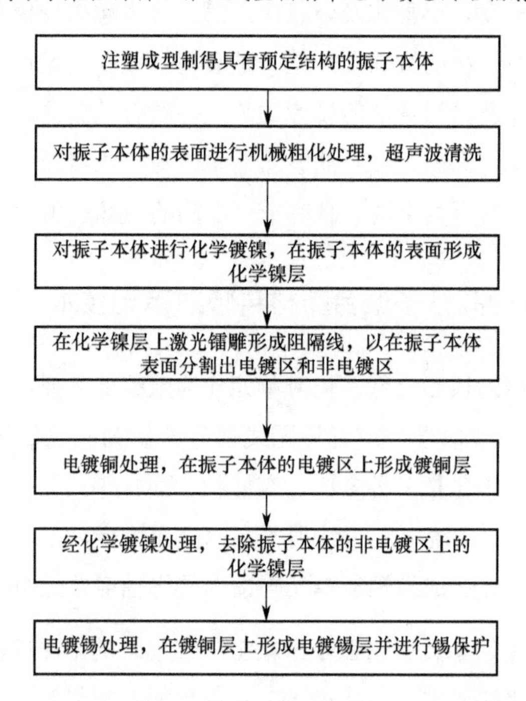


图 3.7 高分子聚合一体化注塑成型振子生产工艺流程

由于 5G 辐射单元小型化与低剖面的要求，传统的压铸与钣金等类型的辐射单元不再适用，5G 辐射单元多以微带贴片和半波偶极子等低剖面形式为主，工艺主要以 PCB 或新型高分子材料振子的形式出现。一种中频低剖面高分子聚合新材料辐射单元及馈电网络实物如图 3.8 所示。

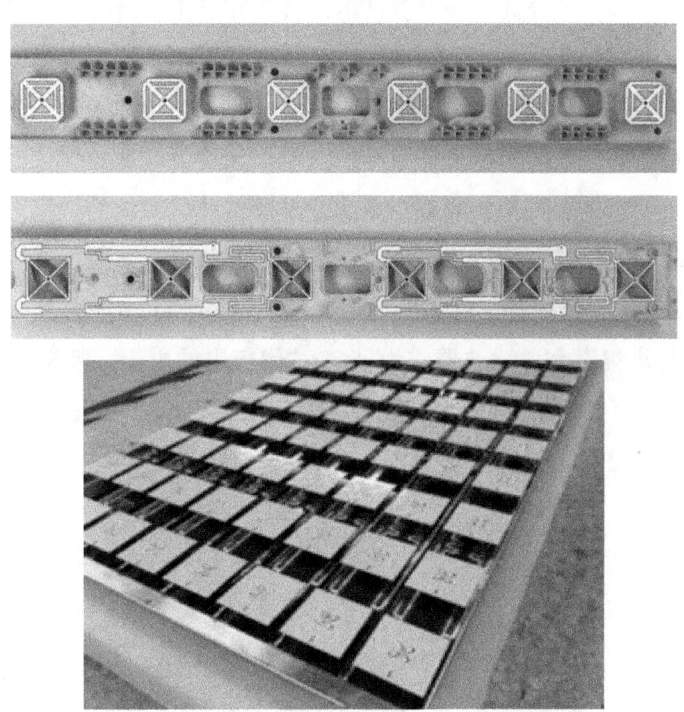

图 3.8　一种中频低剖面高分子聚合新材料辐射单元及馈电网络实物

这种采用高分子聚合新材料技术开发的中频辐射单元 3D-MID（Three Dimensional-Molded Interconnect Device，三维模塑互连器件，简称共形电路），通过 LDS（Laser Direct Structuring，激光直接成型）工艺加工成型。通过大型仿真工作站来精确求解工作频带内的性能、对相对介电常数较高介质材料的使用来减小辐射单元的体积，以及对轻量化材料进行高精度的雕刻加工来实现辐射单元的轻量化，进行辐射馈电一体化、全对称天然防呆、高效率装配的设计，从而实现支持 5G 网络的低剖面辐射单元。从辐射单元的开发设计到实物加工，辐射单元各部分都需要尺寸高精度（0.01mm）的控制、高精度的电镀、雕刻等工艺技术的结合，每个环节都直接影响辐射单元的性能指标。

### 3.8.2 陶瓷介质滤波器技术

传统的滤波器以金属同轴腔体滤波器为主，这种滤波器主要利用腔体振荡来消除不需要的频率。金属同轴腔体滤波器的优势在于工艺成熟，但在重量、体积及成本方面都存在短板。5G 大规模阵列天线要采用更多的滤波器，其对体积与重量都有严格的要求，并且滤波器需要安装至天线的后级与天线一体化集成，因此，滤波器的小型化与轻量化设计直接影响整个天线滤波器一体化系统的尺寸与重量，其设计工艺也会直接影响整个天线滤波器一体化系统的指标性能。陶瓷介质滤波器的谐振发生在介质材料内部而非腔体内，可以有效减少滤波器的体积，且其具有高 $Q$ 值、低损耗、选频特性好、温度漂移小、功率容量大、无源互调好等优势，因此陶瓷介质滤波器成为 5G 时代应用的主流，陶瓷介质滤波器如图 3.9 所示。在 5G 时代，综合考虑介质滤波器的尺寸、性能、工艺并兼顾其成本的设计成为关键。

图 3.9 陶瓷介质滤波器

陶瓷介质滤波器，从其粉料的备料到生产，步骤极其复杂，工艺流程非常多。其中，关键的技术点包括介质粉料的选料及生产，介质粉料的干压成型、烧结、金属化，以及后期的自动化调试。不考虑后期自动化批量生产，单从技术层面来讲，陶瓷介质滤波器的关键技术有粉料研发、烧结工艺、金属化工艺。

陶瓷粉料配方是决定滤波器性能好坏的关键因素之一，也是陶瓷介质滤波器企业的核心竞争力，酸碱控制不合理、杂质等都将损害粉体质量，最终影响滤波器的性能。陶瓷介质滤波器主要采用镁锰基材粉料，其在含水率、松装密度、堆积角、介电常数等技术指标上性能优秀。将介质粉体与助剂按特定比例配料，经过球磨混料、烘干过筛后，在烧结炉中高温预烧一定时间，去除粉体杂质，然后在预烧料中加入单体、交联剂和溶剂等，经过磨砂机球磨获得陶瓷浆料，在喷雾造粒机中进行雾化和干燥，干燥好的粒子即为流动性较好的球状团粒。生产流程和贴片自动焊接工艺如图 3.10 所示。

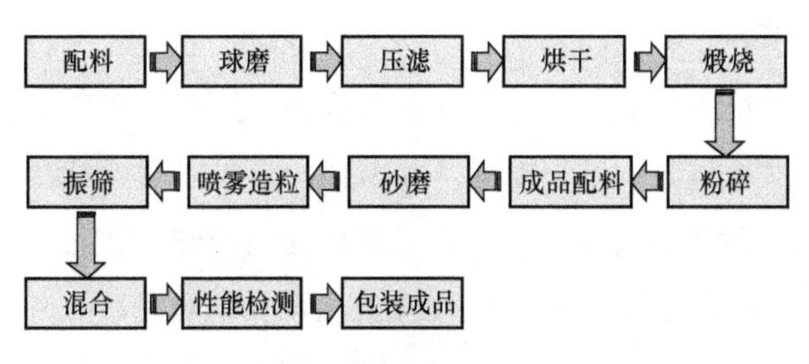


(a) 介质粉料生产流程

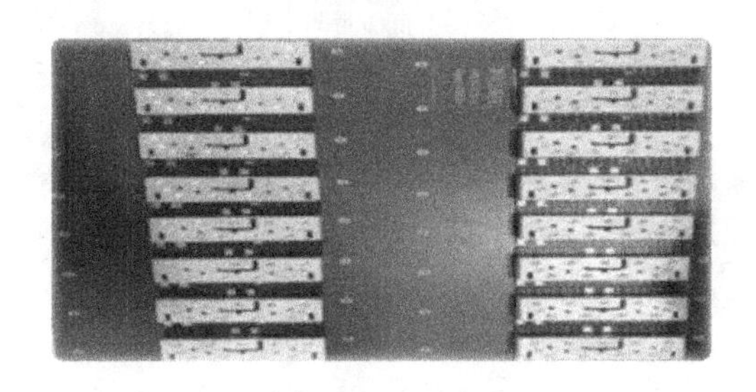

(b) 陶瓷介质滤波器的贴片自动焊接工艺

图 3.10　生产流程和贴片自动焊接工艺

粉料的研发配制需要搅拌球磨机、预烧隧道炉、喷雾造粒、干压设备、介电常数测试设备等的支撑。坯体在高温作用下，随着时间的延长，最后成为坚硬的具有某种显微结构的多晶烧结体，这种现象称为烧结。烧结是减少成型体中气孔、去除杂质、增强颗粒之间结合度、提高机械强度的工艺过程。烧结工艺主要经过粉料成型和高温烧结两道工序，涉及粉末成型机和温度稳定性在±1℃的高温烧结炉。陶瓷介质滤波器烧结工艺的改进能显著影响陶瓷滤波器的性能，烧结温度和保温时间都是重要的控制参数，决定了陶瓷的晶粒大小和密度高低，进而影响陶瓷的机械强度和极化。在金属化工艺中，银材料具有良好的导电性与烧结特性，但目前的电镀技术无法解决屏蔽层电性能与屏蔽层陶瓷基体材料紧密连接的问题。高温银浆金属化成了当前主流量产路线，从金属腔体滤波器到介质滤波器，支撑结构由从外向内变为从内向外，采用两次“喷银—烘干—烧结”工艺，保证银层厚度。

陶瓷滤波器批量生产的技术难点在于一致性，一致性直接影响产品合格率及产能。陶瓷粉体材料的配比制备、生产的自动化，以及调试检测自动化等都是滤波器生产的难点所在。好的粉料配方，必须有好的工艺适应性，经得起批量生产的考验，如果只是终端性能好，工艺制作难度高、生产成本高也不可取，一般粉体开发须经过多次小试、中试、批量 3 个阶段，通过以后才是稳定的配方。因此在粉料配制之初，就需要对粉料的工艺适应性进行严格的把控。图 3.11 是介质滤波器自动化生产线示意图，图 3.12 是激光自动调试设备。

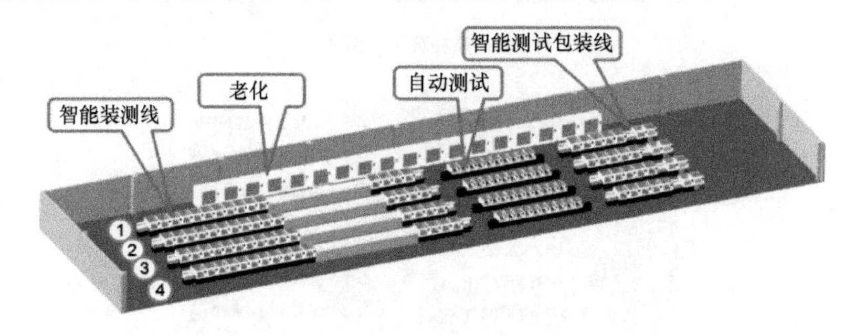


图 3.11　介质滤波器自动化生产线示意图

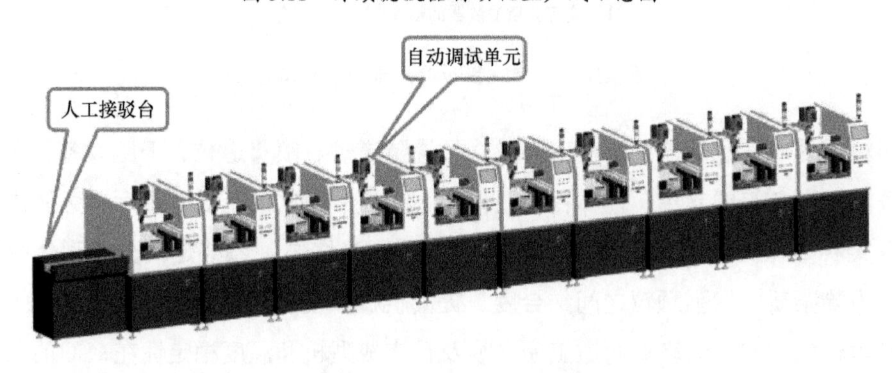


图 3.12　激光自动调试设备

该生产工艺流程解决了陶瓷滤波器的调试只能通过磨削来实现的问题，由于陶瓷打磨的不可逆性，产品的自动调试成为提高产能的关键。产品自动连接矢量网络分析仪，打磨头主轴打磨产品圆孔底部和槽四周，调试后吸尘清洁。单条线有 10 个自动调试单元，1 个人工接驳台，人工将产品放入工装，自动给每台调试机分配产品，在调试完成后通过矢量网络分析仪连接计算机端自动存取物料编码及测试数据，再进行后续分类装盘及包装入库等流程。

5G 由于大规模 MIMO 技术的应用，单天线的通道数达 64 个，这就意味着单天线需要 64 个滤波器，一般单个基站天线扇面为 3 个，即平均每个基站需要 192 个滤波器。5G AFU 天线对于介质滤波器的需求不言而喻。5G 陶瓷介质滤波器的生产主要分为前道的粉料制备、中道的介质基体（谐振器）制作，以及后道的组装调试。陶瓷介质滤波器生产流程如图 3.13 所示。

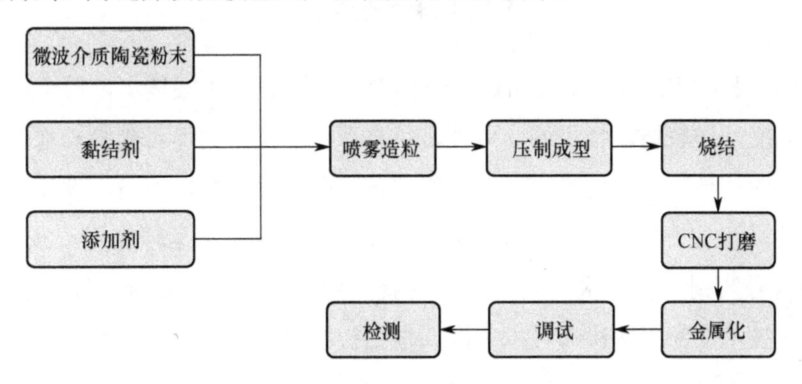


图 3.13 陶瓷介质滤波器生产流程

在 5G 时代，介质滤波器的自动化生产及检测技术成为制约各天线厂家发展的因素。从 5G 陶瓷介质滤波器生产的整个流程来分析，自动化生产的关键除了生产效率的问题，还在于对批量产品一致性的管控，对产品生产过程中烧结、金属化等流程中各种影响因素的严格控制，以及后期的自动化调试和自动测试技术。

### 3.8.3 密集面阵天线的新型校准技术

众所周知，移动通信波束赋形天线需要一个校准系统，来保证赋予各通道的功率幅相的精度，保证赋形的精确。每个天线通道后端都会设置一个校准网络，以此收集通道的幅相信息，从而为波束赋形提供参考。校准电路原理如图 3.14 所示。

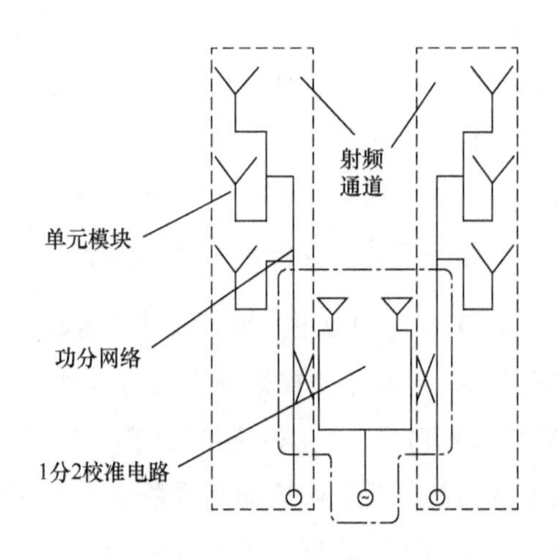


图 3.14 校准电路原理

5G 大规模 MIMO 技术的引进，使得天线通道数 $N$ 大幅增加，单个校准通道的信号强度变得较弱，幅相的一致性、耦合系数、抗干扰等均变得较难控制。对系统设备的信号辨别率也提出了很高的要求，必须打破常规思路，设计一种单通道一致性好、抗干扰性能佳的校准系统，来保证整个系统运转良好。5G 对系统设备的信号辨别率提出很高的要求，这就需要天线厂家和系统厂家突破现有模式，通过技术创新来解决该技术难题。根据校准信号获取位置的差别，可将校准方法分为“路校准”和“场校准”两种。

“路校准”是对于有 $N$ 个射频通道的大规模 MIMO 天线，设计 1 分 $N$ 的等功率分配器，并在每个分配器末端连接定向耦合器，通过记录各模块端口至校准端口的传输响应值，修正各模块中从数字基带至射频端口的通道误差。

耦合校准网络要实现对收发组件输入射频通道的信号的检测和校准，其自身的幅相一致性一定要平稳，这对耦合校准网络的设计和加工提出了非常高的要求，耦合校准网络幅相一致性问题也是 5G 大规模 MIMO 天线要解决的核心技术难题。首先，校准电路要求设计为多层板结构的带状线传输线结构，避免外来信号对校准电路自身信号的干扰；其次，校准电路本身同级电路和上下级电路之间也要做好信号屏蔽；最后，耦合校准网络的 PCB 加工质量，包括压板精度、线宽线隙、蚀刻因子等要素应做好控制。只有做到以上几点，才能保证耦合校准网络自身幅相的一致性，进而有效检测收发组件的输入信号信息。

在实际应用中，定向耦合器加工误差带来的性能差异、定向耦合器受自身输入端（与射频模块连接）阻抗影响带来的性能差异、定向耦合器受输出端（与天线模块相连接）阻抗影响带来的性能差异都会给校准效果带来严重的影响。定向耦合器需采用全封闭带状线校准技术，避免了有源和无源大小信号干扰问题的发生。

### 3.8.4　天线滤波器一体化解耦技术

随着频率的升高，较高频率的信号沿着传输线是以电磁波的形式传输的，信号线会起到天线的作用，电磁场的能量会在传输线的周围发射，信号之间由于电磁场的相互耦合而产生的不期望的噪声信号称为串扰。

在天线滤波器一体化天线技术中，天线和滤波器作为两个关键的部件对整机性能影响巨大，因此在整机系统研发、生产和测试中，必须考虑两种关键部件的结构独立测试，在整机上两个单独的部件都必须能够进行独立的测试，传统的金属滤波器形式都有单独的连接器可支持独立测试，但天线滤波器一体化天线已经高度集成，天线和滤波器界面已经去除了连接器，因此必须在天线和滤波器之间加入结构技术。新技术创新性地加入了小型化开关断点技术，在不需要破坏电路或后处理的条件下，通过开关的自动切换可实现完美的天线单元测试和滤波器单元测试的解耦，从而保证天线滤波器一体化天线的整机性能，同时该技术还支持自动测试工装，大幅提升了整机的测试效率。一个典型的天线滤波器解耦技术原理图如图 3.15 所示。

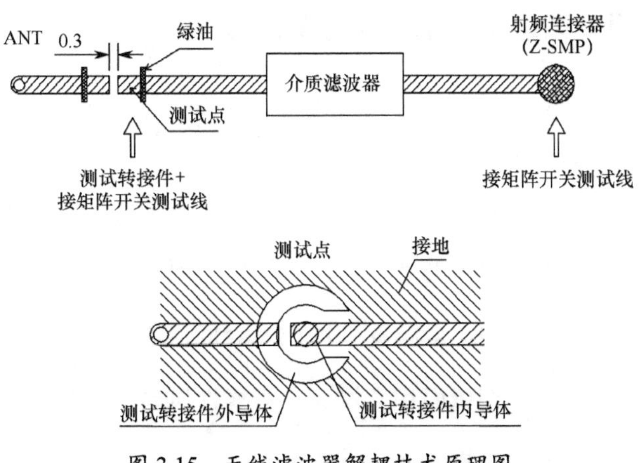


图 3.15　天线滤波器解耦技术原理图

在 3D 空间里，通过特殊的结构工艺设计，将空间耦合的电磁波进行导地处理，以减少各辐射单元的相互干扰，提升各射频通道的信号纯度。未来拟在辐射单元方面，对辐射单元非辐射表面部分做特殊材料的涂层或新材料的应用，从辐射单元的位置切断杂散耦合信号的产生。

### 3.8.5 阵列单元不相关技术

MIMO 系统在发射端与接收端均采用多天线单元，运用先进的无线传输与信号处理技术，利用无线信道的多径传播，建立空间并行通道。在不增加带宽和发射功率的情况下，大幅度提高无线通信的质量与数据效率。

大规模 MIMO 天线通过空间、角度、极化、等分集实现方向图正交性，对天线设计的基本要求可概括为低相关、多分级、高增益、高隔离。由于天线尺寸不能太大、天线单元密集组阵技术的应用，使天线单元的间距变得很小，容易使传输信道呈现相关性，导致信道容量降低，直接影响天线的覆盖效果。为保证天线单元及整机性能，对天线整机的设计要求除了小型化与轻量化，通道间的高隔离度、低相关性及减小互耦的设计也尤为重要。因此，大规模阵列中辐射单元的不相关性设计与中频低剖面新材料辐射单元的设计是紧密联系的。在实际设计中，不仅需要考虑重量、尺寸、材料、工艺，还需要综合考虑其辐射性能、抗干扰性能、相关性、可批量操作性等多方面的问题。

### 3.8.6 密集面阵列组阵技术及赋形算法技术

为了提高数据传输的峰值速率与可靠性、扩展覆盖、抑制干扰、增加系统容量、提升系统吞吐量，将辐射方向图从 2D 向 3D 扩展，大规模 MIMO 技术由此产生。大规模 MIMO 技术的应用，要求必须在水平维度及垂直维度上使用更多的辐射单元，而随着单元数目的增多，会出现以下问题：

（1）基站空间资源有限，运营商使用成本会成倍增加。

（2）天线口径过大，迎风面积会增大，可靠性风险会增加。

（3）天线重量过大，可靠性风险会增加。

天线阵面的小型化与轻量化设计，成了设计之初需要重点考虑的问题，密集面阵组阵列技术成为解决这一问题的关键技术。图 3.16 为含 96 单元密集组阵原型样机。

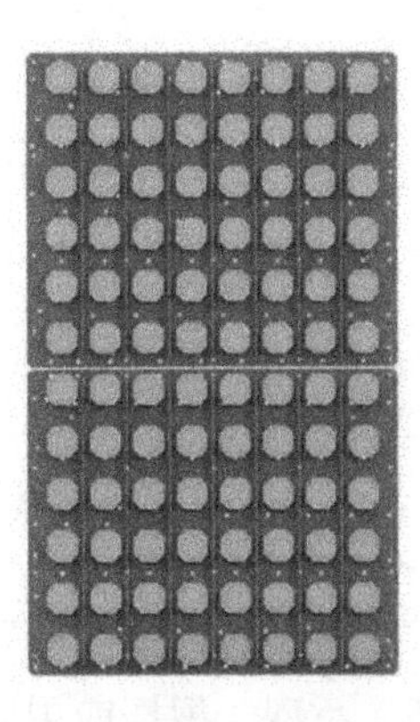

图 3.16 含 96 单元密集组阵原型样机

由于辐射方向图从 2D 向 3D 扩展，天线波束需要在水平面和垂直面实现灵活的波束赋形，3D 波束赋形技术成为 5G 天线波束实现灵活覆盖的关键。3D 波束赋形基于密集面阵列，控制水平面与垂直面物理接口的幅度、相位的加权值，对阵列各单元天线进行矢量合成，常规的仿真软件对权值很难做到快速准确的设计。3D-大规模 MIMO 天线方向图赋形算法是解决这一问题的突破方向。对这一赋形算法的研究是 5G 大规模阵列天线需要突破的一大技术难题。

## 3.9 美化天线

在中国通信事业蓬勃发展的同时，人民审美观念也在提升，在城市、乡镇经常会看到许多形形色色的天线高低不齐，与建筑及周围环境不和谐，对城市、乡镇的形象影响较大，因此很多大城市已经提出了整顿建筑物顶部环境的建议。另外，随着越来越注重“绿色环保”，天线给一些居民带来了一种不安全感，导致他们对无线电波产生抵触甚至抗拒，从而增加了无线网络建设的难度。

根据实际的工程运用，为了无线网络建设顺利实施，在保证辐射标准和网络优化设计的前提下，通信运营商面临着不可回避的一个关键课题：采用何种天线既可以让无线网络建设顺利进行，又可以满足环境美观和居民的认可？答案是唯一的：采用符合具体环境要求的美化天线的方案。

随着移动通信产业的高速发展，2005 年中国已经开始进入 3G 时代，至今已经发展到 5G 网络，高清可视电话等技术不再是神话。于 2020 年商用的 5G 技术将更大地方便人类的通信，在通信中必不可少的基站天线数量随着众多的基站而增加，大量参差不齐、各式各样的天线已经严重影响了城镇居民的生活审美，变相降低了人们的生活品质。美化天线的特点是从外观到内在都灵活多变，既符合通信网络建设可行性的需要，也从美学角度达到业主和居民的认可。

根据外罩类型，美化天线分为一体化美化天线和分离式美化天线；根据尺寸，美化天线可以划分为大型、中型、小型；根据应用环境，美化天线可以分为室内型和室外型；根据应用场所，美化天线可以分为基站美化天线、小区隐蔽美化天线、景区伪装美化天线；根据应用数量，美化天线可以分为个性化美化天线、量化美化天线；根据电磁波方向图波瓣图，美化天线可以分为美化全向天线和美化定向天线；根据增益，美化天线可以分为高增益、中增益、低增益美化天线；根据应用的网络系统，美化天线可以分为 800MHz、900MHz、1800MHz、2100MHz、2500MHz 多频段或单频段美化天线。由于美化天线的灵活多变和不拘形式，已经在各种不同环境中得到了广泛和成功的应用。图 3.17 为常见的树状美化天线。

图 3.17　树状美化天线

在对基站天线进行美化时，应综合分析通信质量要求，以及基站天线所处的环境情况，采取合理的美化措施。目前来看，运营商美化基站天线主要采取以下3种措施：

（1）使用与环境相同的颜色涂刷天线外表，或使用假的绿叶和植物环绕天线周围，以达到隐蔽和美化基站天线的效果。例如，使用假树干、树叶装饰天线，美化天线抱杆。

（2）在设计时考虑环境实际情况，将天线设计成环境中较为常见的物体形状，实现美化效果。例如，在工业区、商务区使用排气管型、烟囱型、集束型天线，在居民住宅区使用植物型、广告牌型、路灯型天线，在风景区使用植物型、仿生树型、灯塔型天线。

（3）在保证通信信号质量的基础上，给基站天线安装不同类型的外罩。考虑外罩可能给通信信号造成的不良影响，应用美化外罩时应注重考虑以下内容：①外罩与标准天线的距离应适当，外罩与标准天线间的距离应为半波长的整数倍，使得变化后的电磁边界条件与原来的边界构成周期关系，尽可能地降低外罩给通信信号质量造成的影响；②外罩材质的选用应合理，综合分析所用外罩的耐腐蚀性、防水性、耐热性等，尤其做好外罩信号衰减情况的检测，保证所用外罩的合理性；③外罩施工质量应可靠，外罩施工质量优劣与否，不仅影响通信天线的安全性，而且影响通信信号的正常传输，因此，要求施工人员严格按照规范要求进行安装，保证外罩安装牢固、可靠。

# 第 4 章

# 基站天线标准化工作

基站天线作为移动通信系统的关键一环，它的性能优劣直接影响着网络的质量和用户体验。这类产品的产业化历经多年，其标准化的工作也经过了长期的演进。

## 4.1 标准是规范产业健康发展的重要因素

在商品产业化的同时，标准化工作也起到了规范产业、促进产业健康发展的作用。

产业化是指产业从无到有、从小到大的过程，这个过程通常包括导入阶段、发展阶段和稳定阶段。

标准化工作在产业化的过程中，起到了非常重要的调节、控制和引导作用。

在产业的导入阶段，主要进行研发、产品化及商业化。在这个阶段里，产业参与者完成了技术研发和生产流程的构建，整个产业处于起步阶段，产品设计结构相对简单，制造加工工艺粗糙，产业结构组织松散，各个环节都需要频繁剧烈的变化，需要投入大量的人力和物力。在这个阶段，标准化只能在研发、生产等较小的领域或范围内得到应用，无法形成较大规模的标准化。标准只停留在生产的操作规程、设计守则等形式上，无法形成高规格的标准化文件。

在产业的发展阶段，产业规模逐渐形成，在资本趋利作用的引导下，新兴产业吸引着大量的资本，行业全面开展了生产技术成果的商业运作研究。产业从小批量生产，逐渐向追求边际成本的大规模生产过渡，生产技术逐步提高，制造工艺不断完善，设计日渐成熟。同时，市场也经历了观望期，需求快速增长。在这个阶段，行业规范逐渐形成，标准逐步走向成熟，产业利润进入了高速增长阶段，大量企业涌入该产业，并逐渐向国际化发展。

在产业的稳定阶段，产业保持盈利的势头，生产规模稳步增长，并趋于稳定。此时产业商业化运作成熟，技术标准统一。产业参与者逐渐将产业细分，形成了上下游等复杂的产业链。在上下游产业链中，均形成了成熟、规范、全面的产品标准，国际化行业标准基本一致，国际市场逐渐趋于饱和，产业中的生产厂家出现更新换代的现象。

因此，标准的产生、制定和发展，对产业来说有着非常重要的意义。

## 4.2　标准化工作组织

标准化工作要依托于各种标准化实体及其专业系统，好的标准除满足专业系统的要求外，还需要与产业技术发展完美地结合，起到推动产业健康发展的作用。

所以说，标准化工作对标准化实体的技术实力、管理水平等的要求是非常严格的。

目前，通信领域相关标准化实体包括国际上的国际电工委员会（IEC）、国际电信联盟（ITU）、电气与电子工程师协会（IEEE）、欧洲电信标准化协会（ETSI）、第三代合作伙伴计划（3GPP）、下一代移动通信网（NGMN）等，国内则以国家标准化管理委员会、中国通信标准化协会（CCSA）等组织为代表。

### 4.2.1　国际电工委员会（IEC）

国际电工委员会（IEC）成立于 1906 年，是世界上成立最早的国际性电工标准化机构，负责有关电气工程和电子工程领域的国际标准制定工作。IEC 的总部最初位于伦敦，1948 年搬到了位于日内瓦的现总部处，其成员覆盖 173 个国家或地区，有正式成员 86 个、联络成员 87 个。

在 1887—1900 年召开的 6 次国际电工会议上，与会专家一致认为，有必要建立一个永久性的国际电工标准化机构，以解决用电安全和电工产品标准化问题。1904 年在美国圣路易召开的国际电工会议上通过了关于建立永久性机构的决议。1906 年 6 月，13 个国家的代表集会伦敦，起草了 IEC 章程和议事规则，正式成立了国际电工委员会。1947 年，IEC 作为电工部门并入国际标准化组织（ISO），1976 年又从 ISO 中分离出来。IEC 的目标是有效满足全球市场的需求；保证在全球范围内优先并最大限度地使用其标准和合格评定计划；评定并提高其标准所涉及的产品质量和服务质量；为共同使用复杂系统创造条件；提高工业化进程的有效性；提高人类健康和安全；保护环境。

IEC 标准的权威性是世界公认的。IEC 每年要在世界各地召开一百多次国际标准会议，世界各国近 10 万名专家参与了 IEC 的标准制定、修订工作。IEC 现有技术委员会（TC）100 个；分技术委员会（SC）107 个。IEC 的标准数量在迅速增加，1963 年只有 120 个标准，截至 2018 年 12 月底，IEC 已制定并发布了 10771 个国际标准。

我国于 1957 年开始参与 IEC 的工作。1988 年，以国家技术监督局的名义参与 IEC 的工作，现在以中国国家标准化管理委员会的名义参与 IEC 的工作。我国是 IEC 的 99%以上的技术委员会、分委员会的 P 成员。目前，我国是 IEC 理事局（CB）、标准化管理局（SMB）、合格评定局（CAB）的常任成员。2011 年 10 月 28 日，在澳大利亚召开的第 75 届国际电工委员会（IEC）理事大会上，正式通过了中国成为 IEC 常任理事国的决议。目前，IEC 常任理事国为中国、法国、德国、日本、英国、美国。

IEC 的宗旨是促进电气、电子工程领域中标准化及有关问题的国际合作，增进国际间的相互了解。为实现这一目标，IEC 每年出版包括国际标准在内的各种出版物，并希望各成员在本国条件允许的情况下，在本国的标准化工作中使用这些标准。近 20 年来，IEC 的工作领域和组织规模均有了相当大的发展。今天，IEC 成员国家或地区已从 1960 年的 35 个增加到 173 个，涵盖全球 99%的人口。目前，IEC 的工作领域已由单纯地研究电气设备、电机的名词术语和功率等问题扩展到电子、电力、微电子及其应用、通信、视听、机器人、信息技术、新型医疗器械和核仪表等电工技术的各个方面。

### 4.2.2 国际电信联盟（ITU）

国际电信联盟（International Telecommunication Union，ITU）的历史可以追溯到 1865 年。为了顺利实现国际电报通信，1865 年 5 月 17 日，法、德、俄、意、奥等 20 个欧洲国家的代表在巴黎签署了《国际电报公约》，国际电报联盟（International Telegraph Union，ITU）也宣告成立。随着电话与无线电的应用与发展，ITU 的职权范围不断扩大。1906 年，德、英、法、美、日等 27 个国家的代表在柏林签订了《国际无线电报公约》。1932 年，70 多个国家的代表在西班牙马德里召开会议，将《国际电报公约》与《国际无线电报公约》合并，制定《国际电信公约》，并决定自 1934 年 1 月 1 日起将该组织正式更名为“国际电信联盟”。经联合国同意，1947 年 10 月 15 日，国际电信联盟成为联合国的一个专门机构，其总部由瑞士的伯尔尼迁至日内瓦。

ITU 是联合国的 15 个专门机构之一，但在法律上不是联合国的附属机构，它的决议和活动不需要经过联合国批准，但每年要向联合国提交工作报告。

ITU 的组织结构主要分为电信标准化部门（ITU-T）、无线电通信部门（ITU-R）和电信发展部门（ITU-D）。ITU 每年召开 1 次理事会，每 4 年召开 1 次全权代表大会、世界电信标准大会和世界电信发展大会，每 2 年召开 1 次世界无线电通信大会。ITU 的简要组织结构如图 4.1 所示。

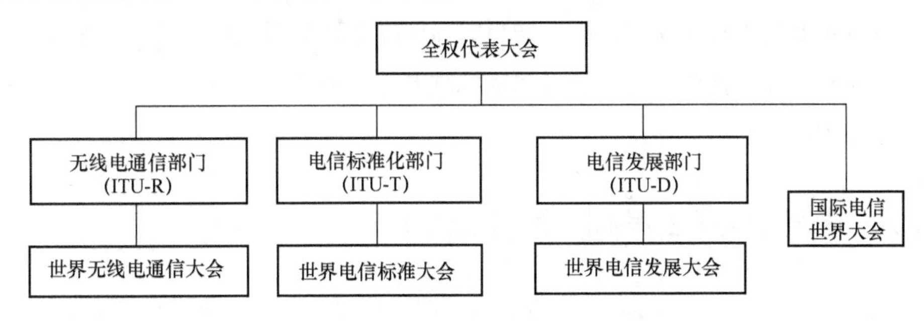


图 4.1　ITU 的简要组织结构

ITU 因标准制定工作而享有盛名。标准制定是其最早开始的工作。身处全球发展最为迅猛的行业，电信标准化部门坚持走发展的道路，简化工作方法，采用更为灵活的协作方式，满足日趋复杂的市场需求。来自世界各地的行业、公共部门和研发实体的专家定期会面，共同制定错综复杂的技术规范，以确保各类通信系统可与构成当今繁复的 ICT 网络与业务的多种网络实现无缝的互操作。

合作使行业内的主要竞争对手握手言和，着眼于就新技术达成全球共识，ITU-T 的标准（又称建议书）是作为各项经济活动的命脉的当代信息和通信网络的根基。对制造商而言，这些标准是他们打入世界市场的方便之门，有利于在生产与配送方面实现规模经济，因为他们深知，符合 ITU-T 标准的系统有助于全球采用。无论是电信巨头、跨国公司的采购者，还是普通的消费者，这些标准都可确保其采购的设备能够轻而易举地与其他现有系统相互集成。

展望未来，电信标准化部门面临的主要挑战之一是不同产业类型的融合。随着传统电话业务、移动网络、电视和无线电广播开始承载新型业务，一场通信和信息处理方式的变革已拉开序幕。

在国际标准化组织中，提出标准建议稿的立项方式和立项定位大体分为以下 5 种情况：①提案被采纳，用作某个重要标准的修订的一部分或几段；②提案被采纳，用作某个重要标准的更正；③提案被采纳，用作某个重要标准的修订的一部分，与其他几个部分共同组成一个国际标准；④提案被采纳，用作某个重要标准的补充；⑤提案被采纳，用作某个独立的重要标准。国际标准的影响非常大，一般一项国际标准从提出文稿到批准为标准至少需要两年，往后的 3～5 年需要对它进行不断的维护和完善。被批准为国际标准需要得到 189 个国家和 600 多个工业组织及众多厂商的认可，所以国际标准制定是涉及重大创新、知识产权、市场、开发的综合能力的体现。

### 4.2.3 电气与电子工程师协会（IEEE）

电气与电子工程师协会（Institute of Electrical and Electronics Engineers，IEEE），总部位于美国纽约市，是一个国际性的电子技术与信息科学工程师的协会，也是目前全球最大的非营利性专业技术学会。

IEEE 由美国电气工程师协会和无线电工程师协会于 1963 年合并而成，目前在全球拥有超过 43 万名会员。作为全球最大的专业技术组织，IEEE 在电气及电子工程、计算机、通信等领域发表的技术文献数量占全球同类文献的 30%。

IEEE 的大部分成员是电子工程师、计算机工程师和计算机科学家。会员类别分为会士（Fellow）、高级会员（Senior Member）、会员（Member）、准会员（Associate Member）和学生会员（Student Member）。

IEEE 致力于电气、电子、计算机工程和与科学有关的领域的开发和研究，在太空、计算机、电信、生物医学、电力及消费性电子产品等领域已制定了 1300 多个行业标准，现已发展成为具有较大影响力的国际学术组织。

## 4.2.4　欧洲电信标准化协会（ETSI）

欧洲电信标准化协会（European Telecommunications Standards Institute，ETSI）是由欧共体委员会于 1988 年批准成立的非营利性的电信标准化组织，总部设在法国南部的尼斯。ETSI 的标准化领域主要是电信业，并涉及与其他组织合作的信息及广播技术领域。ETSI 作为一个被 CEN（欧洲标准化协会）和 CEPT（欧洲邮电主管部门会议）认可的电信标准协会，其制定的推荐性标准常被欧共体作为欧洲法规的技术基础而采用并被要求执行。

ETSI 目前有来自 47 个国家的 457 名成员，涉及电信行政管理机构、国家标准化组织、网络运营商、设备制造商、专用网业务提供者、用户研究机构等。ETSI 的成员分为正式成员、候补成员、观察员和顾问 4 类。正式成员和观察员只允许 CEPT 成员国范围内的组织参加。凡自愿申请入会、按年收入比例向 ETSI 交纳年费者，经全会批准均可成为正式成员。正式成员享有 ETSI 标准的技术报告及参考文件的发言权、投票权和使用权。ETSI 观察员一般只授予被邀请的电信组织的代表。ETSI 候补成员是为非欧洲国家电信组织或公司寻求与 ETSI 合作而设的一种特殊身份。要成为 ETSI 的候补成员，就要与 ETSI 签署正式协议，并经全会批准。候补成员可自由参加会议，有发言权但无表决权，享有与正式成员同样的文件；候补成员应支持 ETSI 标准作为世界电信标准的基础，尽可能采用 ETSI 标准并交纳年费。ETSI 授予欧共体和 EFTA（欧洲自由贸易协会）的代表以顾问的地位，顾问有权参加全会、参与常务委员会、技术委员会、特别委员会的工作，但没有表决权。

ETSI 与 ITU 相比，具有许多特点。首先，ETSI 具有很大的公众性和开放性，不论主管部门、用户、运营者、研究单位都可以平等地发表意见。另外，ETSI 对市场更敏感，按市场和用户的需求制定标准，用标准来定义产品、指导生产。针对性和时效性强，也是 ETSI 与 ITU 的不同之处。ITU 为了协调各国，在制定标准时，常常留有许多任选项，以便不同国家和地区进行选择，但给设备的统一和互通造成麻烦，而 ETSI 针对欧洲市场和世界市场的情况，将一些指标进行了深入细化。

ETSI 的标准制定工作是开放式的。标准的主题是由 ETSI 的成员通过技术委员会提出的，经技术大会批准后列入 ETSI 的工作计划，由各技术委员会承担标准的研究工作。技术委员会提出的标准草案经秘书处汇总发往成员国的标准化组织征询意见，在返回意见后，再修改汇总，在成员国单位进行投票。赞成票超过70%以上的可以成为正式 ETSI 标准，否则可成为临时标准或其他技术文件。

由于 ETSI 对一些重要课题采取聘请专家集中研究的方式，使得标准的制定程序更快。如 GSM 就是采用专家组的方式进行研究的，因此比 ITU 超前，并对 ITU 标准的制定工作产生了促进作用。

### 4.2.5 第三代合作伙伴计划（3GPP）

第三代合作伙伴计划（3GPP）成立于 1998 年 12 月，多个电信标准组织伙伴共同签署了《第三代伙伴计划协议》。3GPP 最初的工作范围是为第三代移动通信系统制定全球适用的技术规范和技术报告。第三代移动通信系统的核心是发展的 GSM 核心网络和它们所支持的无线接入技术，主要是 UMTS。随后，3GPP 的工作范围得到了扩展，增加了对 UTRA 长期演进系统的研究和标准制定。目前，由欧洲的 ETSI，美国的 ATIS，日本的 TTC、ARIB，韩国的 TTA，印度的 TSDSI，以及我国的 CCSA 作为 3GPP 的 7 个组织伙伴（OP）。3GPP 的独立成员超过 550 个。此外，3GPP 还有 TD-SCDMA 产业联盟（TDIA）、TD-SCDMA 论坛、CDMA 发展组织（CDG）等 13 个市场伙伴（MRP）。

图 4.2 为 3GPP 的组织结构图。

在 3GPP 的组织结构中，项目协调组（PCG）是最高管理机构，负责全面协调工作，如负责 3GPP 组织架构、时间计划、工作分配等。技术方面的工作由技术规范组（TSG）完成。目前，3GPP 共分 3 个（之前为 5 个，后 CN 和 T 合并为 TSG CT，GERAN 被撤销）TSG，分别为 TSG RAN（无线接入网）、TSG SA（业务与系统）、TSG CT（核心网与终端）。每个 TSG 下面又分为多个工作组（WG），每个 WG 分别承担具体的任务，目前共有 16 个 WG。例如，TSG RAN 分为 RAN WG1（无线层 1 规范）、RAN WG2（无线层 2 和无线层 3 规范）、RAN WG3（无线网络架构和接口）、RAN WG4（射频性能）、RAN WG5（终端一致性测试）和 RAN WG6（GERAN 无线协议）6 个工作组。

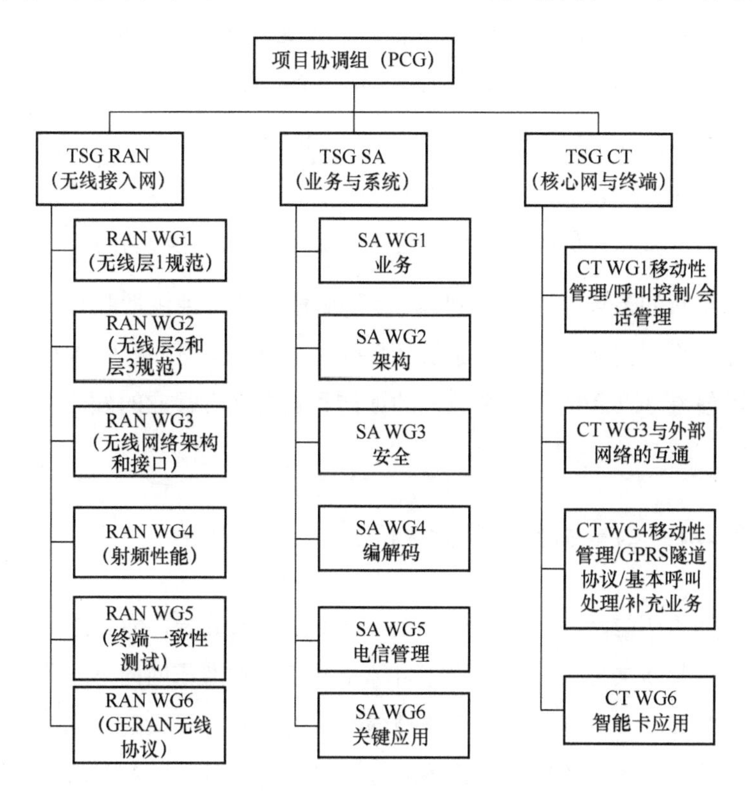


图 4.2　3GPP 的组织结构图

3GPP 制定的标准规范以 Release 作为版本进行管理，平均 1～2 年就会完成一个版本的制定，从建立之初的 R99 到 R4，目前已经发展到 R16。

3GPP 以项目的形式管理并开展工作，最常见的形式是 Study Item 和 Work Item。3GPP 对标准文本采用分系列的方式进行管理，如常见的 WCDMA 和 TD-SCDMA 接入网部分标准在 25 系列中，核心网部分标准在 22、23 和 24 等系列中，LTE 标准在 36 系列中等。

3GPP 的会员包括 3 类：组织伙伴、市场代表伙伴和个体会员。3GPP 的组织伙伴包括欧洲的 ETSI、日本的 ARIB、日本的 TTC、韩国的 TTA、美国的 ATIS、印度的 TSDSI 和中国通信标准化协会 CCSA 7 个标准化组织。3GPP 的

“市场代表伙伴”不是官方的标准化组织，它们是向 3GPP 提供市场建议和统一意见的机构组织。TD-SCDMA 技术论坛的加入使得 3GPP 的市场代表伙伴的数量增加到 6 个，其他包括 GSM 协会、UMTS 论坛、IPv6 论坛、3G 美国（3G Americas）、全球移动通信供应商协会（The Global Mobile Suppliers Association）。

中国无线通信标准研究组（CWTS）于 1999 年 6 月在韩国正式签字，同时加入 3GPP 和 3GPP2，成为这两个当前主要负责第三代伙伴项目的组织伙伴。在此之前，我国是以观察员的身份参与这两个伙伴的标准化活动的。

为了满足新的市场需求，3GPP 规范不断增添新特性以增强自身能力。为了向开发商提供稳定的实施平台并添加新特性，3GPP 使用并行版本体制，正是这样的特性，使得 3GPP 的每一个版本的冻结和发布都对行业的发展形成了重要的影响。

### 4.2.6 下一代移动通信网（NGMN）

下一代移动通信网（Next Generation Mobile Networks，NGMN）组织实际上由多家移动运营商来推动，其成立的目标是推动移动通信网向下一代移动通信网络发展，研究移动运营商如何在网络技术发展方面发挥更大的作用。移动通信运营商发起并推动该平台的运营，希望通过该平台传达运营商对网络发展的需求。

2006 年 9 月，NGMN 在英国成立有限公司，它的主导发起人是几大运营商，包括中国移动、DoCoMo、沃达丰、Orange、Sprint、KPN，它希望通过市场发起对技术的要求，以市场为导向推行设备的开发和部署。

NGMN 是一个开放的平台，欢迎各个移动运营商加入，也欢迎制造商、研究单位，包括研究院所及高校加入，采用更开放的形式推动产业的发展，以获得更大的产业规模。在这个平台里，运营商希望推动下一代网络技术，保证它的性能和可实施性，它不仅在提需求，同时也在推动标准化工作，促进标准的制定，推动测试设备的开发，进行一些实验和评估等。总体来说，NGMN 希望成为一个务实的组织，非常紧密地以与各个产业链合作的方式推动新的技术发展，既能满足整个市场的需要，又可以在业务能力、时间等方面满足运营商的需要，希望创造一个以市场为导向的共赢产业链。

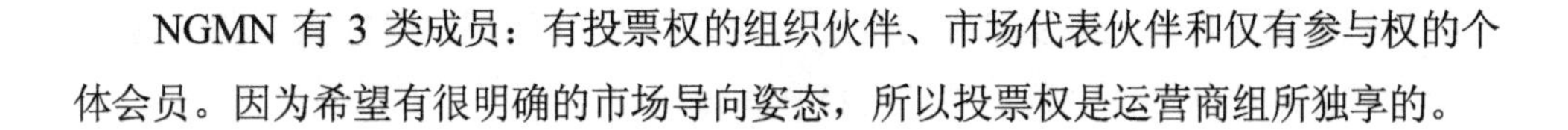

NGMN 有 3 类成员：有投票权的组织伙伴、市场代表伙伴和仅有参与权的个体会员。因为希望有很明确的市场导向姿态，所以投票权是运营商组所独享的。

### 4.2.7　国家标准化管理委员会

在中国，国家市场监督管理总局对外保留和使用国家标准化管理委员会的名称。以国家标准化管理委员会的名义，下达国家标准计划，批准发布国家标准，审议并发布标准化政策、管理制度、规划、公告等重要文件；开展强制性国家标准对外通报工作；协调、指导和监督行业、地方、团体、企业标准工作；代表国家参加国际标准化组织、国际电工委员会和其他国际或区域性标准化组织；承担有关国际合作协议签署工作；承担国务院标准化协调机制日常工作。

国家标准化管理委员会下设标准技术管理司和标准技术创新司。

标准技术管理司拟定标准化战略、规划、政策和管理制度并组织实施，承担强制性国家标准的立项、编号、对外通报和授权批准发布工作；协助组织查处违反强制性国家标准等重大违法行为；组织制定推荐性国家标准（含标准样品）；承担推荐性国家标准的立项、审查、批准、编号、发布和复审工作；承担国务院标准化协调机制的日常工作；承担全国专业标准化技术委员会管理工作；承办总局交办的其他事项。

标准技术创新司协调指导和监督行业、地方标准化工作；规范、引导和监督团体标准制定、企业标准化活动；开展国家标准的公开、宣传、贯彻和推广实施工作；管理全国物品编码、商品条码及标识工作；承担全国法人和其他组织统一社会信用代码相关工作；组织参与国际标准化组织、国际电工委员会和其他国际或区域性标准化组织活动；组织开展与国际先进标准对标达标和采用国际标准的相关工作；承办总局交办的其他事项。

### 4.2.8　中国通信标准化协会（CCSA）

中国通信标准化协会（China Communications Standards Association，CCSA）于 2002 年 12 月 18 日在北京正式成立。该协会是国内企、事业单位自

愿联合组织起来，经业务主管部门批准，国家社团登记管理机关登记，开展通信技术领域标准化活动的非营利性法人社会团体。

CCSA 的主要任务是：更好地开展通信标准研究工作，把通信运营企业、制造企业、研究单位、大学等关心标准的企事业单位组织起来，按照公平、公正、公开的原则制定标准，进行标准的协调、把关，把高技术、高水平、高质量的标准推荐给政府，把具有我国自主知识产权的标准推向世界，支撑我国通信产业的发展，为世界通信产业做出贡献。

CCSA 采用单位会员制，广泛吸收科研机构、设计单位、产品制造企业、通信运营企业、高等院校、社团组织等以单位形式参加。

CCSA 遵循公开、公平、公正和协商一致原则组织开展通信标准化研究活动，通过研究通信标准、开展技术业务咨询等工作，为国家通信产业的发展做出贡献。协会受业务主管部门委托，在通信技术领域组织开展标准化工作。

CCSA 由会员大会、理事会、技术专家咨询委员会、技术管理委员会、若干技术工作委员会和秘书处组成。技术工作委员会下设若干工作组，工作组下设若干子工作组/项目组。主要开展技术工作的技术工作委员会（TC）有 11 个，分别如下。

- TC1：互联网与应用
- TC3：网络与业务能力
- TC4：通信电源与通信局站工作环境
- TC5：无线通信
- TC6：传送网与接入网
- TC7：网络管理与运营支撑
- TC8：网络与信息安全
- TC9：电磁环境与安全防护
- TC10：物联网

- TC11：移动互联网应用和终端
- TC12：航天通信技术

除技术工作委员会外，CCSA 还适时根据技术发展方向和政策需要，成立特设任务组（ST），目前有 ST2（通信设备节能与综合利用）、ST3（应急通信）、ST7（量子通信与信息技术）、ST8（工业互联网）和 ST9（导航与位置服务）5 个特设任务组。

针对负责无线通信的 TC5，主要的研究领域包括移动通信、无线接入、无线局域网，以及短距离、卫星与微波、集群等无线通信技术及网络，无线网络配套设备及无线安全等标准制定，无线频谱、无线新技术等研究，与国际上的标准化组织主要对口 ITU-R、3GPP、IEEE 和 OMA 等国际标准组织的研究工作。

TC5 下分 8 个工作组，分别对应不同的研究方向，具体参见表 4.1。

**表 4.1　CCSA TC5 工作组划分**

| 工作组 | 职责与研究范围 | 与国际组织对口关系 |
| --- | --- | --- |
| WG3：无线接入工作组 | 负责无线局域网和无线接入的标准化研究工作；负责除移动通信外的无线接入、无线局域网、短距离和集群等标准研究和制定 | IEEE、ITU-R |
| WG5：无线安全与加密工作组 | 负责无线移动加密与网络安全研究和制定 | 3GPP、OMA 等与安全相关工作组 |
| WG6：前沿无线技术工作组 | 负责超前无线技术需求、关键技术及方案等研究 | ITU-R、WWRF |
| WG8：频率工作组 | 负责无线电频谱规划相关研究；无线电业务系统内和系统间的电磁兼容研究；无线电设备射频指标和无线电监测等技术标准研究和制定。对口 ITU-R 研究 WRC 大会议题和与无线电业务频率相关的问题 | ITU-R、APT、3GPP RAN4 |
| WG9：移动通信无线工作组 | 负责 2G/3G/4G/5G 移动通信无线网相关标准研究和制定 | 3GPP RAN、ETSI NFV-ISG |
| WG10：卫星与微波通信工作组 | 负责卫星与微波、毫米波等技术、设备、接口及应用技术标准研究和制定；卫星通信资源研究 | ITU-R |
| WG11：无线网络配套设备工作组 | 负责无线通信网络中与制式无直接关系的配套设备标准研究和制定 | / |
| WG12：移动通信核心网工作组 | 负责 2G/3G/4G/5G 移动通信核心网相关标准研究和制定，重点负责移动分组核心网 | 3GPP SA、CT |

大量的天线产品标准，都是出自 TC5 的 WG11 工作组的。

## 4.3 天线的标准

### 4.3.1 国际上的天线产品标准

目前国际上现行有效的天线产品标准如下。

- IEEE 149-1979 IEEE Standard Test Procedures for Antennas
- BASTA 协议
- 3GPP TS 38.141-2 Title: NR； Base Station (BS) conformance testing Part 2: Radiated conformance testing
- 3GPP TS 37.145-2 Title: Active Antenna System (AAS) Base Station (BS) conformance testing； Part 2: Radiated conformance testing
- IEC 62037 系列标准
- AISG 标准

其中，IEEE 149-1979 与 BASTA 协议关注了无源天线产品的测试和技术指标；3GPP TS 38.141-2 与 3GPP TS 37.145-2 关注了 5G 有源一体化天线的辐射射频参数测量；IEC 作为基础研究的标准组织，推出了互调测试相关的 IEC 62037 系列标准；AISG 则关注了电调天线控制器功能和网络传输协议等内容。

#### 1. IEEE 149-1979 标准

IEEE 149-1979 标准是 IEEE 149-1965 标准的升级版，直至现在依然有效。该标准内容丰富、涉及面广、覆盖全面。

该标准分为 21 章，内容包括天线产品的切面定义、天线测试场地的定义与设计、天线测试场地的仪表、天线测试场地的评估、空间测量的技术、天线场地的操作、现场方向图的测量、相位、极化、功率和方向性的测量、辐射效率的确认、角追踪天线的特殊测量方法、天线罩的电参数测量、阻抗的测量、电磁辐射安全、环境因素等。

图 4.3 所示为 IEEE 149-1979 标准中定义的球面坐标系。图 4.4 所示为矩形暗室与锥形暗室的图示。图 4.5 所示为典型天线测试系统的连接框图。图 4.6 所示为一些天线现场测试的示例。

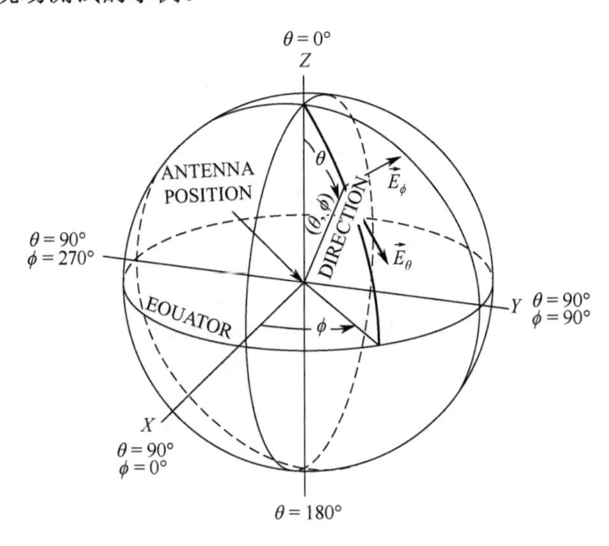


图 4.3　IEEE 149-1979 标准中定义的球面坐标系

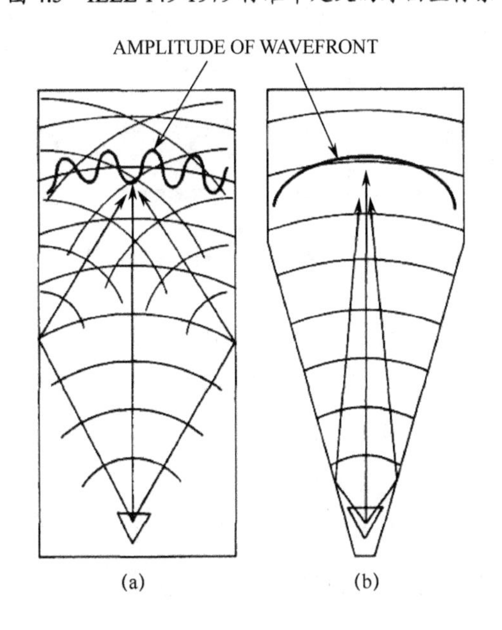


图 4.4　矩形暗室与锥形暗室的图示

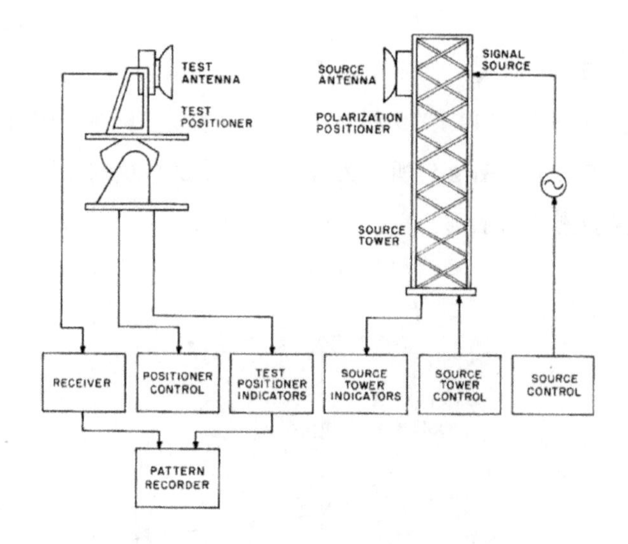


图 4.5　典型天线测试系统的连接框图

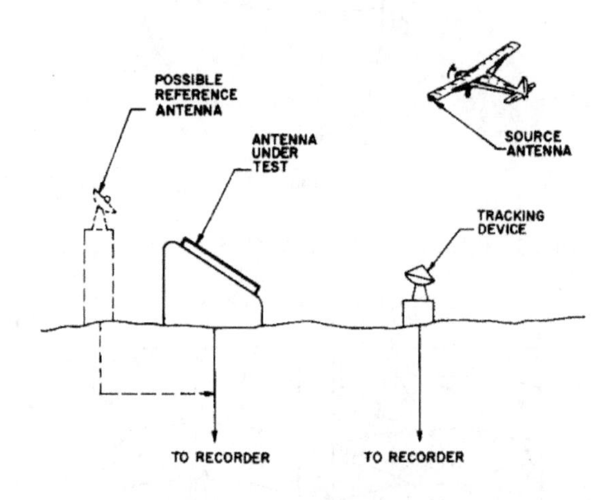


图 4.6　一些天线现场测试的示例

该标准用图文并茂的形式定义了天线的坐标方向图准则；各种天线测量场地的示意图、技术特性，以及如何改进某些特定场地的特性。在测试设备方面，该标准中详细描述了收发端的设备仪器配置细节、实现细节、源天线的技术要点、接收电路如何搭建以提高幅度和相位的测试精度；分析了各方位轴测试的优缺点和利弊，如何消除这些因素引入的误差。同时，对场地和设备的特性引入的误差进行了深入分析，并提出了一些解决的方法，还对特殊的天线测试方法进行了总结和归纳。

正是由于其“大百科全书式”的描述与介绍及技术上的完备性，该标准至今依然被行业认可和采用。但是该标准内容关注测试且偏基础，不包含天线产品性能相关内容，属于测试用基础标准。

### 2. BASTA 协议

BASTA 协议，是 NGMN 组织召集天线生产厂商、运营商等机构，联合推出的基站天线标准。由于编写各方来自天线应用一线，所以针对天线的指标进行了详细的定义。

首先，BASTA 协议定义了数据的格式。其次，在参数方面，BASTA 协议描述了大量的方向图指标，其中包括天线方向性、工作频率、极化、增益、增益的波动、水平面波瓣宽度、垂直面波瓣宽度、电下倾角范围、电下倾角精度、阻抗、电压驻波比、回波损耗、隔离度、无源互调、前后比总功率±30°、第一上瓣压缩、峰值向上 20°压缩、扇区交叉极化比、每个端口最大有效功率、天线最大有效功率、扇区间隔离度、水平面波束指向。以上 22 个指标组成了天线的基础参数。另外，针对一些扇区优化的需求，BASTA 协议还定义了 16 个可选的参数，包括水平波束滚降、零点填充、机械波束方向的交叉极化鉴别率、3dB 水平波瓣宽度内的交叉极化鉴别率、10dB 水平波瓣宽度内的交叉极化鉴别率、3dB 垂直波瓣宽度内的交叉极化鉴别率、10dB 垂直波瓣宽度内的交叉极化鉴别率、端口间水平面波束的一致性、水平面 H/V 极化的一致性、水平面边缘下降、水平面到 20°的上瓣抑制、最大上旁瓣抑制、水平面干扰比、水平面波束指向、水平面瓣指向范围、扇区最大有效功率。这些参数的实现，都需要在传统基站技术的基础上进行更多的设计和升级，因此在 BASTA 协议中将其定义为可选参数。

在 BASTA 协议的第 4 章中，关注了如何准确地比较两个天线供应商的产品的性能，在这个过程中，供应链中的各方对天线参数的定义，以及对计算和验证相关规范的方法定义至关重要。这些内容都在 BASTA 协议的第四章中进行了详细和深入的描述。该标准将天线参数定义为了双边参数和单边参数，并对这些参数的判定和相关的运算进行了深入解释。

在 BASTA 协议的第 5 章中，描述了机械参数和定义，包括天线的尺寸、包装尺寸、重量、运输重量、接头型号、接头质量、接头位置、适应的风速、风载荷、外罩材料、外罩颜色、产品环境符合性、天线安装点之间的机械距离、抱杆安装点之间的机械距离、照射保护等。

BASTA 协议的第 6 章对 RET 系统，也就是遥控电下倾角系统进行了规定。如对控制器尺寸、工作温度范围、功耗、失效情况、相关标准等方面等进行了定义。

BASTA 协议的第 7 章是天线的环境标准，针对以下环境可靠性项目进行了说明：包装、低温存储、高温存储、温度循环、振动、湿热暴露、淋雨、防水、防沙尘、最大风速、日晒暴露、抗腐蚀、碰撞、自由跌落、宽带随机振动、稳态湿热等，模拟了很大一部分天线的存储和使用环境。

BASTA 协议的第 8 章介绍了可靠性标准，参考了 MTBF 值的测试方法。

BASTA 协议的第 9 章介绍了其他一些需要详细说明的主题。

BASTA 协议是天线参数介绍最为详细的标准。在大量详细参数介绍的基础上，引入了概率的概念，能够更全面地评估产品的性能。以大数据量的参数为样本，可以减少个别点的畸变带来的不利影响。但是由于 BASTA 协议规定的工作量巨大，限制了其应用范围。少量的国际运营商的招标测试会以 BASTA 协议为标准。

### 3. 3GPP 标准

3GPP 的 TS 37.145-2 标准，名称为《有源天线系统基站射频一致性测量方法——辐射法》。

3GPP 的 TS 38.141-2 标准，名称为《5G 基站辐射频一致性测量方法——辐射法》。

这两个标准的架构十分相似，简单介绍如下。

第 1 章，标准范围；第 2 章，引用文件；第 3 章，定义、符号与缩写；第 4 章，一般测试条件和声明；第 5 章，要求的适用性；第 6 章，辐射发射机特性；第 7 章，辐射接收机特性；第 8 章，辐射性能要求等。

3GPP 标准中描述了用辐射法进行射频一致性测试的场地要求、测量方法、设备指标要求等内容。因为 3GPP 标准快速更迭的特点，其标准的版本不断更新，不断适应着快速发展的移动通信技术。

有源天线作为大规模天线阵列与基站一体化的产物，它的测试有别于传统无源天线，其测试原理与传统无源天线也有着很大的差异。有源天线的测试不仅需要克服大体积、复杂系统等困难，还要进行准确的链路校准，以达到绝对电平值的测试。

因无线射频指标测量方法的特性，这类测量对场地的要求也非常严格。通常情况下的远场或无源测试使用的球面近场环境，都无法完美地满足其需求，从而引入紧缩场的概念，用来进行射频 OTA 的测量。

#### 4．IEC 62037 系列标准

IEC 62037 系列标准为无源射频与微波组建的互调测试标准。此系列标准由 6 个部分组成，现行有效的标准分别如下。

IEC 62037-1-2012 为适用于无源 RF 和微波组件的互调（IM）电平测量的一般要求和测量方法。IEC 62037-1 的第一版替代了 1999 年发布的 IEC 62037。它构成了技术修订版。该标准是 IEC 62037 系列的一部分，该系列解决了 PIM 的测量问题，但并未涵盖有关产品性能的长期可靠性相关的内容。该标准应与 IEC 62037 的其他部分结合使用。

IEC 62037-2-2012 定义了一种测量同轴电缆组件产生的无源互调电平的程序。此方法适用于电缆跳线，旨在为刚性设备之间提供接口灵活性的电缆组件。

IEC 62037-3-2012 是 IEC 62037 系列的一部分，它定义了对同轴连接器的冲击测试，以尽可能独立于电缆 PIM（无源互调）的影响来评估其对连接器弱连接和内部的微粒的影响。

IEC 62037-4-2012 是 IEC 62037 系列的一部分，它定义了测试夹具和推荐的程序，用于测量同轴电缆产生的无源互调电平。该标准中定义了两种动态测试方法和一种静态测试方法。

IEC 62037-5-2013 定义了测试夹具和程序，推荐用于测量通常在无线通信系统中使用的由滤波器产生的无源互调电平。该标准为在低互调（低 IM）应用中

使用的滤波器提供了定义鉴定和验收测试方法。

IEC 62037-6-2013 定义了在无线通信系统中使用的天线所产生的无源互调电平的测试夹具和程序。该标准为在低互调（低 IM）应用中使用的天线提供了定义鉴定和验收测试的方法。

此系列天线部分的测试程序，作为基础标准被行业广泛应用，也被众多天线产品标准所引用。

### 5. AISG 标准

AISG 标准由天线接口标准组（AISG）编写并发布。该组织为基站和各种塔顶设备之间的控制和监视接口创建并维护标准。其中包括具有远程电倾斜（RET）的天线、安装在塔顶的放大器，以及用于监视塔顶设备运行的各种传感器。这些被称为子单元，包括单发 ALD、多发 ALD、远程电器倾角、塔式放大器、电调天线等多达 13 类设备。

AISG 标准包括备用 PHY 层、RS-485 总线和使用 MF 射频信号的 OOK 系统，该信号在连接天线、放大器和基站的同轴电缆内传输。

AISG 标准的 2.0 版本严格定义了物理层的电平信号和传输层的协议，在网络中得到了广泛的应用。

最新版本（v3.0）为具有多个控制端口的设备提供了设备接口，每个控制端口都可以连接不同的控制器（通常是基站），并且该控制器还可以映射与之连接的设备之间的 RF 系统互连总线。该标准包括基本标准及每个子单元类型的标准。

AISG 标准随着无线通信网络的发展，持续地融入现实网络。在 5G 时代，AISG 标准也有旺盛的生命力，是天线领域重要的标准之一。然而，针对 AISG 设备的测试却一直处于空白状态。目前，中国信息通信研究院泰尔系统实验室开发了一些全面科学的检测方案，该领域的检测活动将逐渐推广到整个行业。

## 4.3.2 我国的天线产品标准

我国移动通信天线产业自 20 世纪末起步，虽然时间较晚，但是发展迅速。

经过 20 余年的发展，目前我国的基站天线厂家在产能、技术能力、出货量等方面已经稳居全球第一。不仅国内基站天线厂家数量众多，而且绝大部分国际天线厂家都在我国设立了研究机构与加工工厂，积极投入我国的基站天线市场与技术研究中。这些巨大的成绩得益于我国经济高速发展的大环境，而产业高速发展与产品标准化的引导是分不开的。

我国的天线标准，从无到有，从小到大，经过了复杂艰难的过程，凝聚了几代人对天线产业的热情与心血。

我国的天线标准包括 GB/T 9410-2008、GB/T 21195-2007、YD/T 1059-2004、YD/T 2866-2015、YD/T 2867-2015、YD/T 2868-2020、YD/T 1710.1-2015、YD/T 3061-2016、YD/T 2635-2013 等。

#### 1. GB/T 9410-2008《移动通信天线通用技术规范》

GB/T 9410-2008 是在 GB/T 9410-1988 版本上进行的升级，升级的内容包括天线工作的频率范围、部分名词术语、方向图的测量要求、天线增益测量步骤、天线电压驻波比的测量方法，同时删除了额定电压的测量和频带宽度的测量。这个版本部分引用了 IEC 60489-8-2000《移动设备中用无线电设备的测量方法 第 8 部分：天线及辅助设备的测量方法》，在此基础上，按照我国的语言习惯进行了修改，根据我国网络实际情况，删除了相对天线增益测量、间歇功率测量，以及额定电压的测量，增加了环境试验的要求、方法、检验规则，以及对标志、包装、运输和存储的要求等。此标准由原信息产业部（现为工业和信息化部）提出，归口在中国电子技术标准化研究所。由广州杰赛、京信通信、盛路天线、西安海天天线、广州高科中实、摩比天线、通宇通信等业内厂家参与制定。

GB/T 9410-1988 由原电子工业部第七研究所起草，原电子工业部批准实施。作为我国最早的一批天线行业标准，对天线检测进行了详细的定义，指导了国内产业最初期检测方法的实施。时隔 20 年后的更新，使得标准跟上了产业发展的趋势，为产业的发展提供了有力的支撑。

#### 2. GB/T 21195-2007《移动通信室内信号分布系统天线技术条件》

GB/T 21195-2007 由国家无线电监测中心牵头起草，京信通信公司参与编写，归口在中国通信标准化协会，由原信息产业部提出。

该标准作为移动通信系统天线系列标准之一，与 GB/T 9410-2008 共同构成了移动通信室内信号分布系统天线技术规范。

随着经济的发展，室外宏基站的覆盖已经无法满足一些高层楼宇的信号覆盖需求，为了达到理想的信号覆盖效果，室内分布系统作为移动通信重要的组成部分，逐渐得到了的重视。在这样的时机下，该标准规定了移动通信室内信号分布系统天线的术语和定义、分类、电性能、机械特性、环境条件、测量方法、检验规则，以及标志、包装、运输和储存。对室内分布系统天线产业的发展起到了规范的作用。

该标准包括术语定义、产品分类、性能要求、测量方法、检验规则、标志包装运输和存储等几部分。与国际标准和 GB/T 9410-2008 不同的是，该标准同时包含了产品性能要求和测试方法。

### 3. YD/T 1059-2004《移动通信系统基站天线技术条件》

YD/T 1059-2004《移动通信系统基站天线技术条件》是由 YD/T 1059-2000 升级而来的，是我国基站天线产业化过程中重要的标准。

YD/T 1059-2000 由西安邮电通信设备厂、北京邮电通信设备厂、东方通信股份有限公司起草，由原信息产业部电信研究院提出并归口管理。与 GB/T 9410-1988 共同构成移动通信天线技术规范。

当时正值移动通信技术迅猛发展期，移动通信设备基本上全部为进口。基站天线产品通常是与基站等设备打包进入国内的，存在着价格高昂的现象。一面双端口机械天线，通常售价会高于一万元。为了降低成本，提高资金使用的效益，我国的天线研究人员开始了基站天线的技术研究。

20 世纪 90 年代的主流设备厂家有德国的 KATHREIN 公司、瑞典的 ALLGON 公司等。YD/T 1059-2000 吸取了这两家主流设备厂家产品的技术指标，并结合我国基站天线研究生产和实际运用的情况研究制定而成。该标准首次将天线产品类别进行了划分，形成了全向天线、定向单极化天线和定向±45°双极化天线三大类别，形成了一些关键的技术指标，如增益等级、垂直面瓣宽、功率容限值、水平面瓣宽、前后比、交叉极化比、交调、电压驻波比、隔离度等。这些指标的对应关系与数值形成了对基站天线技术要求的基础。

2000 年前后，移动通信技术发展迅速，对“空口技术”的要求也不断提高。YD/T 1059-2000 版本中的指标定义逐渐无法满足技术发展的需求。在 2004 年，由中国通信标准化协会提出并归口管理，西安普天通信设备厂、普天首信通信设备厂、东方通信股份有限公司、国家通信导航设备质量监督检验中心、西安海天天线科技股份有限公司等起草了该标准新的版本。在新的版本中，涵盖了更丰富的频段，增加了宽频天线产品类（同时包含了 900MHz 频段与 1800MHz～2170MHz 频段的产品），增加了电调天线产品类，为迅速发展的基站天线产品提供了更全面的技术指导和要求。在此后的较长一段时间内，此标准被行业广泛应用，起到了非常重要的作用。2015 年，中国通信标准化协会按照新的架构，颁布了天线检测与产品技术要求标准，YD/T 1059-2000 标准完成了历史使命，被新标准取代。

#### 4. YD/T 2635-2013《移动通信基站用一体化美化天线》

在 21 世纪最初的 10 年，移动通信技术迅速发展，基站的建设在数量和密度上都有显著的提高，但也带来了大量民众对基站天线，以及天线辐射所带来的影响的忧虑和恐惧。因这类需求，萌发了美化天线这一产品类型。在发展初期，在普通基站外部直接增加美化外罩，起到隐蔽、美化的效果。但是此类方式对天线辐射效果影响大，不能广泛应用，由此产生了一体化美化天线的技术要求。天线本身需要做成圆柱状、特殊板状等外形。这样的外形要求，对天线的设计、研发和生产都有很大的挑战，因此急需标准来规范产业，加强生产厂家技术能力，提高产品质量。

YD/T 2635-2013 由中国通信标准化协会提出并归口管理。参与编写的单位有：京信通信公司、武汉邮电科学研究院、华为公司、大唐电信集团、广东盛路通信公司、广东信盛通信公司、杭州紫光公司、江苏华灿公司等。

该标准确定了移动通信系统基站一体化美化天线的术语定义、分类、电性能、机械特性、环境条件、测量方法、检测规则，以及标志、包装、运输和储存。

该标准适用于工作频段为 806MHz～960MHz、1710MHz～2170MHz、1920MHz～2690MHz 移动通信系统基站一体化美化天线。同类型其他频段、规格的天线及加罩美化天线可参照本标准。

该标准在一定时期内，对美化天线领域起到了非常重要的指导作用。

**5. YD/T 1710.1-2015《2GHz TD-SCDMA 数字蜂窝移动通信网智能天线 第 1 部分：天线阵列》**

《2GHz TD-SCDMA 数字蜂窝移动通信网智能天线 第 1 部分：天线阵列》中定义了我国首次提出的 TD-SCDMA 通信系统的智能天线标准，是我国自主编写的天线标准，凝聚了我国通信行业建设者的心血。

移动通信经历了第一代和第二代的发展后，已经在全球得到了广泛的应用，但是系统容量小、频谱利用率低、抗干扰能力差、数据传输速率低等特性，严重限制了移动通信的发展。因此，业内人士对第三代移动通信网络的性能，给予了很高的期待。

我国在 20 世纪末提出了 3G 标准 TD-SCDMA。在国际上引起了强烈的反响，得到了西门子等多家公司的重视。在 1999 年 11 月的国际电联会议上，TD-SCDMA 技术被正式列为第三代移动通信国际标准，与 WCDMA、CDMA2000 并列成为三大主流标准之一。这是我国通信标准方面的重大突破。2001 年，大唐移动通信公司成立，肩负起了 TD-SCDMA 的研发与推进工作。

TD-SCDMA 技术，在空口特性方面，引入了可以进行水平空间分集的智能天线技术。这一点在通信领域属于首创，通过对天线阵列进行幅度和相位的控制，达到波束扫描的目的。这种技术对于天线的性能提出了更严格的要求。

为了快速推进 TD-SCDMA 技术的发展，原信息产业部要求通信产业通力合作，迅速推进该技术的整体技术标准的工作。为此，由中国通信标准化协会提出并归口管理，原信息产业部电信研究院牵头，联合众多通信运营商、通信主设备商和天线生产厂商共同编写了 YD/T 1710.1-2007 标准。此标准在 2007 年发布，为 TD-SCDMA 的网络建设提供了技术指导。

标准中定义的智能天线包括全向智能天线和定向智能天线两种产品形态，加之 8 阵列、6 阵列、4 阵列等 5 种产品规格。创新性地引入了校准端口的概念、考察指标及考察方法。电路参数的测量需要测量校准端口与其他各辐射端口之间的幅度和相位差，并且需要做复杂的运算。辐射方向图除了所有辐射端口的方向图测试，还引入了业务波束的概念，配合功分板，模拟了广播波束、业务 0 度扫描和业务 60 度扫描等合成波束，在合成波束的测量、增益等关键参数的计算等方面，也大大提高了实验的复杂程度。

智能天线标准的编写、发布和实施，对我国天线技术水平、产业能力的提高，以及测试机构能力的提高都起到了关键的作用。由此我国天线设计生产水平开始赶超国际同行。

2008 年，我国正式发放 3G 牌照后，进行了大规模的网络建设。在此过程中积累了大量网络建设的经验，对天线产品的技术要求也更加明确。在此期间，出现了更新形式的智能天线产品规格，于是在 2015 年，YD/T 1710.1-2007 迎来了新的版本（YD/T 1710.1-2015）。新版标准名称与旧版标准名称的变化表明仅对工作频段为 1880MHz～1920MHz、2010MHz～2025MHz 的 TD-SCDMA 系统智能天线进行了指标定义，其他频段的天线也可参照使用。

#### 6．YD/T 3061-2016《TD-LTE 数字蜂窝移动通信网智能天线》

LTE（Long Term Evolution）原本是第三代移动通信向第四代过渡升级过程中的演进标准，包含 LTE FDD 和 LTE TDD 两种模式（通常简称 TD-LTE）。2013 年，随着 TD-LTE 牌照的发放，4G 的网络、终端、业务都进入正式商用阶段，也标志着我国正式进入了 4G 时代。

为了实现 LTE 标准对网络性能的严格要求，TD-LTE 系统采用的关键技术包括 MIMO 多天线传输技术、OFDM 载波技术、链路自适应技术与网络架构扁平化技术等。MIMO 是 TD-LTE 系统的关键技术，在实际应用中可以根据不同的天线部署形态和实际应用情况，分别采用发射分集、空间复用和波束赋形 3 种不同的方案。若对数据传输速率要求较高，则可在大间距非相关天线阵列采用空间复用方案同时传输多个数据流；若对通信质量要求较高，则可在小间距相关天线阵列采用波束赋形技术，将天线波束指向接收用户，以减少干扰。这些关键空口技术的实现，需要更高规格的智能天线产品的支撑。

为了加快 TD-LTE 天线产业的发展壮大，由中国通信标准化协会提出并归口管理，中国信息通信研究院牵头，同中国移动通信集团，共同编写完成了 YD/T 3061-2016 标准。标准中规定了 TD-LTE 数字蜂窝移动通信网智能天线的术语定义、分类、电性能、机械特性、环境条件、测量方法、检验规则，以及标志、包装、运输和储存等。

该标准适用于工作于室外的工作频段为 1880MHz～1920MHz（band 39，称为 F 频段）、2010MHz～2025MHz（band 34，称为 A 频段）或 2500MHz～2690MHz（band 41，称为 D 频段）的 TD-LTE 系统智能天线，其他类型的智能天线也可参照该标准。

该标准在 TD-LTE 建设过程中发挥了重要的规范作用。

### 7. YD/T 2866-2015《移动通信系统室内分布无源天线》

YD/T 2866-2015 由中国通信标准化协会提出并归口管理，工业和信息化部电信研究院牵头，同国家无线电监测中心、中国联通集团、中国移动集团、中国电信集团、京信通信公司、中国移动通信集团设计院、武汉邮电科学研究院、三维通信公司、中讯邮电公司、华为公司等运营商、天线生产厂家共同编写。

该标准规定了移动通信系统室内分布无源天线的技术要求，包括术语定义、分类、电性能、机械特性、环境条件、测量方法、检验规则，以及标志、包装、运输和储存等。适用于工作频段为 698MHz～806MHz、806MHz～960MHz、1710MHz～2170MHz 和 2300MHz～2700MHz 的移动通信系统单极化、双极化室内分布系统无源天线，同类型其他频段的无源天线也可参照使用。

YD/T 2866-2015 根据新的市场需求，加入了更丰富的频段资源，以及更多的产品类型，将室内分布系统无源天线按照不同的应用场合和用途分为 7 类：单极化室内全向吸顶天线、单极化室内定向吸顶天线、单极化室内定向壁挂天线、单极化室内定向对数周期天线、单极化室内定向八木天线、双极化室内全向吸顶天线和双极化室内定向壁挂天线，并分别给出了每种类型的天线的电气性能指标要求和判定标准。该标准同时给出了各类型天线的尺寸要求、馈电端口设计和防雷要求等其他机械性能要求和环境要求，以及电性能要求和环境测试要求等。

#### 8．YD/T 2867-2015《移动通信系统多频段基站无源天线》

YD/T 2867-2015 中包含了更多的通信频段，适用范围更广泛。

该标准由中国通信标准化协会提出并归口管理，中国信息通信研究院牵头，起草单位包括中国移动集团、中国联通集团、中国电信集团、中电集团五十四所、中国移动通信集团设计院、京信通信公司、三维通信公司、华为公司、中讯邮电设计院等。

该标准规定了移动通信系统多频段基站无源天线的术语定义、分类、电性能、机械特性、环境条件、测量方法、检验规则，以及标志、包装、运输和储存等要求。适用于工作频段为 806MHz～880MHz、870MHz～960MHz、1710MHz～1880MHz、1850MHz～1990MHz、1920MHz～2170MHz、2300MHz～2500MHz 和 2500MHz～2700MHz 的移动通信系统多频段基站无源天线，工作于以上频段的单频段基站无源天线可参照使用，同类型其他频段的无源天线也可参照使用。智能天线不适用于该标准。

YD/T 2867-2015 将基站天线分为全向天线、定向单极化天线、定向+45°双极化天线、和电调+45°双极化天线 4 类，并给出了每一类天线的分频段电性能指标要求和容差要求。该标准中对机械性能和环境条件的要求和旧行标 YD/T 1059-2004 基本一致，仅个别参数值有差异。在 YD/T 1059-2004 的基础上，YD/T 2867-2015 增加了大量方向图相关的考核指标并进行了定义；引入了电性能指标的允差这一章节。该标准对频带内指标和频带内的均值提供了更为详细的判定原则，对频带内的最差值给出了一定程度的允差。

### 9. YD/T 2868-2015《移动通信系统无源天线测量方法》

YD/T 2868-2015《移动通信系统无源天线测量方法》规定了移动通信系统无源天线的测试场地及环境的要求、辐射参数、电路参数的测量方法及步骤，以及对测试数据的获取处理及判断的要求。

该标准由中国通信标准化协会提出并归口管理，中国信息通信研究院牵头，起草单位包括中国移动集团、中国联通集团、中国电信集团、中电五十四所、中国移动通信集团设计院、京信通信公司、三维通信公司、华为公司、中讯邮电设计院等。

YD/T 2868-2015 引入了天线场地的要求，分为远场测量场地、近场测量场地、电路测试场地及仪表要求、环境及可靠性场地及仪表要求几个部分。针对测量用的场地、设备，在技术上做了严格的要求和限定，为天线测量的准确度提供了技术上的保障。该标准首次引入了近场测量方法，规定了近场测量条件、测量系统示意等。环境可靠性测试方法部分针对基站天线细致描述了低温、高温、高低温循环、恒定湿热循环、交变湿热、震动、冲击、碰撞、接头端面拉伸力、汽车运输、包装跌落、风载、冰负荷、冲水、紫外线老化、盐雾、霉菌、沙尘、防雷、大功率等项目的试验条件、方法和测量内容。针对室内分布天线，描述了低温、高温、高低温循环、交变湿热、恒定湿热、汽车运输、包装跌落和接头拉伸力试验等。

该标准由之前基站标准和室内分布天线标准中的测量方法部分合并而成，并进行了科学详细的分析，作为方法标准，增强了标准的针对性。

### 10. YD/T 3182-2021《移动通信天线测量场地检测方法》

YD/T 3182-2021《移动通信天线测量场地检测方法》规定了对移动通信天线测量场地性能的检测方法，给出了测量场地性能要求与天线测量精度要求的对照关系，同时规定了移动通信系统天线测量场地检测方法的术语定义、分类、要求、测试方法和试验方法，以及天线测试场地所用标准天线校验方法。

该标准适用于工作频段为 698MHz～2700MHz 的移动通信天线测量场

地，450MHz～698MHz 和 2700MHz～6GHz 等其他频段的天线测量场地也可参照使用。

该标准由中国通信标准化协会提出并归口管理，中国信息通信研究院牵头，中国移动集团、中国电信集团、中国联通集团、中国铁塔公司、京信通信公司、华为公司、武汉烽火科技公司、江苏亨鑫科技公司共同编写。

该标准重点关注了天线测量场地的性能指标和测量方法。

在性能指标方面，针对远场测量场地，包括暗室屏蔽性能检测、静区反射电平检测、口径场性能检测、源天线交叉极化检测、天线增益检测；针对近场测量场地，包括暗室屏蔽性能检测、静区反射电平性能检测、探头幅相性能检测、探头交叉极化检测、天线增益检测等；针对紧缩场测量场地，包括暗室屏蔽性能检测、静区反射电平性能检测、静区幅相性能检测、静区交叉极化性能检测、天线增益检测等。

在测量方法方面，远场测量场地的检测方法包括反射电平检测方法、口径场性能检测方法、源天线交叉极化检测方法、天线增益检测方法等；近场测量场地的检测方法包括反射电平检测方法、探头幅度相位检测方法等；紧缩场测量场地的检测方法包括反射电平检测方法、紧缩场口径场幅相检测方法、紧缩场口径场交叉极化检测方法、天线增益检测方法等。

该标准作为天线场地测量的参考标准，为提高和评价场地性能提供了科学的参考依据，弥补了行业的空白，解决了行业参与者的切身问题。

随着 5G 的发展，天线标准也在不断创新，5G 大规模阵列的技术规范和测试方法也于 2020 年发布，为 5G 有源一体化天线产业的健康发展提供了保障。

### 4.3.3 标准体系

经过多年的发展，我国天线产业已经稳居全球第一的位置。为了更好地服务产业健康发展，为全球移动通信产业做出更大的贡献，在标准化方面，中国信息通信研究院的专家也进行了体系的梳理和建立。在移动通信基站领域，形成了以测试方法、产品标准、评定规则 3 个维度，每个维度若干标准交叉使用的标准体系。该系列标准从以下几个方面进行了创新和研究，形成了以 YD/T 2866-2015、YD/T 2867-2015、YD/T 2868-2020 等标准为代表的系列标准体系。

**1．标准内容的完善和指标的统一**

使用此体系，能够更好地统一测试方法和指标定义，避免众多标准对某些指标描述不统一而带来的困扰。例如，在过去的测试方法标准中，针对一些指标的定义存在不够准确的问题，有些描述方式取自天线专业的教科书，有些内容由业内专业人士进行描述，在规范性、准确性方面都不够完善，不同人员阅读，会产生很多歧义。在此标准体系编写的过程中，编写组针对这类问题，做了大量的工作，逐词逐句推敲，使标准能够准确地表达各种指标的定义，规范所有的操作活动。

**2．引入与测试紧密相关的场地性能要求**

天线测试对场地的要求非常高。以往的行业标准与国家标准，对测试场地，尤其是方向图测试场地的要求没有明确的量化要求，仅使用“基本稳定”等词语对场地的性能进行规定和描述。在 YD/T 3182-2016 中，对场地性能指标进行了详细的梳理，提出了具体的要求，对行业有着很强的指导意义。

YD/T 2866-2015、YD/T 2867-2015、YD/T 2868-2020 规定了移动通信系统基站无源天线的技术要求，包括术语定义、分类、电性能、机械特性、环境条件、测量方法、检验规则，以及标志、包装、运输和储存等要求。

### 4.3.4 标准的应用

行业标准广泛地应用在天线产品的设计、生产、检测和使用的活动中，成为连接运营商、设备商、第三方检测机构等行业参与者的纽带。

运营商作为天线产品的使用者，对天线产品的质量保持着最高级别的关注度。运营商需要科学、准确、全面的标准体系，保障天线产品、测量方法、测量精度等都达到一个良好的状态。我国的天线标准得到了几大运营商的高度重视，几乎所有标准制定都有运营商参与。运营商对于标准的使用主要集中在以

下 3 个方面。

### 1．结合行业标准，进行企业标准的编制

几大运营商针对自身的技术方案和网络覆盖的特点，会采用相应的行业标准内容，形成适合自身产品的标准。

例如，中国铁塔公司在室内分布天线和美化天线方面进行了大量的研究，引用了 YD/T 2866-2015 和 YD/T 2868-2020 标准，形成了室内分布天线和美化天线相关的企业标准，并在行业标准的基础上，进行了频段等方面的技术创新。

中国移动集团从 2008 年承建了第一张 TD-SCDMA 网络，逐渐发展为 TD-LTE 网络。这类网络的代表性特点就是智能天线的广泛应用。为此，专门编写的 YD/T 1710.1 和 YD/T 3061-2016，对产品进行了形态、辐射参数、电路参数等方面的规范，被中国移动企业标准所引用，起到了规范产品质量、推进网络建设的作用。

中国电信集团和中国联通集团也都引用了 YD/T 2868-2020 等行业标准，作为企业标准制定的重要参考依据。

### 2．在选型测试中引用行业标准

通信运营商在采购天线产品的过程中，需要对每个参与者的产品特性进行深入细致的了解。通常会组织一定规模的测试，这类测试被称为采购测试。根据采购规模的大小，可分为集团级别的一级采购测试，省公司级别的二级采购测试，以及地市区域级别的三级采购测试。这类公开组织的采购测试，会依据行业公信度较高的测试标准来进行。YD/T 2866-2015 作为室内分布天线的产品标准，YD/T 2867-2015 作为基站天线的产品标准，与 YD/T 2868-2020 等构建的标准体系科学完整地覆盖了天线产品的检测和性能判定，成为各级采购测试方案制订的基础。

### 3．测试场地选择参考行业标准

由于天线产品辐射测试的特殊性，导致这类测试的结果与场地的性能有着紧密的联系。性能好的测试场地，能够完美地体现天线产品的性能指标。一些性能较差的场地，则会产生比较差的测试结果。为了减少不良场地造成的负面影响，YD/T 3182-2021《移动通信天线测量场地检测方法》对场地性能的测试进行了科学详细的描述。这类标准的发布，为认证机构、运营商、天线生产厂家，以及第三方实验室都提供了强有力的技术支持，其可以开展天线测试场地性能的测试和比较。经过筛选，可以避免不良场地对测试结果所产生的影响。

认证机构和运营商可以选择此标准，对测试场地进行检测和比较，从而筛选性能优异的场地，认证其测试能力，选择提供服务。

天线生产厂家和第三方实验室，可以在场地采购和建设方面引用此标准，作为验收方法和验收依据，保证场地性能。以上是标准广泛应用的场景的一个缩影，在行业生产活动中，有更多的标准相关活动正在进行。

# 第 5 章

# 基站天线的技术要求

# 5.1 技术指标要求

天线是一个射频电路中的射频电流和空间电磁波双向转换的转换器。对基站天线的技术指标要求可以分为辐射指标、电路指标和环境指标等。其中，辐射指标主要体现天线作为一个转换器将射频电流转换为电磁波，以及投射到空间期望区域的能力，包含辐射方向图、极化方式、增益、波束宽度、前后比、交叉极化比、上旁瓣抑制、下零点填充、电下倾角、扇区功率占比、方向图一致性、主方向倾斜度等指标。电路指标体现的是天线作为一个电路器件和射频电路的匹配程度，包含驻波比、隔离度、互调、功率容限、耦合度、幅度偏差及相位偏差等指标。环境指标体现的是天线的耐候性，即在恶劣环境下仍然保持正常工作的能力，包含高低温、交变湿热、恒定湿热、振动、冲击、碰撞、盐雾、风载等。

天线辐射参数对网络性能的影响如表 5.1 所示。

**表 5.1　天线辐射参数对网络性能的影响**

| 对网络的不同影响程度 | 天线参数 |
| --- | --- |
| 满足网络覆盖要求的基础指标 | 增益、水平面波束宽度、垂直面波束宽度、电下倾角、前后比 |
| 能够提升网络通信质量的辅助指标 | 交叉极化比、上旁瓣抑制 |
| 对网络性能有影响的辅助指标 | 下零点填充、方向图一致性 |

# 5.2 辐射指标

## 5.2.1 辐射方向图

天线的辐射方向图（Radiation Pattern）简称方向图，是体现天线辐射的电磁波随空间方向分布的图形，是对天线辐射性能的一种图形化描述。通过方向图，我们可以得到天线的各项指标参数。

方向图根据不同对象，可分为功率方向图、场强方向图等。

功率方向图是与天线相同距离各点的辐射功率通量密度随空间方向分布的图形。

场强方向图是与天线相同距离各点的电场强度随空间方向分布的图形。

因天线的三维方向图较难绘制和使用，在实际中多采用其二维切割面来表示和评估天线的方向图，其中，水平面方向图是指与地平面平行的平面内的方向图；垂直面方向图是指与地平面垂直的平面内的方向图；主瓣指最大辐射方向的辐射波瓣，旁瓣指除主瓣外的其他辐射波瓣。

如图 5.1 所示为半波对称振子的方向图。

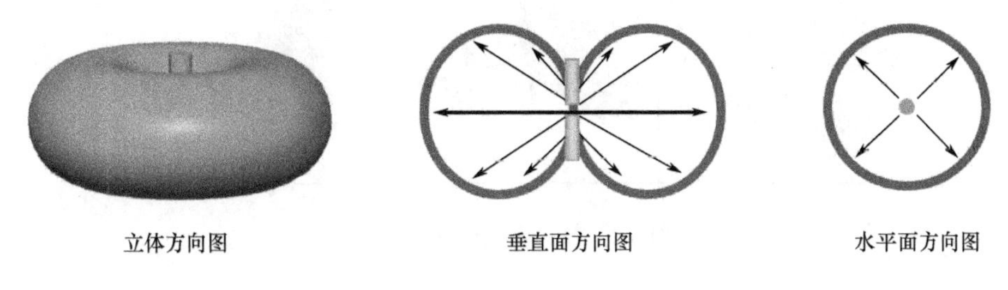


图 5.1　半波对称振子的方向图

## 5.2.2　极化方式

天线的极化（Polarization）特性是以天线辐射的电磁波在最大辐射方向上电场强度矢量的空间取向来定义的，是描述天线辐射电磁波矢量空间指向的参数。由于电场与磁场有恒定的关系，故一般都以电场矢量的空间指向作为天线辐射电磁波的极化方向。

常见的天线极化方式有线极化和圆极化。圆极化天线多用于卫星通信，又分为左旋圆极化和右旋圆极化。移动通信基站天线大多采用线极化方式。常见的线极化天线按极化方向可分为水平极化天线和垂直极化天线，又被称为单极化天线，多用于农村地区。目前，基站天线更多地将两个正交的线极化天线集成在一起，利用其极化隔离特性实现两路信号的极化分集，以提升传输率和接收效果，这种天线被称为双极化天线。双极化天线又分为水平垂直双极化天线和±45°双极化天线两种。±45°极化方式因为两个支路受大地感应电流的影响相似，有利于分集增益，被广泛应用于移动通信基站天线产品中。如图 5.2 所示为极化方式的主要分类。

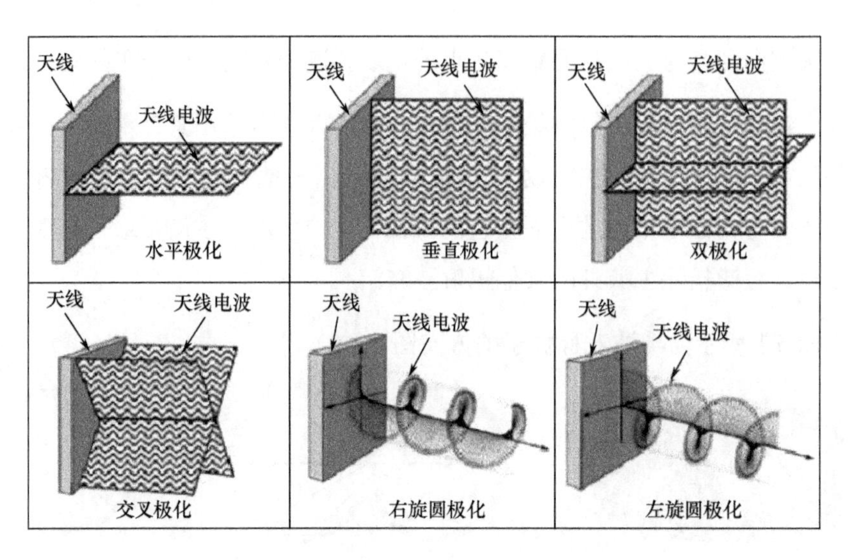


图 5.2 极化方式的主要分类

### 5.2.3 增益

增益（Gain）指在输入功率相同的条件下，实际天线与理想的辐射单元在空间同一点处所产生的场强的平方之比，即功率密度之比。

$$G = 10 \times \lg\left(\frac{P_2}{P_1}\right) \tag{5.1}$$

式中，$G$ 为增益，$P_1$ 为理想辐射单元产生的功率密度，$P_2$ 为实际天线产生的功率密度。

天线增益可用来衡量天线朝一个特定方向收发信号的能力。天线是一个无源器件，其本身并不能放大功率，只是把输入功率集中辐射到某个特定方向，以增强该方向的辐射功率密度。增益是选择基站天线最重要的参数之一。增益与天线方向图有密切的关系，通常方向图主瓣越窄、旁瓣和后瓣越小，增益就越高。

一般来说，天线增益与天线振子数量相关，基站天线增益的提高主要依靠增加垂直方向的振子数目，来减小垂直面辐射的波瓣宽度。天线增益对移动通信系统的运行质量极为重要，因为它决定了蜂窝边缘的信号电平。增加增益就可以在同样的发射功率下扩大网络的覆盖范围，或者在同样的距离内增大覆盖电平余量。任何蜂窝系统在增加天线增益的同时能减小双向系统增益预算余量。

另外，表示天线增益的单位有两个：dBd 和 dBi（参照物不同）。dBi 是相对于无方向性点源天线（在各个方向的辐射是均匀的）的增益；dBd 是相对于半波对称阵子的增益，dBi=dBd+2.15dB，如图 5.3 所示。在相同的条件下，增益越大，电波传播的距离越远。

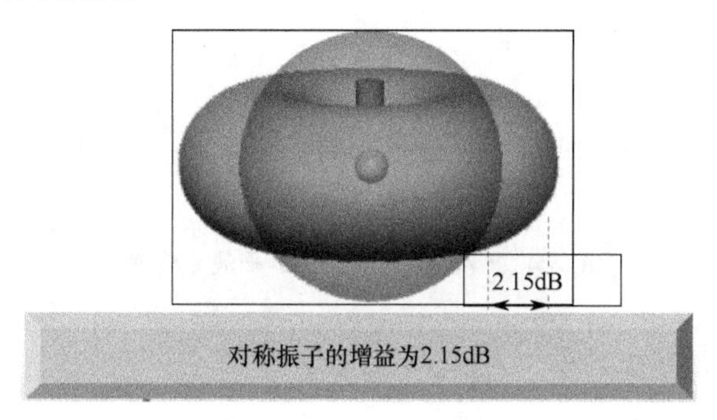


图 5.3　半波对称阵子相对无方向性点源的增益是 2.15dB

## 5.2.4　波束宽度

在天线功率方向图中，包含主瓣最大辐射方向的某个平面内，把相对最大辐射方向功率通量密度下降到一半处（或小于最大值 3dB）的两点之间的夹角称为半功率波束宽度（Half-Power Beamwidth）。在实际天线选型中，波束宽度也是关键指标，通过波束宽度能限定信号能量在水平/垂直方向的覆盖范围，从而保障范围内的信号强度。

波束宽度分为水平波束宽度和垂直波束宽度，其定义如下。

水平波束宽度（Azimuth Beamwidth）：又称水平半功率波束宽度，是在方向图水平方向上，最大辐射方向两侧，辐射功率下降 3dB 的两个方向的夹角大小，如图 5.4 所示。

垂直波束宽度（Elevation Beamwidth）：又称垂直半功率波束宽度，是在方向图垂直方向上，最大辐射方向两侧，辐射功率下降 3dB 的两个方向的夹角大小。

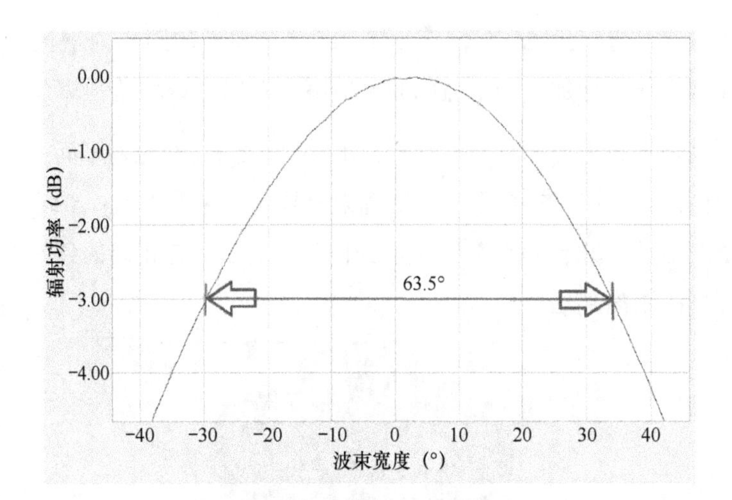


图 5.4　辐射方向图——水平波束宽度

双边指标的算法定义如下。

双边指标按主极化方向图辐射曲线进行统计计算，可根据不同子频段分频统计，统计应包括所要求的全部电下倾角，格式以平均值加双边公差表示，以度（°）为单位。

表 5.2 为水平波束宽度和垂直波束宽度的分频段标注。

表 5.2　水平波束宽度和垂直波束宽度的分频段标注

| 频段（MHz） | 1710～1880 | 1850～1990 | 1920～2170 |
| --- | --- | --- | --- |
| 水平波束宽度（°） | 67.5 ± 5.0 | 65.6 ± 4.5 | 63.5 ± 3.5 |
| 垂直波束宽度（°） | 7.6 ± 0.8 | 7.0 ± 0.6 | 6.5 ± 0.5 |

## 5.2.5　前后比

前后比（Front-to-Back Ratio，FBR）是指定向天线特定极化或总功率的水平面方向图中主瓣的最大辐射方向（规定为 0°）的功率通量密度与相反方向附近（一般为 180°± 30°范围内）的最大功率通量密度之比值。也就是在方向图中，前后瓣最大值之比，它表明了天线对后瓣抑制的好坏。前后比越大，天线的后向辐射越小，对后向小区的同频干扰就越小；前后比越小，天线的后向辐射就越可能产生越区覆盖，导致切换混乱，如图 5.5 所示。

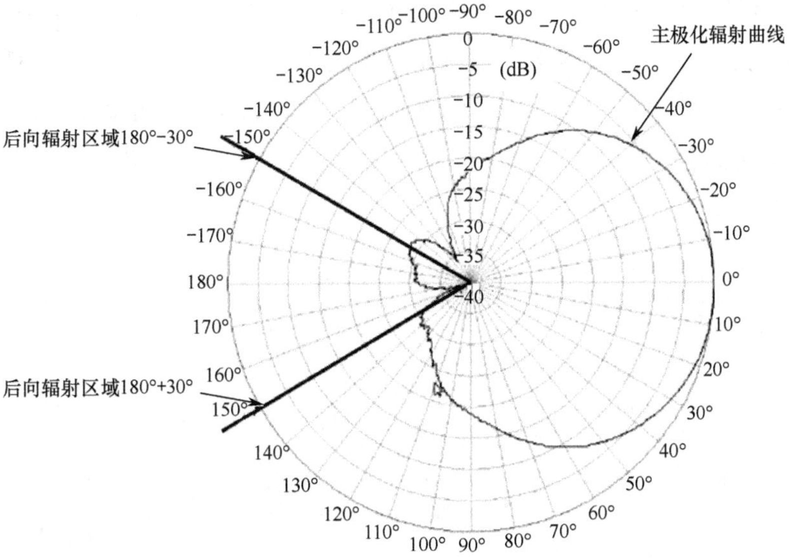

图 5.5　辐射方向图——前后比

前后比的计算公式为：

$$FBR = 10 \times \lg\left(\frac{P_2}{P_1}\right) \tag{5.2}$$

式中，$P_1$ 为前向辐射功率密度，$P_2$ 为后向辐射功率密度。

一般对天线的前后比 FBR 都有要求，其典型值为 18～30dB，特殊情况下则要求达到 35～40dB。

表 5.3 为前后比的分频段标注。

表 5.3　前后比的分频段标注

| 频段（MHz） | 1710～1880 | 1850～1990 | 1920～2170 |
| --- | --- | --- | --- |
| 前后比（dB） | ＞25.0 | ＞26.0 | ＞26.5 |

## 5.2.6　交叉极化比

交叉极化比（Cross-Polar Discrimination）的概念主要用于描述±45° 极化

（或其他正交极化）天线的极化纯度，其定义为：在给定方向上主极化分量与交叉极化分量的功率之比。一般来讲，交叉极化比分为轴向交叉极化比和±60°交叉极化比（或扇区边界交叉极化比）。这个指标体现的是天线主极化分量和交叉极化分量的相关性。交叉极化比高的天线极化效果更好，此时主极化和交叉极化的相关性更低，天线能够获得的信号正交性更强，从而更好地获得分集效果及 MIMO 性能。

轴向交叉极化比：辐射轴向电平（0°方向）主极化分量与交叉极化分量的电平差，如图 5.6 所示。

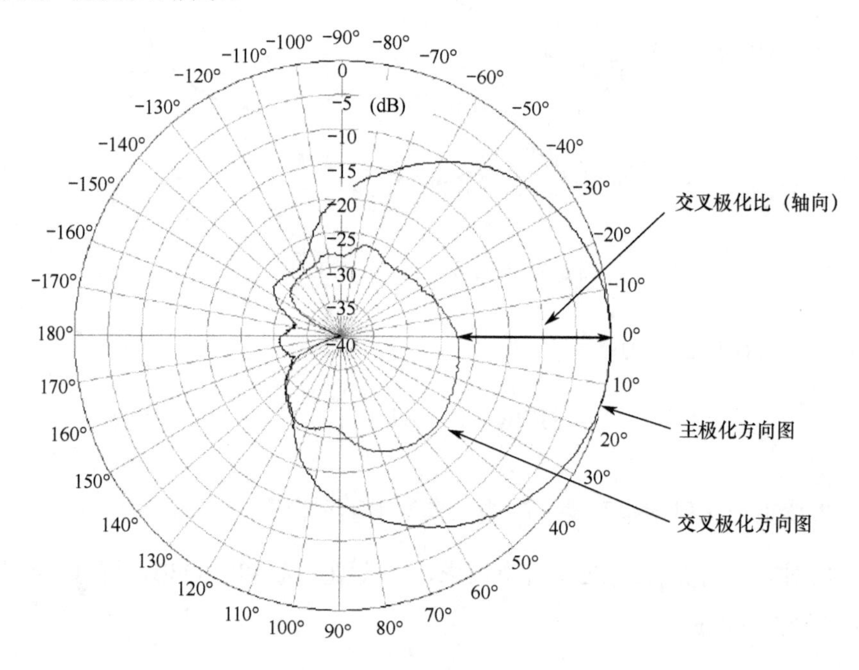


图 5.6　轴向交叉极化比

±60°交叉极化比：扇区边界内区域，主极化与交叉极化之电平差的最差值，如图 5.7 所示。

表 5.4 为交叉极化比的分频段标注。

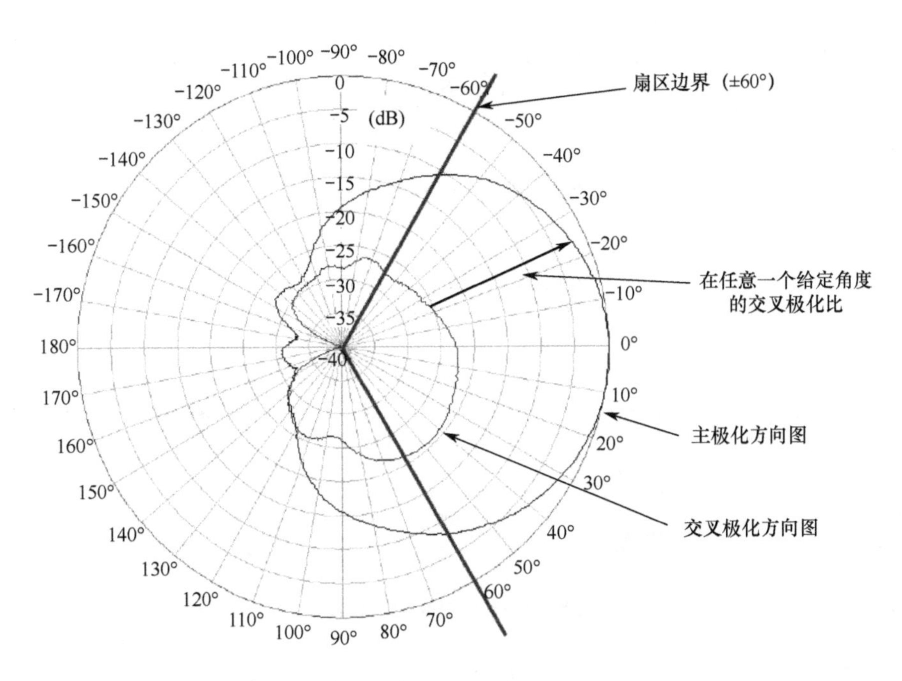


图 5.7　±60° 交叉极化比

表 5.4　交叉极化比的分频段标注

| 频段（MHz） | 1710～1880 | 1850～1990 | 1920～2170 |
|---|---|---|---|
| 交叉极化比（轴向）（dB） | > 15.0 | > 16.0 | > 16.0 |
| 交叉极化比（±60°）（dB） | > 10.0 | > 10.0 | > 8.0 |

## 5.2.7　上旁瓣抑制

在垂直面方向图中，往天线顶角正向方向的旁瓣叫作上旁瓣。在规定范围内，上旁瓣的电平最大值与主瓣最大增益之差即为上旁瓣抑制（Upper Sidelobe Suppression）。上旁瓣抑制指标体现了天线对可能引起邻区同频干扰的上旁瓣的抑制程度。上旁瓣抑制能有效改善语音和数据通信质量并提高系统容量，利用可变电倾角定位被抑制的上旁瓣能够最小化邻区单元间的干扰。

基站天线的上旁瓣抑制一般分为两种定义方式。

第一上旁瓣抑制（First Upper Sidelobe Suppression）：主波束峰值电平和其上最近的旁瓣峰值的电平差，图 5.8 为第一上旁瓣抑制的情况。

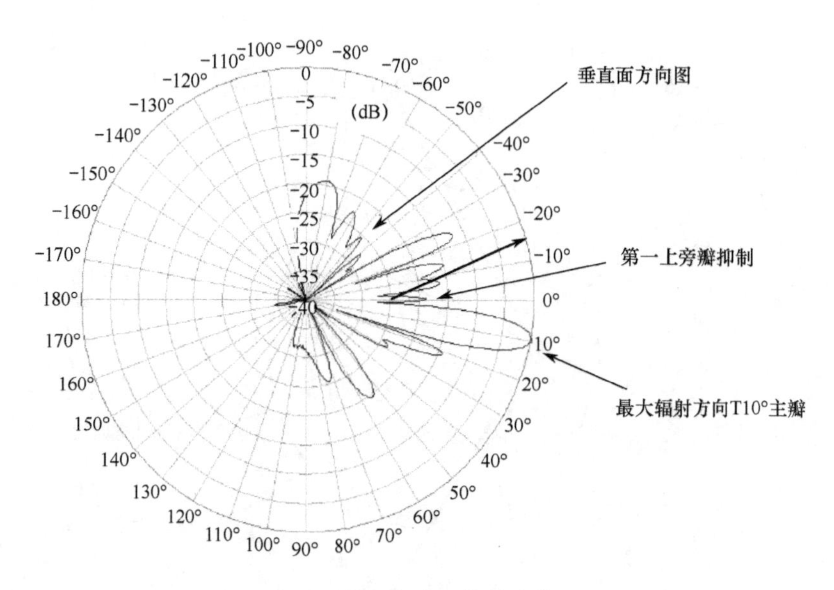


图 5.8　第一上旁瓣抑制的情况

上旁瓣抑制（指定区域）：一般在主瓣向上 20° 或 30° 范围内，上旁瓣的最差值与主瓣峰值的电平差。图 5.9 为上旁瓣抑制（20° 区域）的情况。

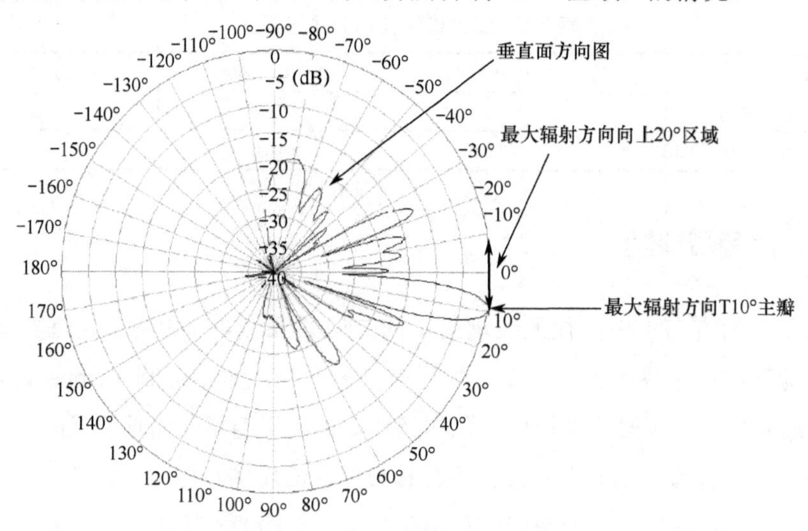


图 5.9　上旁瓣抑制（20° 区域）的情况

## 5.2.8　零点填充

零点填充（Null Fill）：垂直面最大辐射方向及以下为主要辐射区域，主瓣与下旁瓣之间的电平最小值称为零点，其中，主瓣与第一下旁瓣之间的零点称为第一零点，以此类推。为了使天线的辐射电平更加均匀，在天线的垂直平面内，可对第一零点采用赋形波束设计加以填充，以减少覆盖盲区并降低掉话率。通常零点相比主波束大于−20dB 就表示有零点填充。

建议中高增益天线且挂高比较大时（通常大于 100m）采用零点填充，避免“塔下黑”的状况，同时也有利于减小天线的信号波动，如图 5.10 所示。

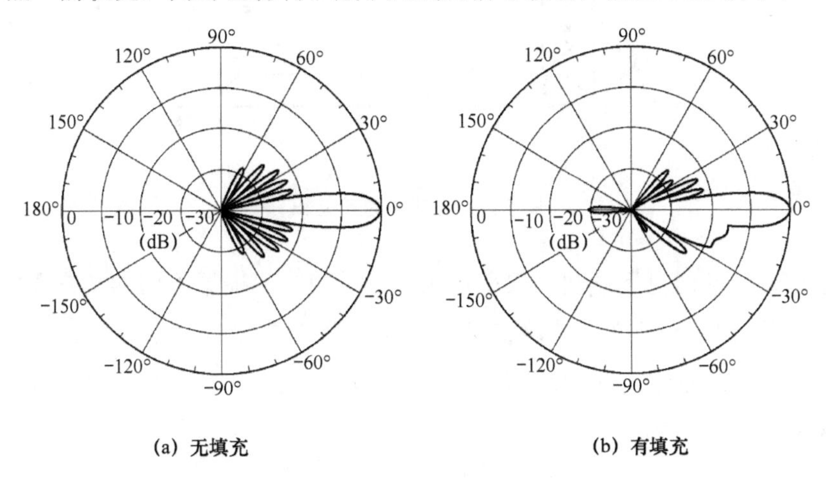


图 5.10　第一下零点填充

由于零点填充和上旁瓣抑制同时关联于辐射单元辐相特性且两者存在互相约束的情况，在对上旁瓣有高要求的情况下，理论上零点填充难以实现比较理想的赋形，而且由于下零点和主瓣相距很近，零点填充将导致主瓣垂直波束宽度增加，使增益损失 0.5dB 或更多，在实际布网中优先考虑贡献度更高的上旁瓣抑制，零点填充仅作为参考。

## 5.2.9　电下倾角

机械下倾角是通过调整天线物理下倾来实现的，是肉眼可见的；电下倾角（Electrical Downtilt Angle）是通过调整天线阵子来实现的。通过改变天线辐射单元电性能的方法使天线阵列最大辐射方向下倾，在垂直面上偏离法线方向，其 3dB 波束宽度中心指向与天线法线方向之间的夹角称为电下倾角，如图 5.11 所示。通过设置电下倾角可以调节天线的覆盖范围，减少对相邻小区的同频干扰。

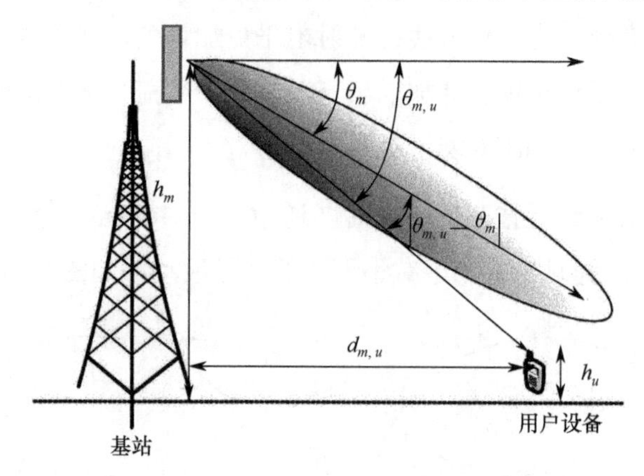


图 5.11　电下倾角示意图

基站天线可调电下倾角一般范围为 0° ～12° ，根据不同的客户需求可做定制化设计。电下倾角通过调整辐射单元实现方向图的“下倾”，明显改善了由于机械下倾带来的辐射方向图畸变问题，有效降低了因下倾角调整带来的邻区干扰。

## 5.2.10　扇区功率占比

关于扇区功率占比的定义方式，在不同标准中对其有不同的计算方式，如规定区域/总功率、规定以外区域/总功率等，以下以国内主流定义方式为准。

扇区功率占比（Sector Power Ratio）指规定角域内的辐射功率占天线总辐射功率的比值，一般指立体角域，采用某一水平面特定角域内的辐射功率占天线在该水平面总辐射功率的比值，如图 5.12 所示。一般规定特定角域为天线法向±32.5° 范围（33° 天线）和±60° 范围（65° 天线）。

扇区功率占比表征了天线辐射方向图的集中程度，占比越大，说明覆盖区域有效覆盖能量越大，外溢能量越小，对邻区及背向区域影响越小。在保证一定功率占比的基础上，需要同时考虑扇区边界的实际覆盖效果，即边界电平量级。因此，并非扇区功率占比越大实际覆盖效果就越好，这点应该格外关注。

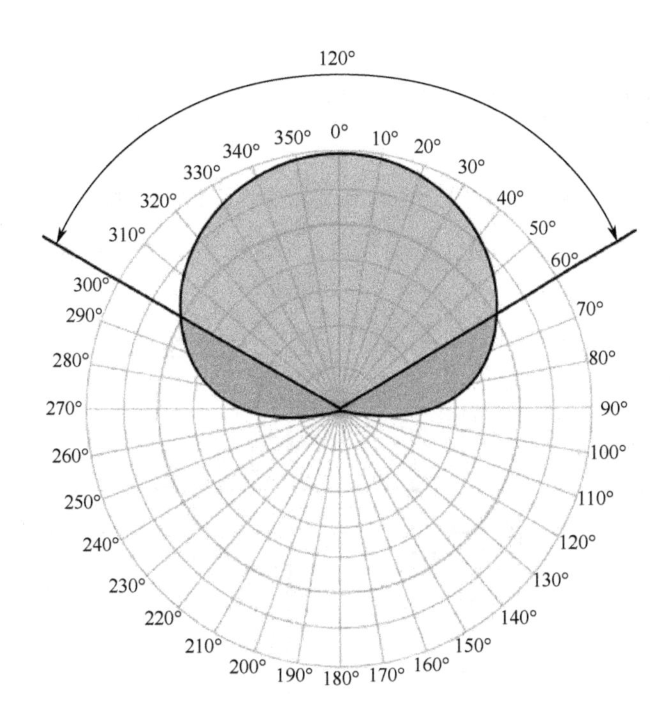


图 5.12 扇区功率占比

## 5.2.11 方向图一致性

方向图一致性（Beam Tracking）指双极化天线的水平面方向图在相同频率和相同下倾角的情况下，两个极化方向场图在扇区内的最大偏差值，如图 5.13 所示。该指标反映了双极化天线两个端口对扇区内照射的一致性，差值越小，极化分集增益则越高。

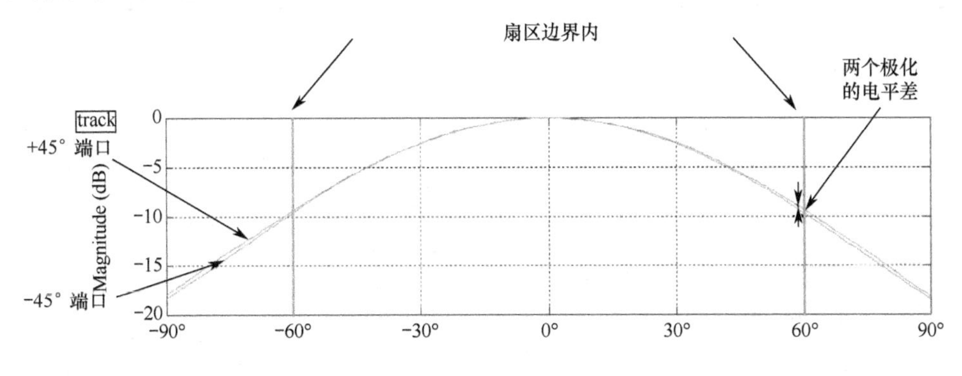


图 5.13 方向图一致性

### 5.2.12 主方向倾斜度

主方向倾斜度（Azimuth Beam Squint）指水平面方向图 3dB 波束宽度中心指向与天线法线方向的偏差值（见图 5.14）与 3dB 波束宽度的比值。

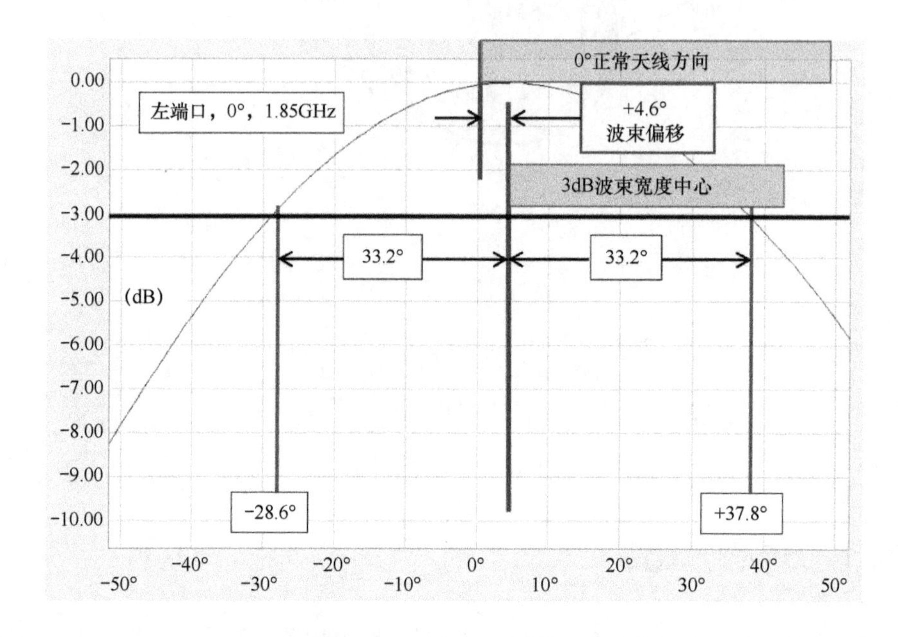


图 5.14　波束宽度中心指向与天线法线方向的偏差值

## 5.3 电路指标

### 5.3.1 驻波比

驻波比的全称为电压驻波比（VSWR），又称驻波系数，如图 5.15 所示，指当把天线作为传输线的负载时，在沿传输线产生的电压驻波上，其驻波波腹电压与波谷电压幅度之比。当驻波比等于 1 时，表示馈线和天线的阻抗完全匹配，匹配的目的在于得到最大的输出功率。只有阻抗完全匹配，才能最大化地把信号从信号源（发射机）传送到负载（天线），此时高频能量全部被天线辐射出去，没有能量的反射损耗；当驻波比为无穷大时，表示全反射，能量完全没有被辐射出去。

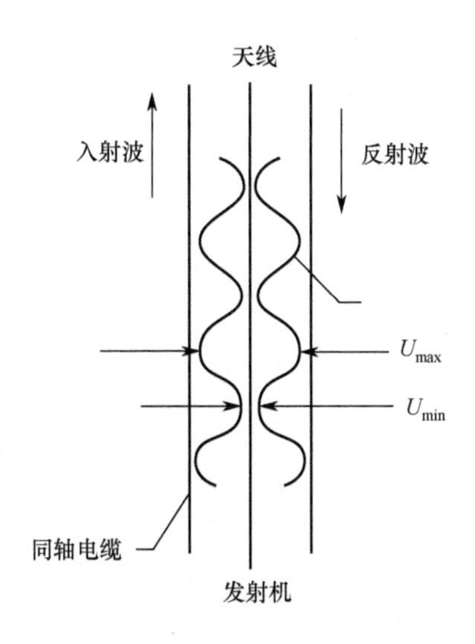


图 5.15 电压驻波比

$$\mathrm{VSWR}=\frac{U_{max}}{U_{min}} \tag{5.3}$$

式中，$U_{max}$ 为馈线上波腹电压，$U_{min}$ 为馈线上波谷电压。

驻波比的产生是由于入射波能量传输到天线输入端未被全部吸收（辐射），产生反射波，叠加而成的。

VSWR 越大，反射越大，匹配越差。当发射机到天线的发射通路上出现严重故障时，会产生很低的回波损耗，如接头松动、馈线损坏、滤波器/耦合器损坏等。这种严重的 VSWR 故障将会导致掉话、误码率升高，以及小区覆盖半径变小等，因此基站端通常通过检测天线的 VSWR 值是否超过预设值来判断天馈系统是否出现开路、短路等故障，并发出驻波报警。

基站天线行业标准中一般要求驻波比为 1.5。如图 5.16 所示为驻波比测试曲线示意图。

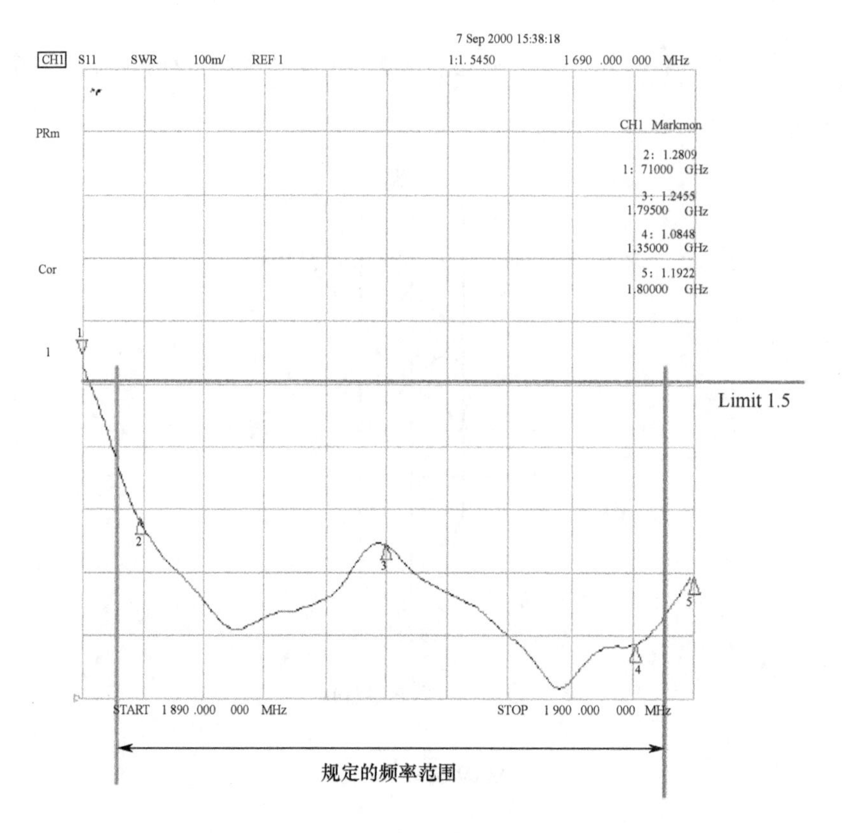


图 5.16　驻波比测试曲线示意图

## 5.3.2 隔离度

隔离度（Isolation）指多端口天线的一个端口的入射功率与该入射功率在其他端口上可接收到的功率之比。隔离度表征的是两个不同端口之间相互影响的大小，直接影响不同射频端口间相互干扰的强度。行业内常用值为 28dB。

$$隔离度\,\mathrm{ISO}\,(\mathrm{dB}) = 10 \times \lg\left(\frac{P_0}{P_1}\right) \tag{5.4}$$

式中，$P_0$ 代表隔离端口接收功率，$P_1$ 代表输入端口发射功率。

隔离度分为频带内隔离（Intra-Cluster Isolation）和频带间隔离（Inter-Cluster Isolation）。一般来讲，频带内隔离是指同一阵列两个正交极化端口之间的隔离度，即 S21/S34……其数值将直接影响分集增益，如图 5.17 所示。

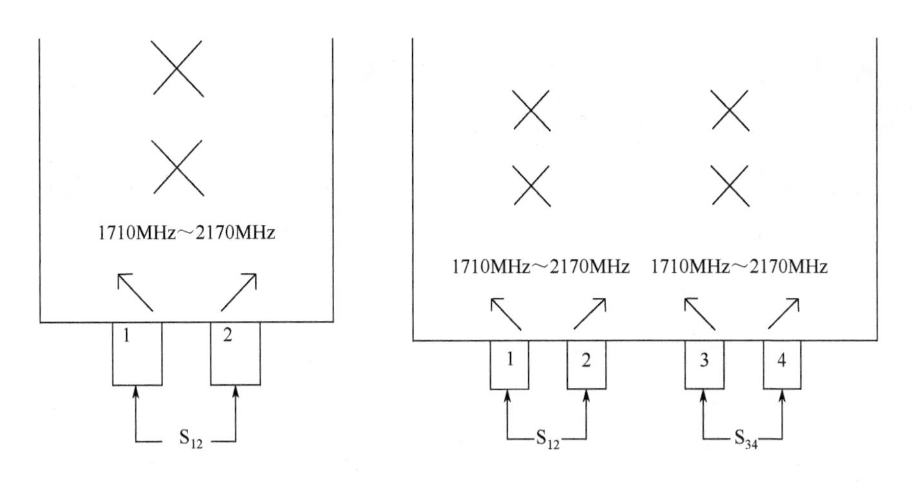


图 5.17 频带内隔离

频带间隔离指任意一个指定端口与其他阵列任意一个端口间的隔离度，即S21/S41/S32/S42……其数值反映了两个不同频率的系统之间的相互干扰程度，如图 5.18 所示。

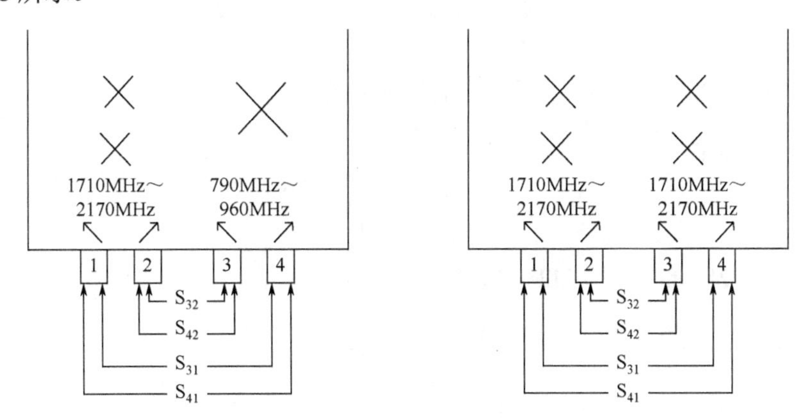


图 5.18 频带间隔离

## 5.2.3 互调

无源互调（Passive Intermodulation）指当两个或多个发射频率接近的信号 f1、f2 在经过天线时，由于天线的非线性而引起的与原信号频率有和差关系的新的频率信号，即 f1 与 f2 的互调信号产物：$|mf1 \pm nf2|$。如果该频率正好落在接收机工作信道带宽内，则会对该接收机造成干扰，这种干扰称为互调干扰。由于三

阶互调干扰最为严重，因此将其作为基站天线测试领域主要的考核指标。如图 5.19 所示为具有两个载波信号的互调失真频率实例。

互调可由有源元件（无线电设备、二极管）或无源元件（电缆、接头、天线、滤波器）的不良设计引起。

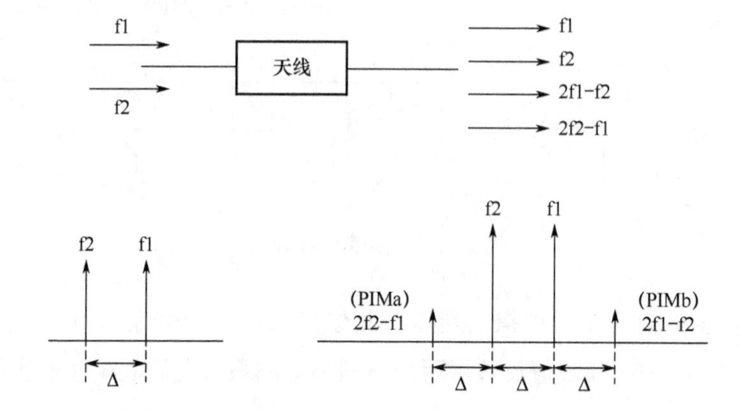


图 5.19　具有两个载波信号的互调失真频率实例

频率 f1 及 f2 上的载波，产生如下互调信号：

1 阶：f1、f2

2 阶：（f1+f2）、（f1−f2）

3 阶：（2f1±f2）、（2f2 ±f1）

4 阶：（3f1±f2）、（3f2 ±f1）、（2f1±2f2）

5 阶：（4f1±f2）、（4f2 ±f1）、（3f1±2f2）、（3f2 ±2f1）

三阶互调规范要求当输入两路功率为 43dBm 的干扰信号 f1 与 f2 时，三阶互调产物不大于−107dBm。由于互调测试对环境及测试仪器较为敏感，在实际工程验证中可多设置一定的容差余量，以避免测试误差带来的影响。

## 5.3.4　功率容限

功率容限（Maximum Effective Power）表征射频端口在未受损坏或机械及电气指标异常的情况下，可承受的最大有效连续波功率值。

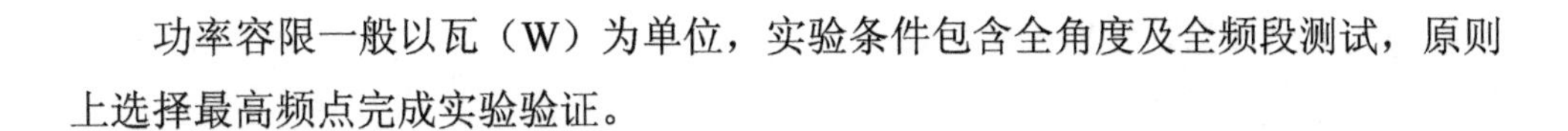

功率容限一般以瓦（W）为单位，实验条件包含全角度及全频段测试，原则上选择最高频点完成实验验证。

### 5.3.5　耦合度、幅度偏差及相位偏差

耦合度：在 TDD 系统校准网络中，表征校准端口和射频端口之间耦合能量强度的大小。

幅度偏差：校准端口和任意一个射频端口两个信号之间的幅度之差。

相位偏差：校准端口和任意一个射频端口两个信号之间的相位之差。

这 3 个指标适用于具有校准网络的 TDD 智能天线，用于保证校准网络向基站正确反馈各射频接口输入信号的幅度和相位信息。

在常见的 8T8R TDD 系统中，耦合度一般要求为−26dB，幅度偏差为 0.7dB，相位偏差为 5°；校准功能多用于监测多路端口实时幅度和相位信息，确保 RRU 输入信号按正确的幅度和相位到达天线端口，完成波束赋形。

## 5.4　环境指标

### 5.4.1　高低温

高低温试验是检验基站天线环境可靠性常用的检测项目。低温试验是模拟产品在贮存和使用过程中的低温状况而进行的可靠性试验。低温试验的目的是确定试验样品及其零部件在低温条件下贮存和工作的适应性及耐久性。

高温试验是模拟产品在贮存和使用过程中的高温状况而进行的可靠性试验。高温试验的目的是确定试验样品及其零部件在高温条件下贮存和工作的适应性及耐久性。高温试验也是最常用的加速寿命测试方法。

低温对试验样品可能造成以下影响：

（1）材料发硬变脆，发生龟裂、脆化。

（2）润滑剂黏度增加，流动能力降低，润滑作用减小。

（3）电子元器件性能发生变化。

（4）水冷凝结冰。

（5）密封件失效。

（6）材料收缩造成机械结构的变化，如可动部件卡死。

（7）材料变脆，如塑料、钢铁在低温下容易发生脆裂损坏，橡胶材料硬度增大、弹性下降等。

高温对试验样品可能造成以下影响：

（1）使产品过热，影响产品的安全性、可靠性，甚至损坏产品。

（2）由于各种材料的膨胀系数不同，导致材料之间的黏结和迁移。

（3）材料性能发生变化，元器件电性能下降。

（4）弹性元件的弹性或机械性能强度降低，缩短产品使用寿命。

（5）加速高分子材料和绝缘材料劣化和老化过程，缩短产品使用寿命。

（6）橡胶等柔韧性材料的弹性降低，并产生破裂。

（7）金属和塑料脆性增大，导致破裂或产生裂纹。

高低温试验需要的检测设备是高低温试验箱，且高低温试验箱的尺寸需要满足基站天线尺寸要求，一般建议采用步入式高低温试验箱进行试验。

## 5.4.2 交变湿热

交变湿热试验是模拟产品在贮存和使用过程中的温湿度循环变化状况而进行的可靠性试验。自然环境的日出和日落就伴随着温度和湿度的变化，普通的恒定条件试验并不能模拟这种自然条件。交变湿热试验的目的是确定试验样品及其零部件在温湿度循环变化的条件下贮存和工作的适应性及耐久性。

在湿热试验条件下，被测试样品的各种劣化效应往往是样品受潮所造成的。样品受潮是由于在湿热试验条件下的吸附现象、凝露现象、扩散现象、吸收现象，以及呼吸作用的物理现象导致的。如表 5.5 所示为温湿度循环失效机理。

表 5.5 温湿度循环失效机理

| 失效类型 | 失效模式 |
| --- | --- |
| 有机材料的外观劣化 | 表面肿胀、变形、起泡等；由于体积的变化使得运动部件的摩擦增大或卡死 |
| 有机材料的物理性能劣化 | 材料的强度、硬度和弹性等物理特性的改变，使得它的机械强度或性能降低 |
| 材料的化学性能劣化 | 金属腐蚀除了影响外观，还会使机械失效、触电接触不良；焊锡腐蚀后可能使焊点失效；金属表面涂层损坏；黏合剂、密封材料失效；不同金属之间的电化腐蚀加剧 |
| 有机材料的电性能劣化 | 表面电阻下降；体积电阻耐压水平下降或介质损耗角和介电常数的增大使得材料的绝缘性能降低 |

## 5.4.3 恒定湿热

恒定湿热试验是模拟产品在贮存和使用过程中的恒定温湿度状况而进行的可靠性试验。相对于恒定温度试验，恒定湿热试验增加了温度应力，高温高湿条件会加速失效，同时也会出现一些在恒定温度应力条件下不会发生的失效。恒定湿热试验的目的是确定试验样品及其零部件在恒定温湿度条件下贮存和工作的适应性及耐久性。

在恒定温湿度下，元件和材料的失效机理可参见交变湿热试验。此外，高湿度和低湿度还有以下影响。

高湿度：金属材料在高湿度环境下会加速电子迁移而加速腐蚀或生锈。某些材料在吸收湿气后会导致电阻和介电常数变化，进一步导致产品失效。某些材料在吸收湿气后会导致体积膨胀、机械强度降低。对于密封件则可能导致密封失效、喷漆剥落等。高湿试验项目是推荐执行的，以排除产品的重大质量风险。

低湿度：低湿度会增加静电破坏的概率，也会使材料表面因为干燥而脆裂或表面变得较为粗糙。

恒定湿热试验无法替代盐雾试验或气体腐蚀试验，同时必须保证在恒定温湿度试验过程中不会对试验样品产生污染而导致不希望的失效。

由于基站天线尺寸较大，所以建议使用步入式高低温湿热试验箱，如图 5.20 所示。目前，市场上有同时可以满足高低温试验及湿热试验要求的步入式高低温湿热试验箱，可以有效地降低试验成本。

图 5.20　步入式高低温湿热试验箱

## 5.4.4　振动

振动试验是模拟产品在贮存和使用过程中的振动状况而进行的可靠性试验。振动试验的目的是确定试验样品及其零部件在振动条件下贮存和工作的适应性及耐久性。

在现实生活中，无论是产品的生产、运输和使用都会存在振动环境。振动试验可以用来模拟振动环境，以验证产品的强度是否满足要求。另外，还可以通过振动试验寻找产品的共振频率，通过对产品共振频率的调整可以有效避免产品在特定振动环境下的损害。

振动会导致产品发生位移，位移会导致产品结构疲劳、磨损、变形、碰撞或断裂。

产品结构变形会造成结构的碰撞、摩擦或断裂，这会导致产品发生物理损坏，从而无法修复，这通常是由于产品的强度不足引起的。一般产品的强度可以满足要求，所以我们所见到的失效大多是由结构疲劳引起的，振动是导致产品结构疲劳的主要原因之一。

振动可能导致的失效如下。

（1）结构性损坏：这种破坏包括组成产品的各构件产生变形、裂纹、断裂，以及结构疲劳等。

（2）工作性能失灵：这种破坏一般指在振动的影响下，系统稳定性变差，有些系统甚至不能工作，如电气短路、导线磨损、电气接触异常、光学性能失调等。

（3）工艺性能破坏：这种破坏一般指产品的连接件松动、密封失效、轴承磨损、焊点脱焊、螺钉松动、印刷板插脚接触不良等。

振动试验可分为正弦扫描振动试验和随机振动试验。正弦扫描振动试验基于正弦扫描的频率范围、加速、扫描速率、交越频率等，在振动控制仪上进行设置并保存（试验结束后需要列出所有的振动响应峰值点，用对比试验过程中的输出加速度，来判断样品是否出现共振。把确定的共振频率点全部列出并记录）。然后，基于正弦扫描得出的共振频率设置频率、加速、试验时间等，在振动控制仪上设置共振驻留点。

随机振动试验与正弦扫描振动试验的区别就是振动试验程序的设置，其他试验程序均相同，一个是正弦振动，单一事件只有一个频率；另一个是随机振动，同时存在很多频率，混合在一起。此外，还可以设置“随机+随机”“正弦+随机”的振动试验形式。

基站天线的振动试验通常采用正弦扫描振动试验，根据实际需要，可以有选择地对天线的长、宽、高 3 个轴向方向进行振动试验。

### 5.4.5　冲击

冲击试验是模拟产品在贮存和使用过程中受到冲击的状况而进行的可靠性试验。冲击试验的目的是确定试验样品及其零部件在冲击条件下贮存和工作的适应性及耐久性。

产品在发生跌落或碰撞时都会产生冲击应力，这可能会破坏产品的结构。冲击试验可以分产品带包装和不带包装两种情况。由于产品的不同和包装的不同，相应的冲击波形也会不同，其中最为典型的就是半正弦波。

通常的跌落和碰撞都是大家不希望看到的，或者说多数是由于疏忽造成的，所以发生的概率较低，对应的实际冲击试验的次数也相对较少。我们的目的并不是为了保证凡是出现这样的环境应力产品都不会出问题，而是为了保证当这样的环境应力条件出现时，产品的损坏会比较小。除非有特殊要求，我们将不会寻求改善设计来保证在此条件下天线可以长期正常工作，因为这会在很大程度上增加产品的成本和开发周期。

冲击试验的标准大多是根据相应高度跌落可能发生的实际冲击应力制定的，需要坚决避免在对产品实际跌落中的冲击应力不了解的情况下随意选择冲击试验的标准。

当产品受到冲击后，其运动状态会发生突变并产生瞬态响应。该响应是一个高频振荡、短周期、有明显上升或下降的高量级机械波。如果冲击响应幅值超过产品的强度，会导致产品发生损坏。与振动相比，冲击已经超出了产品的极限，振动更多地关注产品的累计损伤。如图 5.21 所示为冲击试验台。

图 5.21　冲击试验台

## 5.4.6　碰撞

碰撞试验是模拟产品在贮存和使用过程中受到碰撞的状况而进行的可靠性试

验。碰撞试验的目的是确定试验样品及其零部件在碰撞条件下贮存和工作的适应性及耐久性。

碰撞试验是为了确定重复性冲击所引起的累积损伤激励，其力、位置、加速度、速度发生突然变化的现象，这是不同于累积损伤的破坏，相对于产品结构强度来说，是极限应力的峰值的测试。

冲击和碰撞均属于冲击的范畴。两者的区别在于冲击是运输或使用过程中遇到的非经常性的、非重复性的冲击力，而碰撞是在运输或使用过程中多次出现的经常重复的冲击力。

当产品受到持续的碰撞后，可以参考材料的低周疲劳，也就是说在每次碰撞过程中包装或产品会发生变形，一旦累积到某个量就会形成质变，从而导致包装或产品失效。

## 5.4.7　运输

模拟运输试验是模拟产品在贮存和使用的过程中受到车载状况的影响而进行的可靠性试验。模拟运输试验的目的是确定试验样品及其零部件在车载条件下贮存和工作的适应性及耐久性。

产品从生产完成到送到最终客户手上，在运输过程中受到颠簸可能出现元器件失效的情况。车载测试台利用偏心轴承在旋转中产生椭圆形的运动轨迹来模拟汽车或轮船运输过程中货物产生的振动、碰撞，以验证产品能否承受三级公路运输的影响。如图 5.22 所示为车载运输振动台。

图 5.22　车载运输振动台

### 5.4.8 跌落

跌落试验是模拟产品在贮存和使用的过程中跌落的状况而进行的可靠性试验。跌落试验的目的是确定试验样品及其零部件在跌落条件下贮存和工作的适应性及耐久性。

产品从生产完成到送到最终客户手上，在运输过程中可能发生跌落的情况，客户在使用过程中也可能因为各种各样的原因发生跌落。这就要求我们对产品的带包装或裸机进行跌落试验的验证，从而确保产品具备一定的抗跌落能力。

包装或产品的跌落主要是由于人工搬运造成的，但是对于大型包装或产品也可能是因为机械运输产生的。人工搬运可能的跌落高度则与产品或包装的重量有很大的关联，一般越重的物体的跌落高度越低，因为人的力量是确定的，所以重的物体的搬运高度相对较低，相对而言跌落高度则较低。如图 5.23 所示为双臂跌落试验机。

图 5.23　双臂跌落试验机

## 5.4.9 冲水

冲水试验是模拟产品在贮存和使用过程中淋雨的状况而进行的可靠性试验。冲水试验的目的是确定试验样品及其零部件在淋雨条件下贮存和工作的适应性及耐久性。

产品在使用和运输过程中可能遭到自然环境中的雨淋、冷凝和因为泄漏而落下的水滴，严重的甚至会被淹没。冲水试验可能导致产品表面被破坏，加速金属腐蚀和降低部分材料的强度。对于密封不严的产品也会渗透到产品内部，从而使产品失效。

基站天线的冲水试验一般要求模拟天线在使用过程中淋雨的场景。将基站天线模拟实际使用情况安装在抱杆或支架上，要求试验空间能够满足天线架设需要。如图 5.24 所示为冲水试验房。

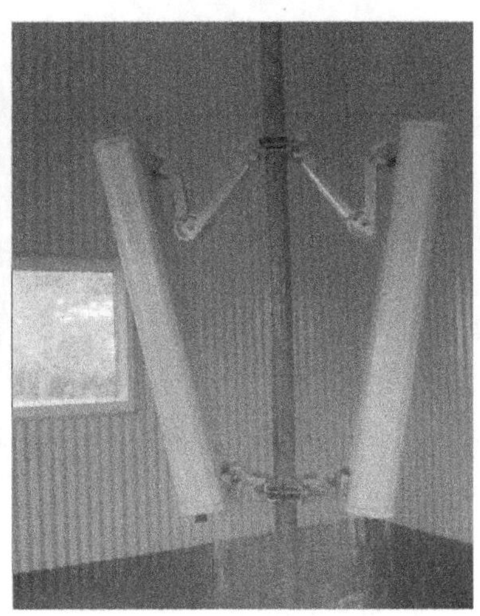

图 5.24　冲水试验房

## 5.4.10 紫外线老化

紫外线老化试验是模拟产品在贮存和使用的过程中受到光照的状况而进行的可靠性试验。紫外线老化试验的目的是确定天线罩及端盖等零部件在光照条件下贮存和工作的适应性及耐久性。

光照试验通常采用氙灯光老化、紫外荧光灯光老化、金属卤素灯光老化等方法。通常光照试验是针对材料来进行测试的，考虑到基站天线产品尺寸较大，不宜放入试验箱中，因而可以接受只截取天线产品外罩或端盖的一部分来代替产品进行试验。不过需要注意的是，应选择产品相对薄弱的部位进行试验，从而保证试验可以覆盖产品的所有部位。剪裁过的样品需要进行清洁，避免任何化学残留。在操作过程中需要带手套，避免手指上的异物残留在样品表面。如图 5.25 所示为紫外线光照加速老化箱。

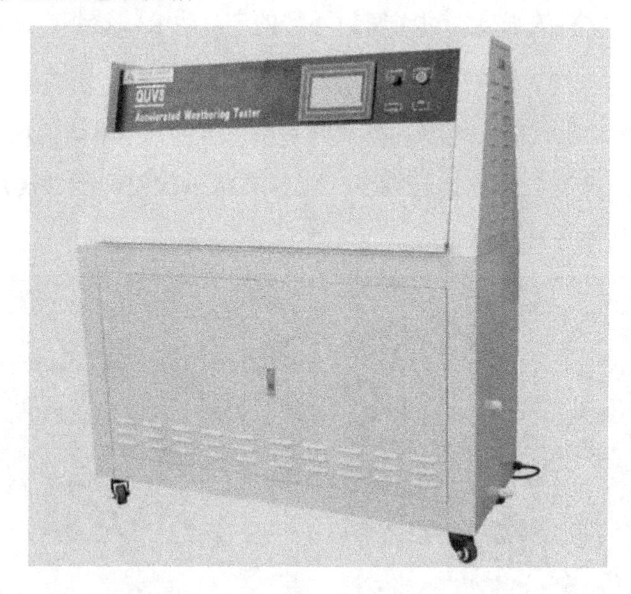


图 5.25　紫外线光照加速老化箱

## 5.4.11　盐雾

盐雾主要沉降于海岸附近的沿海地区，与临近海域海水的含盐量、温度、气团特性和厚度、风向风速、降水、空气湿度、沿海地形、森林覆盖情况有关。我国拥有很长的海岸线，盐雾腐蚀不仅给国民经济带来损失，还会对人们的安全、健康和生活质量造成重大影响。

盐雾试验就是针对这种情况模拟产品在贮存和使用过程中受到盐雾腐蚀状况而进行的可靠性试验。盐雾试验的目的是确定试验样品及其零部件在盐雾条件下贮存和工作的适应性及耐久性。

基站天线的盐雾试验通常有温度和湿度的要求，建议采用体积较大、带有温湿度控制功能的盐雾试验箱，如图 5.26 所示。

图 5.26　盐雾试验箱

## 5.4.12　防雷

防雷试验是模拟产品在贮存和使用过程中受到雷击的状况而进行的可靠性试验。防雷试验的目的是确定试验样品及其零部件在雷击条件下贮存和工作的适应性及耐久性。

浪涌雷击测试系统可用来评定电子、电气设备抵抗在受到来自开关切换和自然界雷击所引起的高能量瞬变干扰时的能力，如图 5.27 所示。

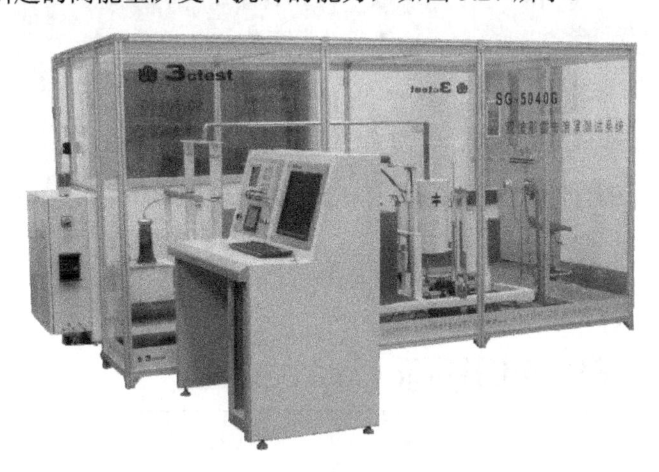


图 5.27　浪涌雷击测试系统

### 5.4.13 风载

风载试验是模拟产品在贮存和使用过程中受到风载的状况而进行的可靠性试验。风载试验的目的是确定试验样品及其零部件在风载条件下贮存和工作的适应性及耐久性。

基站天线的风载试验用于验证天线能否承受强风，工作风速为 41.7m/s，极限风速为 67m/s。通常采用沙袋叠加静压方式进行模拟。风载计算如式 5.5 所示。

$$F_{\mathrm{w}}=\frac{1}{2}\rho(C_{\mathrm{dp}}\lambda)V^{2}A \tag{5.5}$$

式中，$F_{\mathrm{w}}$ 是风力，$\rho$ 是空气密度，$C_{\mathrm{dp}}$ 是剖面阻力系数，$\lambda$ 是长宽比修正系数，$V$ 是风速，$A$ 是垂直于风向的横截面积。

将天线按照正常使用状态（包括上倾、垂直、下倾）安装于固定台，保证安装牢固可靠，将通过换算得到的等重量的沙袋均匀叠加在天线表面静压。试验后检查天线外观，或者根据具体要求测试天线电性能指标，如图 5.28 所示。

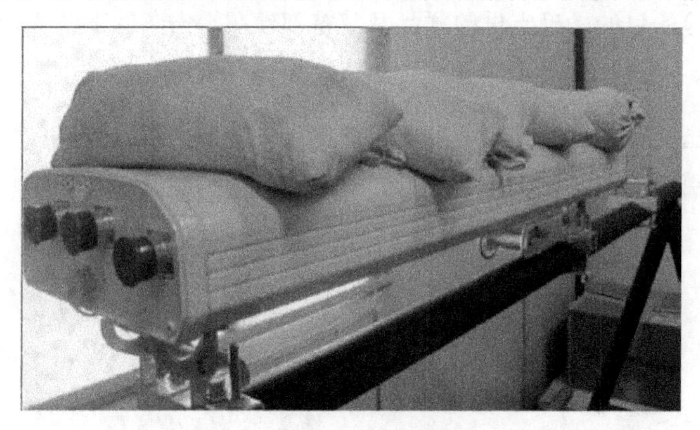

图 5.28 风载试验

## 5.5 电调天线接口指标

电调天线接口是控制电调天线下倾角查询、调节、复位等功能的硬件接口，

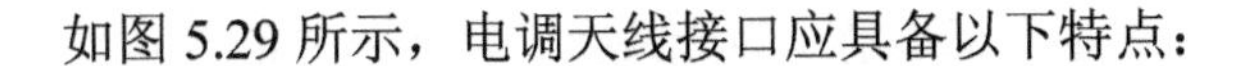

如图 5.29 所示，电调天线接口应具备以下特点：

（1）适合具备适当机械接口的电调天线。

（2）符合 3GPP/AISG 2.0 标准。

（3）兼容主要设备商的射频拉远单元（RRU）和其他供应商的控制器（PCU）。

（4）紧凑的尺寸，支持菊花链级联连接（Daisy Chain）。

（5）可远程升级软件。

（6）支持驱动多路传动结构。

（7）可现场抽出，便于更换。

图 5.29　电调天线接口

由于基站天线供应商会根据自身产品特点各自制定符合需求的电调天线接口技术规范，所以电调天线接口除了需要具备基础的设备扫描、配置，系统信息加载、查询等功能，还需要符合一些通用的技术要求，以便运营商在后期使用和维护过程中对不同厂商的设备进行操作。

## 5.5.1　电调天线接口技术要求

AISG 2.0 *Control interface for antenna line devices* 及行业标准 YD/T 3183-

2016《电调天线接口技术要求》中规定了标准的电调天线接口需要满足的技术要求，电调天线接口技术要求可以按照如下方式进行分类：

第一层　物理层（Layer 1 Physical Layer）。

第二层　数据链路层（Layer 2 HDLC Layer）。

第七层　应用层（Layer 7 Application Layer）。

### 1. 物理层技术要求

（1）通信速率：规定了在 RS 485 模式和调制解调器模式下的数据通信速率。

（2）数据格式：规定了通信数据格式，如图 5.30 所示。

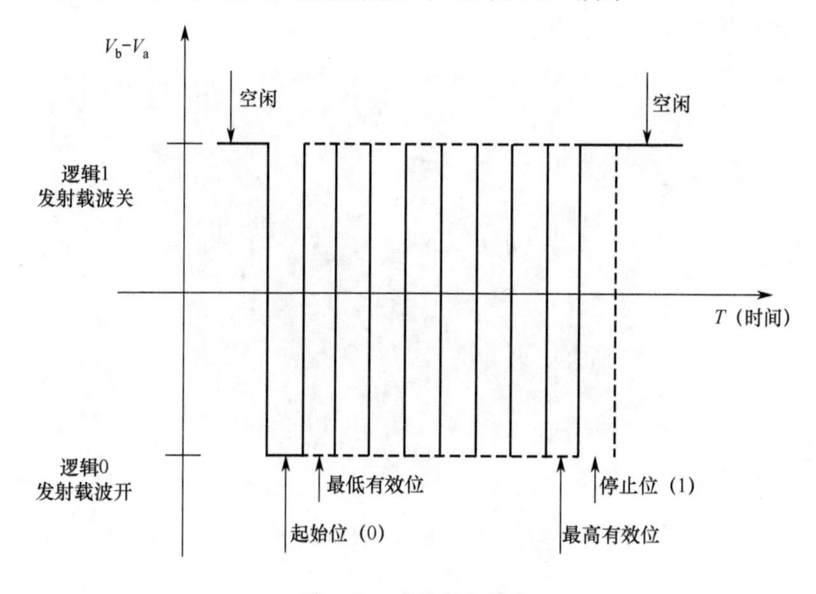


图 5.30　通信数据格式

（3）RS 485 模式：规定了在 RS 485 模式下的接口类型、引脚输出、输入电压、设备电阻等需要满足的技术要求。

（4）调制解调模式：规定了在调制解调模式下信号载波频率、电平等需要满足的技术要求。

（5）直流供电：规定了供电电压、功率、设备过流保护等需要满足的技

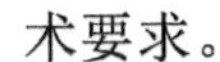

术要求。

### 2. 数据链路层技术要求

（1）接收无效：规定了通信数据帧出错时的处理机制。

（2）HDLC 帧：规定了帧长度、帧格式等信息。

（3）默认地址：规定了复位后从设备的处理机制。

（4）窗口大小。

（5）消息时间。

（6）支持的 HDLC 帧类型。

（7）连接状态模式：规定了设备连接的工作模式。

（8）设备类型：规定了 5 种设备类型的 1 字节编码，如表 5.6 所示。

表 5.6　5 种设备类型的 1 字节编码

| 设备类型 | 1 字节编码 | 设备类型 | 1 字节编码 |
| --- | --- | --- | --- |
| 单天线 RET 设备 | 0x01 | RAE | 0x31 |
| 多天线 RET 设备 | 0x11 | RAS | 0x21 |
| 塔顶放大器（TMA） | 0x02 | | |

（9）XID 协商：规定了 XID 帧格式、协议版本协商帧格式、HDLC 参数协商帧格式、设备扫描帧格式、地址分配帧格式、设备重启帧格式等。

### 3. 应用层技术要求

应用层规定了 EPs 命令、公共命令等的工作机制，其技术要求包括如下几个方面：

（1）EPs 命令。

（2）公共命令。

（3）单天线 EP 命令。

（4）多单元天线 EP 命令。

（5）TMA EP 命令。

### 5.5.2 电调天线接口测试指标

为了检查电调天线接口是否能够满足 5.5.1 节中提到的技术要求，参照 AISG 2.0 *Control interface for antenna line devices* 及行业标准 YD/T 3182-2016《电调天线接口测试方法》中的描述，可以对电调天线接口进行一系列的测试。电调天线接口测试分为常规场景下的测试和级联场景下的测试。

常规场景下需要测试以下内容：

（1）RS485 信号电平测试。

（2）RS485 信号波特率测试。

（3）OOK 信号频率、电平测试。

（4）在调制解调模式下的输入输出阻抗测试。

（5）在调制解调模式下的解调门限测试。

（6）OOK 信号占空比测试。

（7）在调制解调模式下的波特率测试。

（8）在调制解调模式下的杂散测试。

（9）在调制解调模式下的衰减测试。

（10）在调制解调模式下的隔离度测试。

（11）电源驱动能力测试。

（12）功率要求测试。

（13）加电特性测试。

（14）HDLC 时序测试。

（15）RET 设备扫描、配置测试。

（16）加载配置数据测试。

（17）系统信息查询测试。

（18）设备数据的查询和设置测试。

（19）系统自测试。

（20）告警控制测试。

（21）加载设备软件测试。

（22）天线校准测试。

（23）下倾角设置和查询测试。

（24）链路可靠性测试。

（25）层 7（Layer 7）复位测试。

（26）层 2（Layer 2）复位测试。

级联场景下需要测试以下内容：

（1）RET 设备扫描、配置测试。

（2）告警监控测试。

（3）天线校准测试。

（4）下倾角设置和查询测试。

（5）层 2（Layer 2）复位测试。

（6）加电特性测试。

部分测试内容在本书第 6 章中会有详细的举例说明。统一电调天线接口技术要求不仅能降低企业的研发和生产成本，避免重复开发，而且给运营商在设备使用和维护过程中提供很大的便利，所以统一电调天线接口技术要求对行业的发展有很大的促进作用。

## 5.6　天线美化外罩检测技术要求

### 5.6.1　天线美化外罩的定义

天线美化外罩是指将天线置于美化隐藏罩内，美化隐藏罩外观则通过对建筑周围环境的观察、协调而设计，使天线看起来更像是建筑物的一个必然组成部分，主要包括用于美化、伪装或隐蔽天线的外罩或涂覆层。除了做到外形逼真、与周围环境协调统一、达到美化效果，还应在安装后不影响原普通基站天线及 5G AAU 天线系统的正常使用和维护，并且能确保外罩内部拥有良好的自散热能力。

### 5.6.2 天线美化外罩的用途

随着通信行业的快速发展，通信基站数量越来越多，市区建筑物顶部天线林立，杂乱无章的场景会给居民带来不安全感，导致站点协调难，且天线与周边环境不协调，严重影响楼宇视觉效果，长期风吹日晒，也会在安全方面形成隐患。在这样的背景下，基站与环境和谐体系构建势在必行，天线美化外罩应运而生。

天线美化外罩根据地形地貌、周围建筑物特点等因素设计与周围环境最协调的美化外罩方案，让天线基本融入建筑物或周边环境，从视觉上无法察觉。天线美化外罩适用范围广泛，适用于市区、郊区、农村等各种场景，其外观可根据现场环境定制，安装方便快捷，通常配置维护门，以便后续维护，同时可根据实际使用要求配置增高架。

### 5.6.3 天线美化外罩的产品类型

天线美化外罩按是否需要配置增高架可分为普通型天线美化外罩和增高型天线美化外罩。凡悬挂在建筑物立面或安装在建筑物屋顶，无须配置增高底座的称为普通型天线美化外罩；安装在建筑物屋顶，需要配置增高底座才能满足通信覆盖要求的称为增高型天线美化外罩。增高型天线美化外罩的底座通常采用钢构件焊接成桁架结构；增高底座应与上部罩体配套设计，和谐统一；底座与上部罩体应牢固连接，当下部与屋面防水层直接接触时，应增设厚橡胶垫以保护屋面防水层。天线美化外罩按外形可分为方柱型、空调室外机型、太阳能型、壁挂型、水箱型、圆柱型、栅栏型、围墙型、排气管型等，如图 5.31 所示。无论采用何种外罩类型，安装后均须满足指导意见中的电性能指标，且不得影响原天线系统的正常使用和维护，并能确保外罩内部拥有良好的自散热能力。

图 5.31　不同类型的天线美化外罩

## 5.6.4　天线美化外罩的材质

由于玻璃钢材质不受电磁波影响，且有良好的透波性能；其密度在 1.5～2.0g/cm$^3$，比轻金属铝还要轻 1/3，而且机械强度很高，在某些方面接近普通碳钢水平。按比强度（单位密度下的拉伸强度，即材料的抗拉强度与密度之比）来看，玻璃钢不仅超过碳钢，甚至可达到某些合金钢的水平。因此，天线美化外罩材料多采用玻璃钢复合板或其他符合要求的新型材料，如不饱和聚酯树脂玻璃纤维类、不饱和聚酯树脂高强玻璃纤维类、环氧树脂玻璃纤维类、环氧树脂高强玻璃纤维类、酚醛树脂玻璃纤维类、酚醛树脂高强玻璃纤维类、乙烯基树脂玻璃纤维类、乙烯基树脂高强玻璃纤维类等。天线美化外罩表面喷涂材料应有足够的环境适应性，具备防腐、防盐雾、防酸雨、防大气中二氧化硫与紫外线辐射能力；应采用高性能的可覆盖油漆，外罩颜色应与周围环境协调，同时外罩的使用寿命应不低于 10 年。此外，还应具备以下特点：

（1）透波性强、耗损小。

（2）优良的物理特性（阻燃性、防吸水性、防腐蚀性、抗老化性）。

（3）优良的机械特性（抗拉强度、抗压强度、抗弯曲强度）。

（4）净重轻，便于生产、加工、运输，安装便捷。

### 5.6.5 天线美化外罩性能指标要求

在工程应用及实际测试中，由于天线美化外罩材质会对信号产生衰减和屏蔽，所以首先应保证覆盖效果和信号强度。此外，要让外罩材料对无线信号的衰减尽量降至最低，不能超过 1dB。由于天线美化外罩体积相对较大，安装位置较高，且多在户外，因此应具备抗恶劣天气的能力，如抗强风、地震、强雨雪及雷电等。

#### 1. 射频性能要求

天线美化外罩要求所采用的材料透波性强，传输损耗小，在天线工作频段对信号的衰减不超过 1dB。在加罩前后天线主辐射方向（外罩正面和两侧面）各频段具体的参考要求如表 5.7 所示。同时，要关注加罩后对天线方向图、电路参数的影响，主要考察的关键指标包括增益衰减、电压驻波比、隔离度、前后比等，参考指标要求如表 5.8 所示。

表 5.7 天线主辐射方向外罩透波率及插损表

| 频率 | 透波率 | 插损耗 |
|---|---|---|
| 0.8～2.0GHz | ≥98.5% | ≤0.20dB |
| 2.0～4.0GHz | ≥96.5% | ≤0.40dB |
| 4.0～6.0GHz | ≥94.5% | ≤0.60dB |

表 5.8 天线加罩前后电气性能指标要求

| 外罩电气性能（806～960/1710～2690）MHz;（3300～3700）MHz | 增益衰减 | 不超过 1dB |
|---|---|---|
| | 水平面半功率角 | 加罩后变化量不超过±5° |
| | 三阶互调抑制比 | 加罩后变大量≤2dBm |
| | 电压驻波比 | 0.2（加罩后变大量不超过，同时加罩前后均小于 1.5） |
| | 隔离度 | 2dB（加罩后变小量不超过，同时加罩前后均大于 25dB） |
| | 垂直面半功率角 | 加罩后变化量不超过±1° |
| | 前后比 | 变化量小于 4dB |
| | 交叉极化比（轴向） | 加罩后变小量不超过 3dB |
| | 交叉极化比（±60°） | 加罩后变小量不超过 3dB |
| | 上旁瓣抑制 | 加罩后变小量不超过 2dB |

### 2. 结构性能要求

天线美化外罩要求结构牢固可靠，便于安装、使用和运输，并且符合安全性要求，如采用大型广告牌型天线美化外罩的，必须同时满足《CECS 148：2003 户外广告设施钢结构技术规程》的要求；采用高度超过 6m 的楼顶大型栅栏等产品，必须满足《CECS 148：2003 户外广告设施钢结构技术规程》的要求；仿生树必须满足《CECS 80.96 塔桅钢结构施工及验收规程》的要求。对于孤立大型仿生树型和安装于建筑物上并高于周围建筑物的外罩产品，应按避雷针、塔体、馈线 3 部分设计并提供完善的防雷设施，所有外罩产品的防雷设计必须满足移动通信设备防雷规范要求，以保证天馈系统的安全。考虑到维护的方便性，外罩须设置维护门/孔，便于维护和角度调节，且外罩内预留空间要求满足天线水平方向角±30°可调节，满足原机械下倾角全部调节范围要求，并根据需要预留安装 RRU、馈线、接头等设备的空间。为防止外罩冷凝积水、散热等问题的出现，通常会在外罩表面设置泄水孔及散热孔。

### 3. 工艺和材料要求

天线美化外罩厚度应大于或等于 4mm，天线主辐射方向上采用材料的等效综合介电常数应不大于 2.3，材料机械性能如抗拉屈服强度要求大于或等于 69.9MPa，弯曲屈服强度大于或等于 142 MPa，硬度 R107-115。外罩必须有足够的环境适应性和抗老化性能，在正常使用情况下，10 年的损耗程度在 20%以内，整体使用寿命应不低于 10 年，表面涂覆材料 5 年内不脱落、褪色。外罩还应具有较好的阻燃性，应达到 GB 8624-2006 的 B 级或 C 级、GB 8624-2012 的 B1 级，或者 GB/T 50222 的 B1 级的要求。材料指标要求如表 5.9 所示。

表 5.9 材料指标要求

| 检测指标 | 指标要求 |
|---|---|
| 抗拉屈服强度 | ≥150Mpa |
| 弯曲屈服强度 | ≥150Mpa |
| 硬度 | R107-115 |
| 介电常数 | ≤2.3 |
| 阻燃 | GB 8624 B 级 |

### 4．环境和老化性能要求

天线美化外罩必须有足够的环境适应性和抗老化性能，能在室外全天候使用，保温、隔热性能好，且具有防腐、防盐雾、防酸雨、防大气中二氧化硫与紫外线辐射能力，使用寿命应不低于 10 年，设计应满足本地风压要求。常见的外罩环境性能指标要求如表 5.10 所示。

表 5.10　外罩环境性能指标要求

| 检测指标 | 指标要求 |
| --- | --- |
| 工作温度 | −40℃～+60℃ |
| 极限温度 | −55℃～+70℃ |
| 风速 | 工作风速 110km/h |
| 极限风速 | 200km/h |
| 摄冰 | 10mm 不被破坏 |

随着移动通信的快速发展，各运营商基站天线数量大幅提升，各种类型的天线美化外罩应运而生。在实现天线美化外罩与周边环境建筑融为一体的同时，更要优先保证天线信号的覆盖效果和信号强度，确保在正常室外使用场景下外罩的使用寿命尽量长。因此，通过本章以上几个方面综合地考量天线美化外罩的技术指标，可以快速评估天线美化外罩产品的性能优劣。

# 第6章

# 基站天线测试场地与测试方法

# 6.1 测试场地

目前，主要的方向图测量方法包括三大类：天线远场测量、天线近场测量、天线紧缩场测量。它们的主要区别在于信号接收探头处于被测天线的哪个场区。在天线远场区进行测量的方式通常称为远场测量，远场测量可以等效为测量天线的口面电流分布，可直观方便地获得方向图。然而，远场测量需要和被测天线保持几十到几百米的距离，需要的场地过大且难以获取立体方向图，限制了其应用和精度。因此，在天线的近场区测量并通过近远场变换获得远场方向图的近场测量得以发展。近场测量需要的测试距离短，通常放于微波暗室内，屏蔽外界环境干扰，并且可采用多探头采样技术大幅度提升测试效率。另一种减少场地距离的方法是紧缩场测量，即采用聚束器产生一个均匀照射测试天线的平面波，从而在缩短的距离上对天线远场特性进行直接测量。不同场地间对比如表 6.1 所示。

表 6.1 不同场地间对比

<table>
<tr><th colspan="2">场地类型</th><th>优点</th><th>缺点</th><th>适合产品</th></tr>
<tr><td rowspan="4">远场测量</td><td rowspan="2">室内远场</td><td>• 测试环境便于控制；<br>• 不受外部环境因素影响，可实现全天候工作</td><td>• 距离受造价限制（40m 室内远场造价和 128 多探头造价相当）；<br>• 需要占用较大的空间建筑资源</td><td rowspan="2">室分天线/普通天线</td></tr>
<tr><td>• 直接测量，过程透明，结果无须修正和近远场变换</td><td>• 不能测量 3D 方向图，效率不高</td></tr>
<tr><td>室外远场</td><td>• 直接测量，测试系统相对简单；<br>• 维护成本低</td><td>• 受气候和环境影响大；<br>• 只能生成 2D 方向图</td><td>普通基站天线</td></tr>
<tr><td>紧缩场</td><td>• 保留室内远场优点，克服距离限制，减小角度误差；<br>• 覆盖频率高</td><td>• 建设和维护保养费用高；<br>• 不能测量 3D 方向图，效率不高；<br>• 反射面精度是主要瓶颈</td><td>5G 有源一体化天线</td></tr>
</table>

（续表）

| 场地类型 | | 优点 | 缺点 | 适合产品 |
|---|---|---|---|---|
| 近场测量 | 多探头球面近场 | • 所需测试场地小，建设费用低；<br>• 测试环境易于控制，多次测试结果稳定；<br>• 稳定度高，不受外部环境因素影响，可实现全天候工作；<br>• 可测量 3D 方向图，精度高、效率高 | • 维护保养费用高；<br>• 结果不是直接得出的，需要修正和近远场变换才能得到远场数据 | 复杂基站天线（4488 天线/多端口天线等） |

天线是一种能量转换装置，发射天线将导行波转换为空间辐射波，接收天线则把空间辐射波转换为导行波。因此，一副发射天线可以视为辐射电磁波的波源，其周围的场强分布一般都是离开天线距离和角坐标的函数。通常，根据离开天线距离的不同将天线周围的场区划分为感应场区、辐射近场区和辐射远场区，如图 6-1 所示。

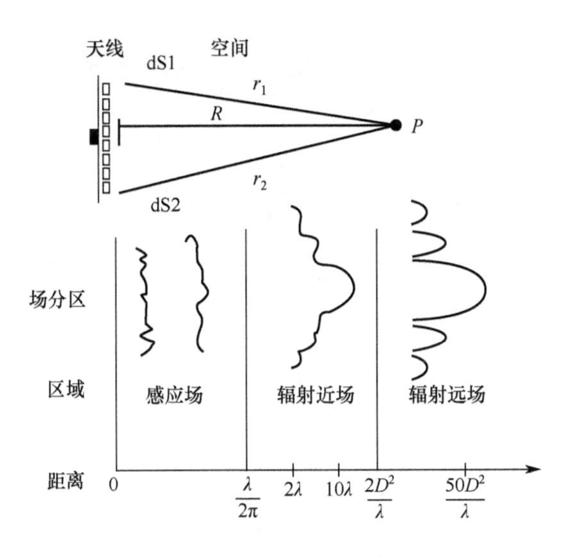


图 6.1　感应场区、辐射近场区和辐射远场区

1）感应场区

感应场区是指很靠近天线的区域。在这个场区里，无径向功率流，不辐射电

磁波，电场能量和磁场能量交替地贮存于天线附近的空间内。电小尺寸的偶极子天线其感应场区的外边界条件是：

$$R = \frac{\lambda}{2\pi} \tag{6.1}$$

式中，$R$ 是观察点到天线的距离，$\lambda$ 是工作波长。

2）辐射近场区

在辐射近场区［又称菲涅尔（Fresnel）区］里电场的相对角分布（方向图）与离开天线的距离有关，即在不同距离处的方向图是不同的，有径向功率流，原因如下。

（1）由天线各辐射源所建立的场的相对相位关系是随距离变化的。

（2）这些场的相对振幅也随距离而改变。在辐射近场区的内边界处（感应场区的外边界处）天线方向图是一个主瓣和旁瓣难分的起伏包络。

随着离开天线距离的增加直到靠近远场辐射区，天线方向图的主瓣和旁瓣才明显形成，但零点电平和旁瓣电平均较高。辐射近场区的外边界按通用标准规定为：

$$R = \frac{2D^2}{\lambda} \tag{6.2}$$

式中，$R$ 是观察点到天线的距离，$D$ 是天线孔径的尺寸。

3）辐射远场区

辐射近场区的外边就是辐射远场区［夫朗荷费（Fraunhofer）区］，测量的场分量处于以天线为中心的径向的横截面上，并且所有的功率流都是沿径向向外的。该区域的特点如下：

（1）场的相对角分布与离开天线的距离无关。

（2）场的大小与离开天线的距离成反比。

（3）方向图主瓣、旁瓣和零值点已全部形成。

辐射远场区是进行天线测试的重要场区，天线辐射特性所包含的各参数的测量均需在该区进行。在实际测量中必须遵守公认的近、远场的分界距离公式 $(R = 2D^2 / \lambda)$。

图 6.2 是电小尺寸 L/A<1（L 是线天线的最大尺寸）的线天线的场区。由图 6.2 可见，电小尺寸天线只存在感应场区和辐射远场区，没有辐射近场区。常把辐射远场区与感应场区相等的距离定义为 L/A<1 一类天线感应场区的外界，越过了这个距离（$R=\lambda/2\pi$），辐射远场就占优势。常用它们的相对比值来表征辐射远场相对感应场区的大小。由电基本振子的场方程可以求得感应场区与辐射远场之比，若用 dB 表示则为：

$$\rho(\text{dB}) = 20 \times \lg\left(\frac{\lambda}{2\pi R}\right) = -16 + 20 \times \lg\frac{\lambda}{R} \tag{6.3}$$

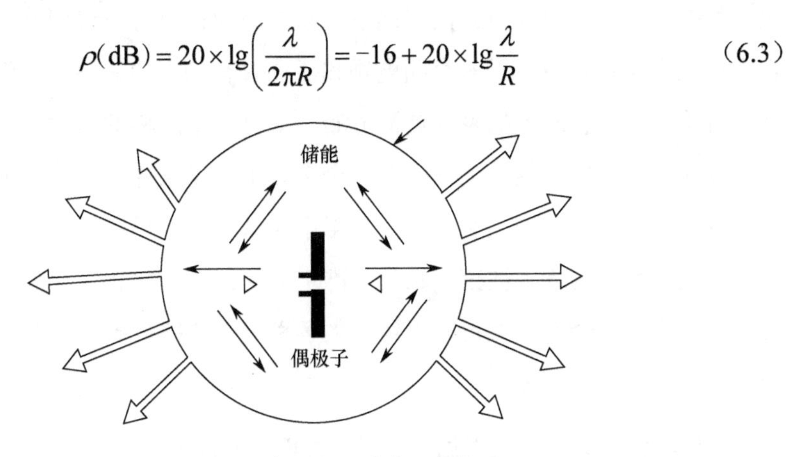


图 6.2　电小尺寸 L/A<1 的线天线场区

## 6.1.1　近场

近场测量技术就是在天线的近场区的某一表面上采用一个特性已知的探头来测量取样场的幅度和相位特性，通过严格的数学变换求得天线的远场辐射特性的技术。根据取样表面的形状，近场测试场分为 3 种，即平面测试场、柱面测试场和球面测试场。其中，球面测试场因其测试效率高、精度准、速度快、集成度高，应用最为广泛。

近场测量技术的主要优点是：所需要的场地小，可以在微波暗室内进行高精度的测量，免去了建造大型微波暗室的困难。测量受周围环境的影响极小，保证全天候都能顺利进行。测量的信息量大，通过在近场区的某一表面的取样可以精确地得出天线任意方向的远场幅度相位和极化特性。

**1．天线近场测量的基本概念和类别**

天线的近场测量是用一个特性已知的探头，在离开被测天线几个波长的近场区域内某个表面上进行扫描，测得天线在这个表面上辐射近场的幅度和相位分布随位置变化的关系。根据电磁辐射的惠更斯–基尔霍夫原理和等效性原理，某个初级源所产生的波阵上的一点都是球面波的次级源，也就是说，从包围源的表面上发出的场可以看作这个表面上所有的点所辐射的球面波场的总和。进一步来说，集中在该范围内并被封闭表面包围着的源的作用可以仅用等效的表面电流和表面磁流来代替。由于无源空间电场和磁场具有确定的关系，故仅需获得一个包围辐射体的假想表面上的表面电流分布，即可应用严格的模式展开理论推导，确定天线的远场特性。这种测试手段完全突破了远场条件的限制，使得电大尺寸天线测试可以完全搬到测试室内部，获得了测试天线近场和远场的三维空间分布信息，避免了远场测量中波束主轴对不准带来的一系列问题，尤其适合波束轴与天线物理轴线不重合的电大尺寸天线，如各种电扫描阵列天线、多波束天线等，是天线测试技术的一大飞跃。

一般来说，近场测量根据取近场扫描面的不同分为平面、柱面和球面 3 种类型，或者说 3 种采样方式。这 3 种采样方式各有千秋，也各有其适用的场合。

平面采样主要适用于高增益、笔形波束天线的测量。平面近场测量最常见的是垂直面采样，如图 6.3（a）所示，测量时天线固定不动，探头在采样架的带动下在距被测天线口面 3～5 个波长的平面上进行采样（应保证采样平面的法向正对被测天线的主波束或仅有一个小的偏移角），其主要的运动方式有水平步进—垂直连续和垂直步进—水平连续两种。水平步进—垂直连续采样的特点是探头运动速度快，垂直步进—水平连续采样的特点是探头运动稳定度高。图 6.3（a）所示为水平步进—垂直连续采样方式。此外，为了适应一些特殊类型的天线，平面近场测量还有水平面采样和倾斜面采样等方式，其原理均与垂直面采样类似。

柱面采样主要适用于中等增益、扇形波束天线的测量。如图 6.3（b）所示，测量时天线在转台的带动下做方位面的转动，探头在采样架的带动下在满足辐射近场范围且机械运动允许的距离内上下运动进行采样，即转台每转到一定角度，探头做向上或向下的垂直运动采下一列数据。测量时应将被测天线的宽波束面设置成方位面，并保证探头正对被测天线方位面的旋转轴。

球面采样主要适用于低增益、宽波束天线的测量。图 6.3（c）和图 6.3（d）所示为两种常用的球面采样方式。在图 6.3（c）中探头固定不动，被测天线在转台的带动下做方位和俯仰的转动；在图 6.3（d）中探头沿半圆形导轨做俯仰运动，被测天线在转台的带动下做方位转动。测量时应保证探头正对采样面的球心。

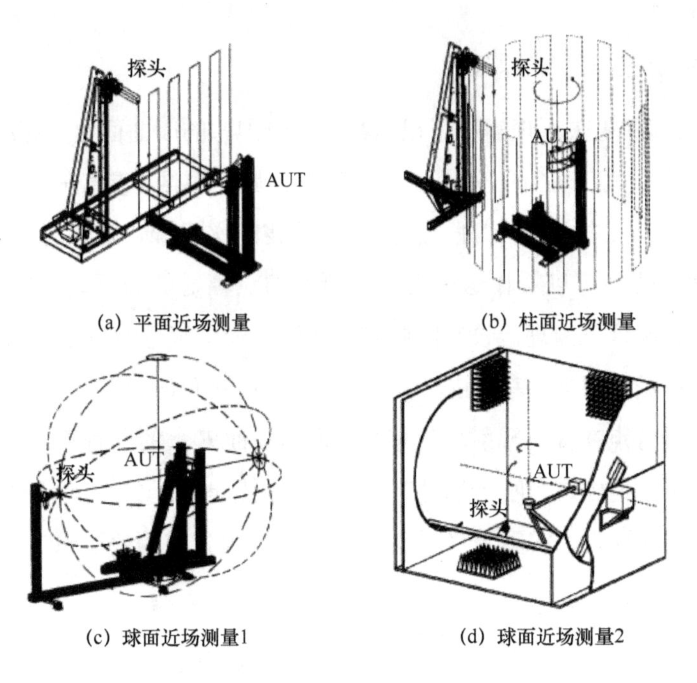

(a) 平面近场测量　(b) 柱面近场测量

(c) 球面近场测量1　(d) 球面近场测量2

图 6.3　几种近场测量方式

20 世纪 90 年代后，随着技术的不断进步，测试仪器和数值计算能力逐步提高，已经能够直接在时域准确地把握电磁波的运动状态，这为时域近场测量和分析打下了基础。以平面采样为例，它用短脉冲对天线进行馈电，在距离天线为 $d$ 的平面上，用适合时域测量的探头进行扫描来样，在各采样点上记录时域波形，完成空间–时间二重采样，然后运用采样定理和近远场变换技术得出时域或频域远场。

## 2. 天线近场测量的基本电磁学原理

天线测试是天线领域的一个重要分支，在理论上，天线测试理论是对基于电磁辐射理论、天线理论的发展和延伸，也是对天线理论的全面体现；在技术上，天线测试技术是天线技术的一个重要组成部分，是天线技术工程实现的检验手段。因此，天线测试的理论与技术是和天线理论与技术相辅相成、互相促进的。天线近场测量得以实现，依赖的最为基础的电磁学原理就是惠更斯–基尔霍夫原理与等效原理。

1）惠更斯–基尔霍夫原理

惠更斯–基尔霍夫原理解决了根据给定的包围源的闭曲面上的源或矢量 $\boldsymbol{E}_{\mathrm{f}}$ 和 $\boldsymbol{H}_{\mathrm{f}}$ 的分布决定空间任意点的矢量 $\boldsymbol{E}_{\mathrm{f}}$ 和 $\boldsymbol{H}_{\mathrm{f}}$ 的问题。根据惠更斯–基尔霍夫原理，某个初级源所产生的波阵上的一点都是球面波的次级源，也就是说，从包围源的表面上发出的场可以看作这个表面上所有的点辐射的球面波场的总和。可以用图 6.4 来说明这一原理。设空间中唯一场源由一个假想的封闭曲面包围，其体积为 $V$，则依据惠更斯–基尔霍夫原理，由此源在空间任意点 $S$ 产生的场可以看作曲面 $F$ 上所有点在 $S$ 点辐射场的总和，而封闭面 $F$ 上的所有等效场源（$F$ 面上的电磁场分布）是由这个唯一场源产生的。对此原理进行进一步研究可知，在决定空间任意点的场时，实际上只需取得封闭面 $F$ 上各点等效场源 $\boldsymbol{E}$ 和 $\boldsymbol{H}$ 的切向分量即可。

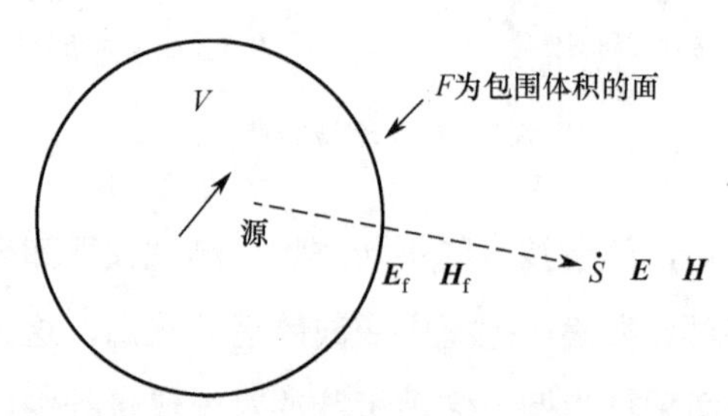


图 6.4　利用惠更斯–基尔霍夫原理求空间的场

2）等效原理

依据电磁场理论的等效性原理，集中在由表面 $F$ 包围的、用表面上的场 $\boldsymbol{E}$ 和 $\boldsymbol{H}$ 来说明的源的作用和分布在这一表面上的表面电流、表面磁流及表面电荷、表面磁荷的作用完全相同。同理，实际上，集中在该范围内并被表面 $F$ 包围着的源的作用可以仅用等效的表面电流和表面磁流来代替。由以上原理可以得出结论：在分析确定场源的辐射时，可以用分析一个包围场源的被激励表面的辐射来代替，而分析这一被激励表面的辐射时又可以用该表面上等效的表面电流和表面磁流来代替表面上切向的电场和磁场分量的作用，最终分析一个辐射问题，只需获得一个包围辐射体的假想表面上的表面电流和表面磁流即可。由于无源空间电场和磁场具有确定的关系，故仅需获得表面电流分布。

3）表面电磁场的截断问题

现在我们可以把上面讨论过的一般原理应用于天线平面近场测量的实践中去。在天线平面近场测量中，一般以被测天线为发射天线，即辐射体，假设此天线被一假想的封闭曲面 $F$ 所包围，曲面 $F$ 由 $F_1$ 和 $F_2$ 两部分组成：$F_1$ 是一垂直被测天线最大辐射方向的有限面积矩形平面，$F_2$ 是与 $F_1$ 封闭连接的任意表面，图 6.5 所示为 $F$ 表面的组成及其与被测天线的位置关系，此处被测天线以角锥喇叭天线为例。

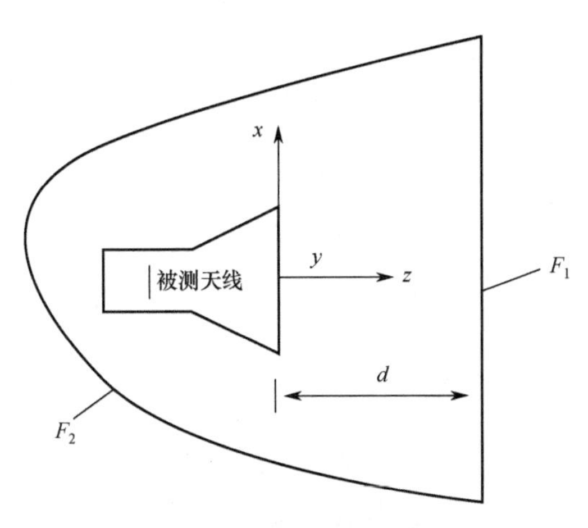


图 6.5　表面电磁场的截断问题

如果认为被测天线在 $F$ 面上激励的电磁场或表面电流只在 $F_1$ 部分存在，而在 $F_2$ 部分很小甚至可以忽略不计（设辐射强度低于最大辐射方向 30～40dB），这一点对于绝大多数有一定方向性的天线都是成立的。依据上述原理，此被测天线的远区辐射场可看作是由分布于 $F_1$ 平面上的等效切向电磁场或等效表面电磁流产生的。如果通过测量的手段获得 $F_1$ 表面上的切向电场或者表面电流，则可通过这些表面电流的辐射总和获得被测天线在空间任意一点的远区辐射场。

4）球形近场测试原理

由电磁场理论中的惠更斯原理可知，只要知道包围天线的任一闭合表面上的场分布，就可以通过近远场转换得到远场方向图。

采样方法：双极化、多探头。

耐奎斯特（Nyquist）采样定理：在包围被测天线的球面上，采样频率需要大于有效信号的最高频率的两倍（或者采样间隔距离需要小于半个波长），被采样的信号方可不失真地由采样值恢复，如图 6.6 所示。

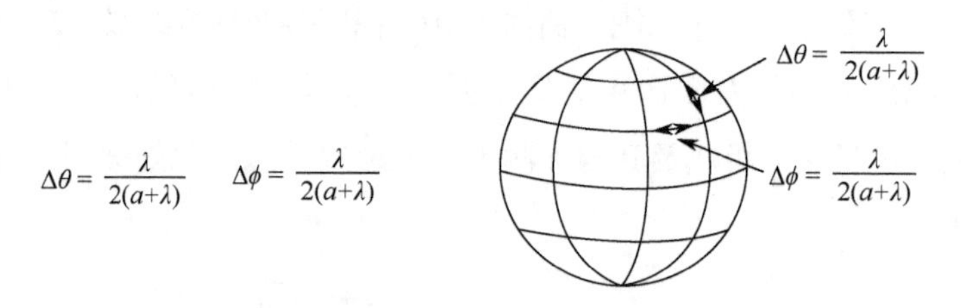


图 6.6　耐奎斯特采样定理的空间采样间隔

图 6.6 中，$a$ 为包围被测天线的闭合球面的半径。天线尺寸越大，频率越高，需要的采样间隔越小，也意味着更长的测试时间。

球面近场测试的一般场地需要有大型室内近场（128 探头及以上）。

### 3. 天线近场测试系统组成

一般而言，天线近场测试系统是一套在中心计算机控制下进行天线近场扫描、数据采集、测试数据处理及测试结果显示与输出的自动化测试系统。整个天线近场测试系统由硬件分系统和软件分系统两大部分构成，其系统组成如图 6.7 所示。

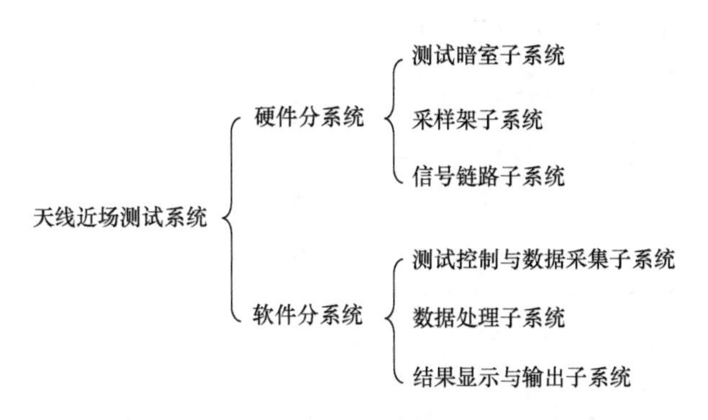


图 6.7　天线近场测试系统组成

硬件分系统又可进一步分为测试暗室子系统、采样架子系统和信号链路子系统，其核心是采样架子系统。软件分系统又包括测试控制与数据采集子系统、数据处理子系统和结果显示与输出子系统 3 个部分，其核心是数据处理子系统。频域和时域近场测试各个子系统配置与连接关系如图 6.8、图 6.9 所示。

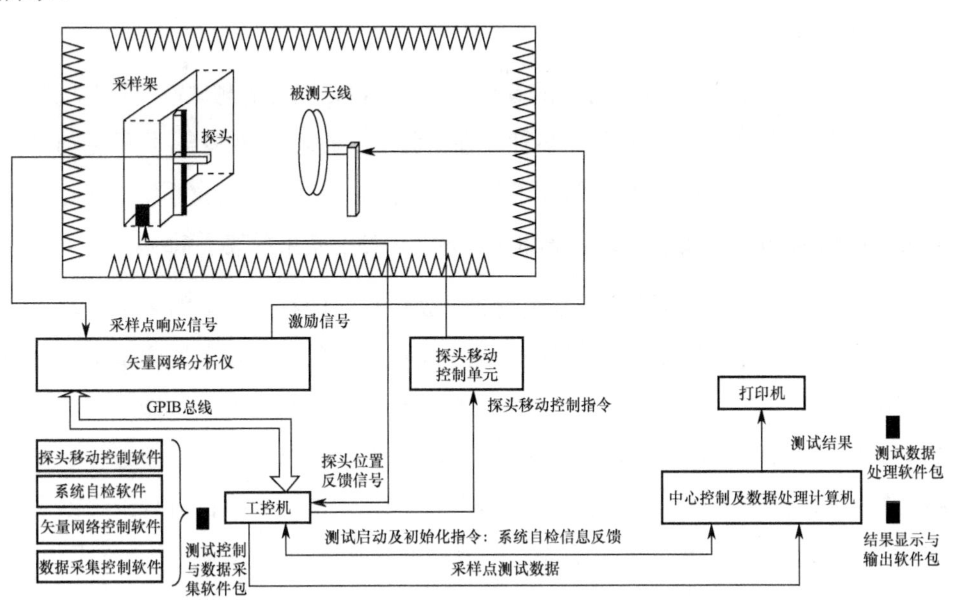


图 6.8　频域近场测试系统

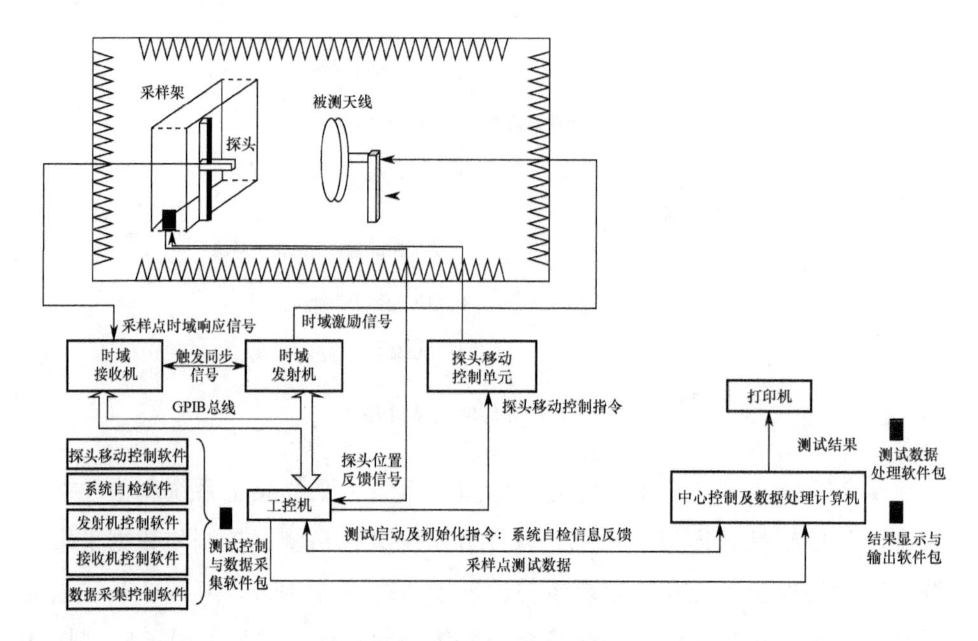


图 6.9　时域近场测试系统

1）硬件分系统

硬件分系统又可进一步分为测试暗室子系统，包括无反射测试室及附属机构；采样架子系统，包括多轴采样架、多轴步进电机、多轴运动控制器、伺服驱动器、工业控制计算机及外设等；信号链路子系统，包括矢量网络分析仪系统（或时域信号源及时域接收机）、数据处理计算机及外设等。核心是采样架子系统。

根据执行的是频域测试还是时域测试，硬件分系统存在明显的区别。时域近场测试系统是在频域近场测试系统的基础上发展起来的。时域近场测试系统同频域近场测试系统的不同之处在于信号源、接收设备、探头等方面。频域测试系统的信号链路一般以矢量网络分析仪系统为中心组织，测试探头一般选用各个波段标准波导开口天线，而时域系统一般采用窄脉冲发生器作为测试信号源，以采样接收机作为近场测试信号接收设备，在信号源与接收机之间采用外触发同步方式，测试探头则需采用超宽带天线。

测试暗室子系统主要承担着测试系统电磁环境保障的任务。采样架子系统是硬件系统的核心，它的任务是根据用户的设置或指令，带动探头按预设的方式运动，并实时反馈位置和速度信息，在中心计算机的控制下，与信号链路子

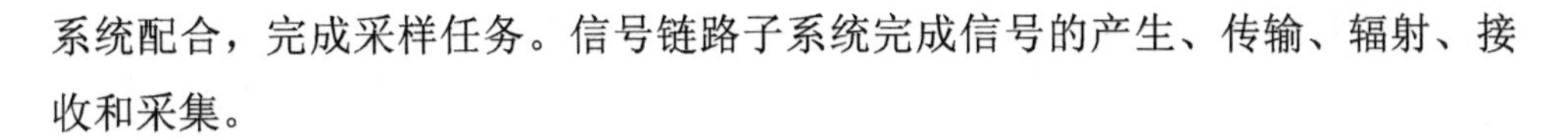

系统配合，完成采样任务。信号链路子系统完成信号的产生、传输、辐射、接收和采集。

2）软件分系统

软件分系统包括测试控制与数据采集子系统、数据处理子系统和结果显示与输出子系统 3 个部分，均由中心计算机控制。测试控制与数据采集子系统包括 GPIB 卡控制程序和运动卡控制程序。GPIB 卡控制天线转台、测试仪表的工作；运动卡控制采样架的运行。数据处理子系统在频域功能下包括测试数据编组、数据预处理、近场到远场变换、近场到口径场反演、探头修正与其他误差修正等功能，在时域功能下包括时域信号预处理程序、纯时域近远场变换程序、时域到频域傅立叶变换程序、时基（相位）修正程序、频域近场重建程序、频域近远场变换程序、频域口径场反演程序、频域到时域傅立叶变换程序。结果显示与输出子系统包括三维功能和二维功能两部分。其中，三维功能包括三维球坐标显示功能、三维极坐标显示功能、三维直角坐标显示功能，以及 3 种坐标系下的动画显示功能；二维功能包括二维直角坐标显示功能、二维极坐标显示功能，以及二维平面显示功能。

**4．典型球面近场测试系统介绍**

为提高测试效率和精度，国内基站天线行业多采用测试速度快、效率高和数据全面的多探头球面近场测试系统。在传统的单探头球面测试系统里，被测天线必须在一个单探头前二维旋转，其旋转范围为方位角从 0° 到 360° 和俯仰角从 0° 到 180°，以便确定包围该天线的一个球面上的场。单探头的采样点很多、测试时间长，信号的漂移、仪器的稳定性和温度的变化将都对精度产生影响。多探头球面近场测试系统是在俯仰方向布置多个宽带低反射的探头进行电子扫描的，这样被测天线只需要在方位方向旋转 180° 就够了。由于电子扫描是“瞬时”完成的，让天线测试速度提高了数十倍甚至上百倍，极大地提高了测试效率、测试精度和测试可重复性，并且可获得天线三维立体方向图的各种参数（包括幅度、相位、轴比、交叉极化、增益系数、波瓣、前后比、上旁瓣抑制、下旁瓣零值填充等）和任意切面的二维方向图。传统的测试方法只能测得天线某几个切面的方向图。多探头系统特别适合测试一些方向图形状复杂的天线，如多波束天线和智能天线等。如图 6.10 所示为单探头和多探头球面近场测试设备比较。

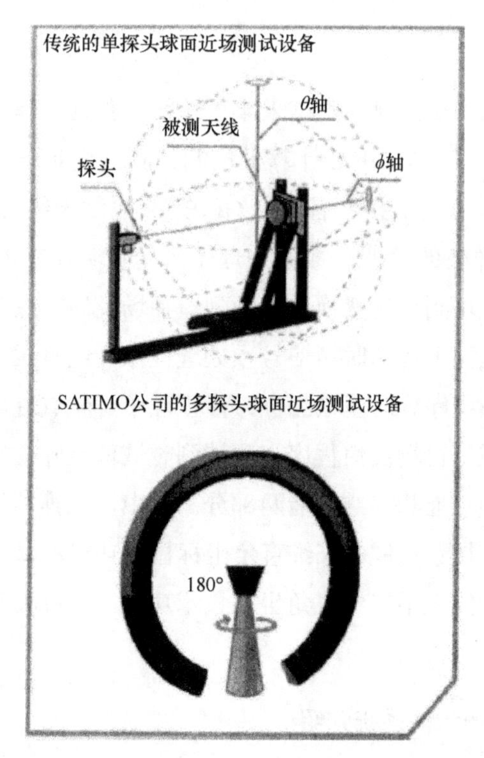


图 6.10　单探头和多探头球面近场测试设备比较

典型的 SG 128 系统（参见附录 A 1.1）采用多探头高级调制散射专利技术，在环绕被测天线的圆拱上放置电扫描的“127+1”个超宽带双极化探头。被测天线仅需在水平面旋转 180°，即可采集到包围天线的球面上的数万个采样点的幅度、相位、极化等丰富的近场数据。经过近场到远场变换和数据处理，获得天线的 3D 方向图、增益、波束宽度、前后壁、旁瓣电平、交叉极化鉴别率等数据。该系统的工作频率为 400 MHz～6000 MHz，效率高、速度快、精度高、自动化集成度高，具备测试各种天线如基站定向天线、全向天线、GPS 天线、车载天线、喇叭天线，以及 2D 和 3D 方向图查看能力。如图 6.11 所示为 SG 128 球面近场测试框架。表 6.2 所示为 YD/T 2868-2015 中规定的多探头近场测试场地及设备要求。表 6.3 所示为 SG 128 球面近场测试系统典型参数。

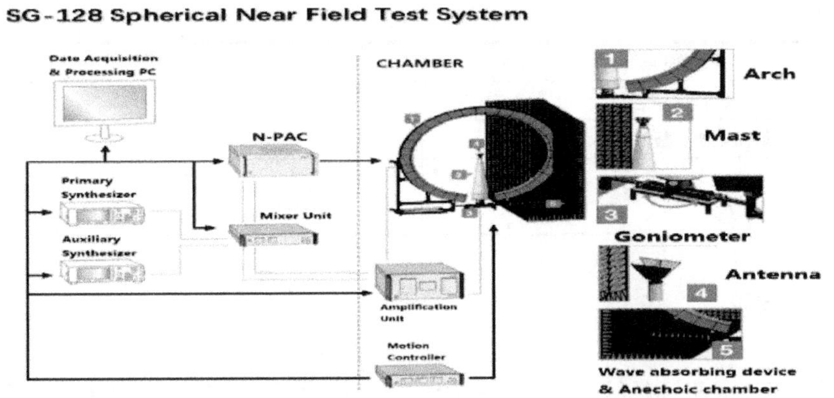

图 6.11　SG 128 球面近场测试场框架

**表 6.2　YD/T 2868-2015 中规定的多探头近场测试场地及设备要求**

| | | |
|---|---|---|
| 基本要求 | 技术要求 | 多探头球面近场测量 |
| | 屏蔽要求 | 优于−100dB |
| | 标准增益天线增益不确定性 | 小于±0.25dB |
| | 静区尺寸 | 大于被测天线口径的球体 |
| | 静区反射电平 | 698MHz～960MHz 优于−40dB；1710MHz～2690MHz 优于−43dB |
| 探头性能一致性要求 | 幅度均匀性 | ＜±0.15dB |
| | 相位均匀性 | ＜±2° |
| | 交叉极化（校准后） | ＞−35dB |
| 辐射性能测试要求 | 增益测试误差（参考） | ＜±0.5dB |
| | 增益测试稳定度 | ＜±0.25dB |
| | 方向图测试误差<br>−10dB 电平<br>−15dB 电平<br>−25dB 电平<br>−30dB 电平 | <br>＜±0.5dB<br>＜±0.8dB<br>＜±2.0dB<br>＜±3.0dB |

**表 6.3　SG 128 球面近场测试系统典型参数**

| | |
|---|---|
| 测试频率（MHz） | 400～6000 |
| 测试端口数目（个） | 8 |
| 最大测试天线重量（kg） | 50 |
| 探头极化方式 | 0°/90° 双极化 |
| 最大测试天线长度（m） | 2.7 |

（续表）

| 探头数目（个） | 127+1 |
|---|---|
| 探头间隔角度（°） | 2.64 |
| 暗室电波屏蔽性能（dB） | −100 |
| 工作条件 | 温度：20 ±2 ℃<br>湿度：50 ± 15% |

## 6.1.2 远场

测试距离处于远场区的场地，一般称为远场。远场法又称为直接法，因为所得到的远场数据不需要计算和处理就是方向图。远场法可分为室外场、室内场及紧缩场。对于基站天线，因为被测天线和信号天线之间需要较大距离以满足近远场边界条件，所以大多数的远场法都在室外测试场地进行。

室外场又分高架场和斜架场，统称自由空间测试场，其主要缺点是受地面反射波的影响，难以达到很高的精度。另外，远场测量还受周围电磁干扰、气候条件、有限测试距离、环境污染和物体的杂乱反射等因素的影响，已经越来越难以适应现代天线的测试要求。

远场法如果在暗室里进行就称为室内场，避免了上述外界环境的干扰，相对更精准，但缺点是对场地要求很高，一般要求为室内远场微波暗室（长度大于35m 和测试频率相关）且造价非常昂贵。

测试原理：在天线旋转方位和俯仰的过程中记录远场数据，并将相应的数据以方位 / 俯仰角为横坐标，以幅相数据为纵坐标绘出远场方向图。

根据天线口径 $D=\sqrt{\frac{R\lambda}{2}}$，需要根据测试频段要求，计算满足场地的距离要求。一般天线远场测试系统由 5 个子系统组成。

（1）天线接收四维转台子系统。

（2）源天线一维极化旋转子系统。

（3）测试信号发射和接收子系统。

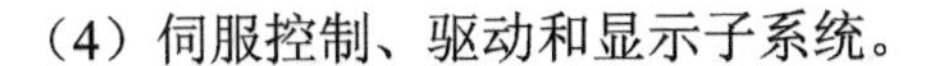
（4）伺服控制、驱动和显示子系统。

（5）系统软件。

图 6.12 为采用网络分析仪的天线幅相测量系统，其基本工作原理如下。

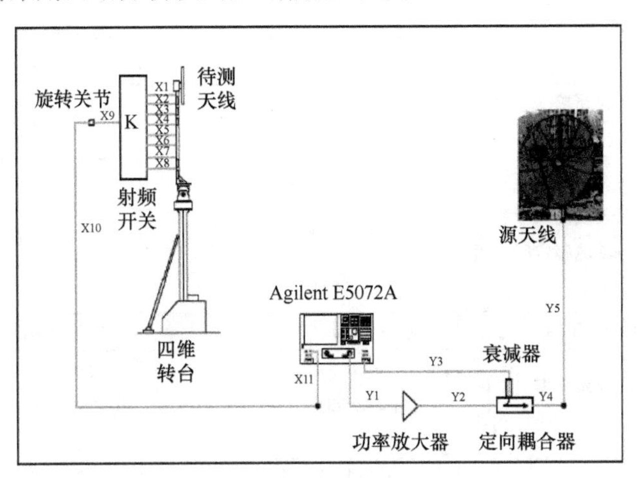


图 6.12　采用网络分析仪的天线幅相测量系统

信号源输出的微波信号经放大器送到发射天线并向空间辐射，被测天线将接收信号馈送到混频器，混频器将测试信号频率与本振源信号频率进行混频，输出中频（如 20MHz）信号。将中频信号输入矢量网络分析仪中进行处理，为了同时测量被测天线的幅度信息和相位信息，必须有一个基准信号。通常提供基准信号的方法有两种：一种采用基准天线，调节基准天线的位置和转向，可实现参考通道和测试通道的幅度和相位平衡，这种方法通常用于室外天线测试；另一种是从信号源利用功分器或定向耦合器实现幅度平衡，并通过改变电缆长度来实现相位平衡。考虑到电缆损耗，这种方法主要用于信号源与接收天线距离不太远的情况。计算机是实现天线方向图自动测量的关键，通过计算机控制天线转台带动被测天线转动，并通过 GP-IB 总线与矢量网络分析仪及信号源相连，实时取样被测天线的幅度和相位值，并将结果取回进行处理，测绘出天线方向图。

表 6.4 所示为 YD/T 2868-2015 中规定的远场测试场地及设备要求。

表 6.4　YD/T 2868-2015 中规定的远场测试场地及设备要求

| 类型 | 项目 | 测试场地指标要求 | 标准增益天线和源天线性能校准场地指标要求 |
|---|---|---|---|
| 基本要求 | 远场测试条件 | $L>2D^2/\lambda$ 与 $L>10\lambda$ 两者之中取较大值。<br>$D$ 表示被测天线口径 | $L>4D^2/\lambda$ 与 $L>20\lambda$ 两者之中取较大值。<br>$D$ 表示被测天线口径 |
| | 场地屏蔽要求（仅对室内场地要求） | 优于−100dB（含吸波材料） | 优于−100dB（含吸波材料） |
| | 源天线增益（在鉴定周期内，源天线的尺寸和辐射特性与场地鉴定所使用的源天线一致） | 15±3dB（参考） | 15±2dB（参考） |
| | 源天线交叉极化 | 优于−35dB | 优于−40dB |
| | 标准增益天线增益不确定性 | 小于±0.25dB | 由严格的三天线法在本场地中测试获得，或者在更高级的场地中标校 |
| | 静区尺寸（长宽高） | 大于被测天线口径 | 大于被测天线口径 |
| 口径场要求 | 静区反射电平 | 698MHz～960MHz 优于−40dB，<br>1710MHz～2690MHz 优于−43dB | 698MHz～960MHz 优于−45dB，<br>1710MHz～2690MHz 优于−48dB |
| | 口径场幅度锥削度 | 小于 0.50dB | 小于 0.25dB |
| | 口径场幅度起伏 | 小于±0.30dB | 小于±0.20dB |
| | 水平/垂直极化电平差 | 小于 0.50dB | 小于 0.25dB |
| 辐射性能测试要求 | 增益的测试误差（参考） | 小于±0.50dB | 小于±0.25dB |
| | 增益测试稳定度 | 小于±0.25dB | 小于±0.15dB |
| | 方向图测试误差<br>−10dB 电平<br>−15dB 电平<br>−25dB 电平<br>−30dB 电平 | <br>小于±0.50dB<br>小于±0.80dB<br>小于±2.0dB<br>小于±3.0dB | <br>小于±0.25dB<br>小于±0.40dB<br>小于±1.0dB<br>小于±1.5dB |

### 1. 高架测试场

高架测试场是常用的室外天线测试场。它依靠源天线的方向性并适当地架高，使得测试时反射信号保持在足够低的电平上。

设计该场地时主要考虑以下参数。

（1）测试场的长度。

（2）源天线方向图的宽度。

（3）源天线和测试天线的架高。

高架测试场在消除地面影响的同时，也消除了四周杂散反射波的影响。当天线较小，容易达到高架测试场的要求，或者有满足要求的场地可供选择时，高架测试场法是最理想的远场测试手段。图 6.13 是零点偏离地面的高架测试场示意图。

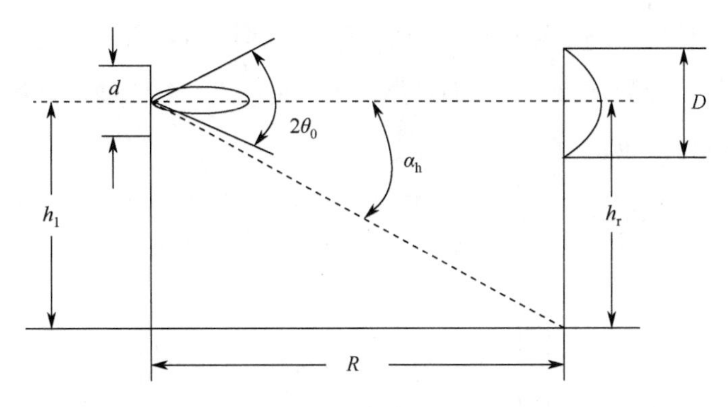


图 6.13　零点偏离地面的高架测试场示意图

为避免地面反射波的影响，把收发天线架设在水泥塔或相邻高大建筑物的顶上。采用窄波束源天线，使它垂直面方向图的第一零点略高于测试场，指向测试天线塔的底部，如图 6.13 所示。

发射天线对架设高度 $h_r$，所张的平面角为

$$\alpha_h = \arctan(h_r/R) \approx h_r/R \ (R>>h_r) \tag{6.4}$$

设发射天线主瓣波束宽度为 $2\theta_0$，要有效抑制地面反射，应使

$$\alpha_h \geqslant \theta_0 \text{ 或 } \theta_0 \leqslant h_r/R \tag{6.5}$$

对方向函数为 $\sin(x)/x$ 的发射天线，主瓣零值波束宽度为

$$2\theta_0 \approx 2\lambda/d \tag{6.6}$$

把式（6.5）代入式（6.6）并取 $R = 2D^2/\lambda$ 得

$$h_r d \geqslant 2D^2 \tag{6.7}$$

由 0.25 锥削幅度准则得

$$D \leqslant 0.5D \tag{6.8}$$

把式（6.7）、式（6.8）组合之后得

$$0.5Dh_r \geqslant h_r d \geqslant 2D^2 \tag{6.9}$$

### 2．斜天线测试场

斜天线测试场是高架测试场的一个特例，如图 6.14 所示，它是收发天线架设高度不等的一种测试场。在地面距离给定的情况下，斜天线测试场需要的地面距离比高架测试场短。

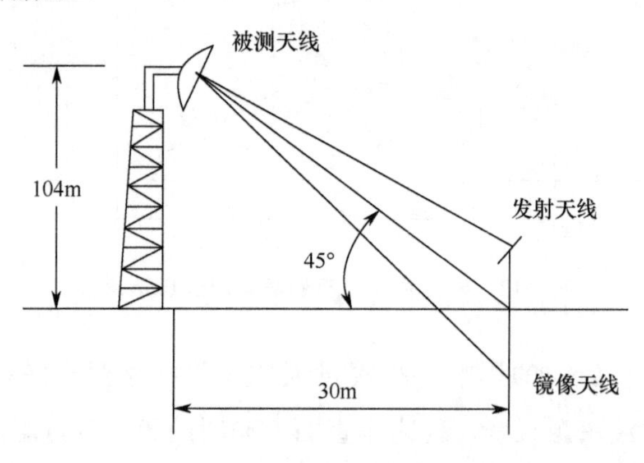


图 6.14　斜天线测试场

斜天线测试场通常有两种架设方法：一种是把被测天线架设在较高的非金属塔上，用作接收天线，把辅助发射天线架设在靠近地面处，由于发射天线相对测试天线有一定仰角，适当调整它的高度，使自由空间方向图的最大辐射方向对准测试天线的口面中心，零辐射方向对准地面，就能有效抑制地面反射；另一种比较理想的方法是采用专门的铁塔（或水泥塔）来架设源（发射）天线，而被测天线（接收）架设的高度要远低于源天线，也就是说，源天线塔是通用天线测试场的关键设备来调整高度的，如某天线测试场建有 104m 高的水泥塔，则有 40m、60m 和 90m 高的 3 个平台可以架设源天线，以适应不同频段、不同类型天线测试的需要。可以在塔的周围适当距离上选择合适的接收点以满足不同天线同时测试的需要。斜天线测试场的要点是尽量削弱地面反射波的影响。在工程上经常采用的具体措施来降低地面反射系数的幅度 $p$。主反射点附近的地面特性是决定 $p$ 的主要因素，因此应尽量采用松软粗糙的土壤或带有适当高度的干燥植被，以构成漫反射条件。增大擦地角也有利于降低反射系数的变化幅度。在采取一定措施后，一般场地可做到 $p = 0.1$～$0.3$，即地面反射衰减度为−10.5～−20dB，利用被测天线方向图对反射线强度进行抑制。$\alpha$ 一般取 6°～10°，即打地点在被测天线垂直面波瓣的旁瓣区。主截面上的旁瓣区对反射信号的抑制为 15～25dB 量级，主间平面上的旁瓣区对反射信号的抑制为 40～55 dB 量级。

在一般情况下，上述措施就足够了。若要进一步降低场地环境反射波的影响，则可利用高增益天线作为源天线，$\alpha$ 一般小于 1°，即使采用 35dB 左右的增益（3dB 宽度）天线作为源天线，对打地信号相对强度的抑制也只在 1～3dB 量级，获益不大。在被测天线接收信号动态有富裕的情况下，可以把窄波束源天线上仰，利用−6dB 作为直射信号，则打地信号电平可进一步被抑制到 5～10dB 量级，但这一措施不适合圆极化天线轴比的测试。

### 3．地面反射测试场

地面反射测试场主要用来测试较低频率的宽波束天线，如图 6.15 所示。该方法是把收发天线低架在光滑平坦的地面上，用直射波与地面反射波产生干涉方向图第一个瓣的峰值对准被测天线的口面中心，在被测天线口面上同样可以近似

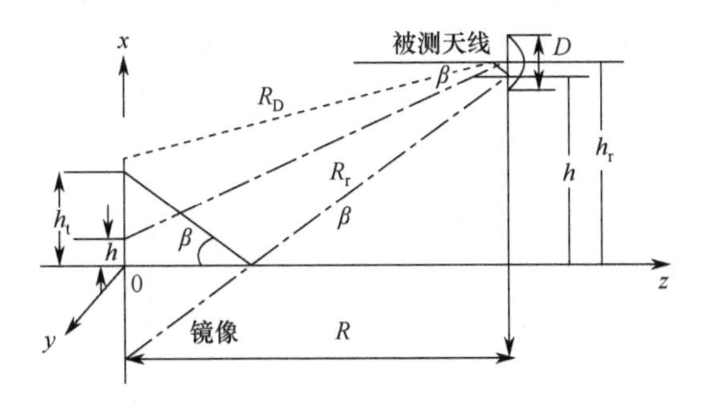


图 6.15　地面反射场

得到一个等幅同相的入射场。如果想建立测试天线口面垂直方向入射场锥削幅度分布的准则，则必须考虑地面反射的影响。

地面反射场设计要点如下。

1）高度

源天线最佳高度应取 $h_t = \lambda R / 4h_r$，使被测天线口面中心位于合成场的第一个瓣的峰值上，满足垂直方向最小幅度照射的锥削要求。每改变一次频率，这个高度必须重调一次，使得反射场型在被测天线上达到峰值。

2）场地设计

测试场表面的平滑度也必须是受控制的，其准则是

$$\Delta h = \lambda / (m\sin\beta) \tag{6.10}$$

式中，$\Delta h$ 为地面偏离平均值的高度，$m$ 为平坦度系数，通常取 8～32。

3）源天线

对双极化天线的测试，一般选择角锥喇叭作为源天线，其口径为 1～2$\lambda$。当测试场收、发天线的连线两侧有小土坡等杂散反射时，应采用大口径线阵天线作为源天线，其水平口径一般应不超过测试天线口径 $D$。

## 6.1.3 紧缩场

紧缩场在分类上属于远场测试场，但是它不用很大的测试场地。紧缩场借助于反射镜、透镜、喇叭、阵列等产生一个均匀照射被测天线的平面波，从而在有限的实际测试距离上获得天线远场的直接测量结果。大多数紧缩场天线由一架或多架反射镜组成，测试场通常被安置在吸波室（微波暗室）内，但特别大的紧缩场天线被置于室外，甚至某些射电望远镜也被用作紧缩场天线。紧缩场对设备的加工精度要求很高，改变工作频段需要更换馈源，搭建费用较高。

紧缩场是研究电磁散射的重要测试设备，也是高性能雷达天线测试、卫星整星测试、飞机反射特性测试等系统性能测试的重要基础设施。毫米波紧缩场技术的研究对通信、国防、航空航天等领域的发展有重要的意义。

紧缩场系统可分为单反射镜紧缩场系统、双反射镜紧缩场系统、三反射镜紧缩场系统等。

图 6.16（a）所示为偏馈的抛物面反射镜，它将馈源辐射的球面波变换成反射镜前方的平面波，幅度锥削、边缘绕射、馈源溢漏及偏馈引起的消极化等因素限制了测试场的质量。双反射镜紧缩场系统与基本的单反射镜紧缩场系统相比具有某些优点：对于给定的反射镜尺寸可获得较大的静区，可以对消交叉极化。双反射镜紧缩场系统配置有许多种，如正交放置的柱形反射镜和图 6.16（b）所示的格雷戈里型双反射镜系统。图 6.16（c）所示的紧缩场系统是由双曲面副反射镜和抛物面主反射镜组成的，其主要特点是不会产生任何交叉极化。当主反射镜尺寸为 7.5m×6m 且没有锯齿时，静区的直径约 5m。当反射面加工精度的均方根值优于 20μm 时，可用于频率高达 200GHz 的测试。

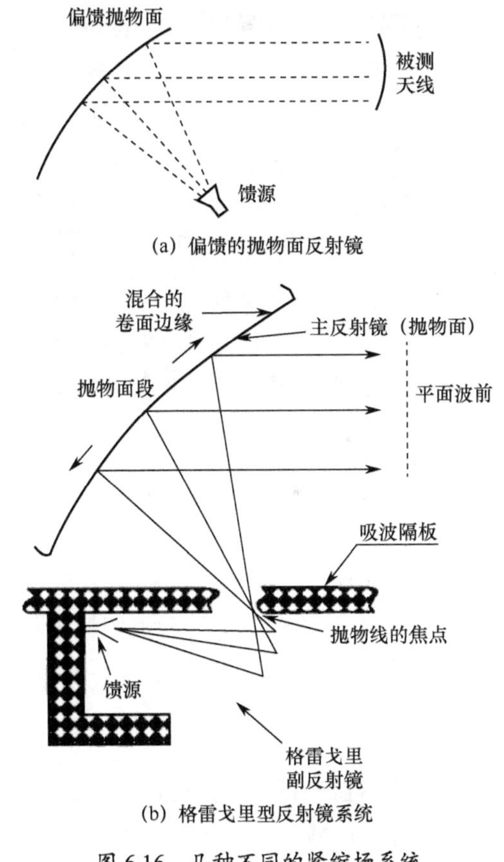


图 6.16　几种不同的紧缩场系统

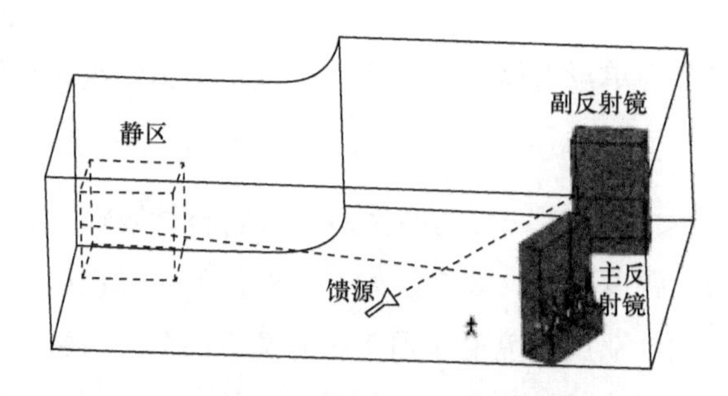


(c) 双曲面副反射镜和抛物面主反射镜组成的紧缩场系统

图 6.16 几种不同的紧缩场系统（续）

典型的紧缩场天线自动测试系统如图 6.17 所示，系统指标参见附录 A。测试系统安置在微波暗室内，工作频段主要取决于混频器，在通常情况下，可以覆盖到毫米波段（如 40GHz）。

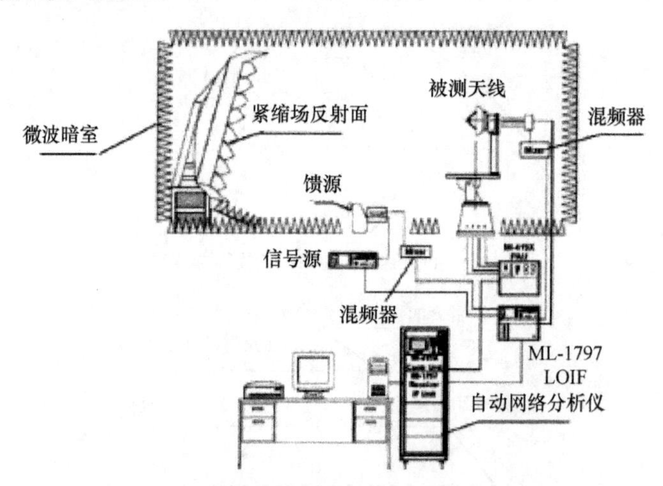


图 6.17 典型的紧缩场天线自动测试系统

紧缩场可用于有源天线方向图测试。由于 5G 基站的形态发生了根本性的变化，因此需要采用有源方向图将射频有源单元和大规模天线阵列所组成的 AAS（有源天线系统）作为一个整体进行测试，从而衡量设备整体的性能及关键指标性能。

天线方向图测试包括天线增益的标定和其他波形指标的测量。在天线增益标定中，有源方向图与无源方向图的测试存在差异，且有源方向图测试实现的难度较高。

在无源方向图测试的标准中，天线增益可采用比较法（参见 YD/T 2868-2015 5.1.2）进行标定，其特点是系统架构简单、稳定性高。通过对标准增益天线有效的测试，保证了整体测试的准确性。

对于有源方向图测试，天线增益的测量从无源天线的相对电平（标准增益天线的测量电平与被测天线的测量电平相对计算）测量，转变为绝对电平测量。

有源方向图测试是在传统无源测试系统的基础上，引入较为复杂的链路校准过程来实现的。在低中频段，空间衰减大概在 30dB 左右，实现较为简单。在毫米波频段，由于毫米波空间衰减大等特性，增加了链路损耗，整个系统的动态范围都会受到影响，也是毫米波频段有源天线测试所要考虑的重要因素。另外，通常在校准过程中，会使用低噪声放大器来补偿链路上的空间损耗。

针对有源天线特定切面进行扫描，可以得到水平或垂直面上的方向图。考察无源天线的常规指标包括波束宽度、增益大小和指向角度，由于有源方向图可以给出这些指标准确的测试结果，因此这些指标也成了考察有源天线的关键指标。在 5G 有源天线阶段，这些无源天线方向图测试的方法也发挥了重要的性能评估作用。

以单反射面紧缩场测试系统为例，其二维、三维方向图测试结果示例如图 6.18、图 6.19 所示。

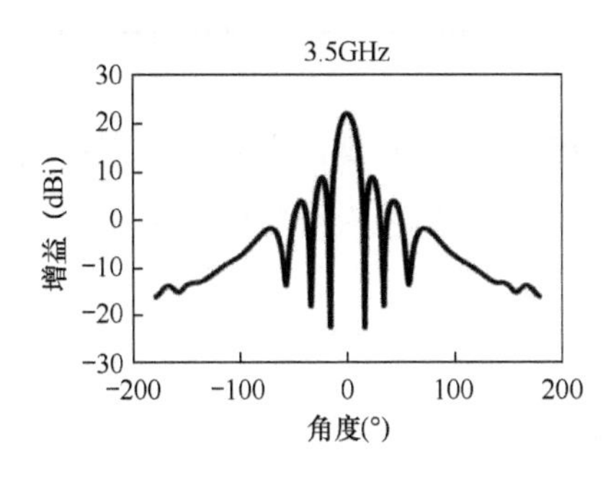


图 6.18　二维方向图测试结果示例

图 6.18 是一个 3.5GHz 有源一体化基站的水平面方向图扫描结果。从图 6.18 中可以看到主瓣在 0°方向上，能量非常集中。通过其他指标的分析，如主瓣的半功率波束宽度、副瓣电平相对最大电平的差距等指标，可以分析基站对波束控

制的能力，从而指导波形等方面的优化。

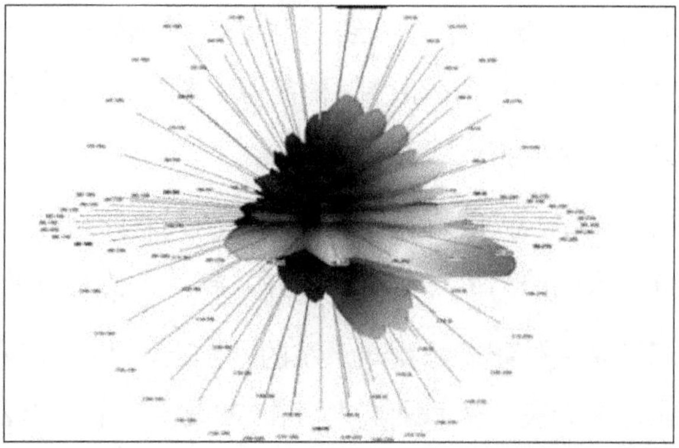

图 6.19　三维方向图测试结果示例

图 6.19 是一个有源一体化基站球面方向上的扫描结果。在图 6.19 中不仅可以看到水平面上的能量分布，还可以看到垂直面上许多分量的分布情况，可以更直观、全面地分析基站能量的分布情况、主瓣的覆盖和指向，以及其他方向上波瓣的分布。三维方向图测试结果对天线性能的评估分析和整体性能改善，都能够提供更为全面的信息。

# 6.2　辐射测试

一般辐射测试指天线的方向图测试，天线的方向性是指天线向一定方向辐射或接收电磁波的能力，方向图是描述天线辐射场的相对场强（归一化模值）随方向变化的曲线或曲面图。

## 6.2.1　远场测量方法

测试前首先要确保天线远场测试场地、测试仪表的性能指标满足 YD/T 2868-2015 中规定的远场测试场地及设备要求。测试使用的信号发生器/接收机，或者网络分析仪等设备和仪表应具有良好的稳定性、可靠性、动态范围和精度，以保证测试数据的正确性。测试使用的仪表应具有计量合格证，并且在校验周期内。测试优选扫频测试方式，按照实际需要设置频点。转台系统要确保接收天线的指向及极化能够对准源天线的指向及极化，极化对准精度优于±0.1°，方位和俯仰的对准步进精度优于±0.1°。要用激光仪对准设备，对转台及收发天线的指向状态进行校准。当客户有明确要求时，按客户要求的频次校准，否则每周至少校准一次，并且用标准增益天线来复核增益。当更换源天线时，要用标准增益天线复核增益，记录接收电平为 $P_s$（dBm），确保在周期内增益变化小于±0.1dB。如图 6.20 所示为远场天线方向图测试示意图。

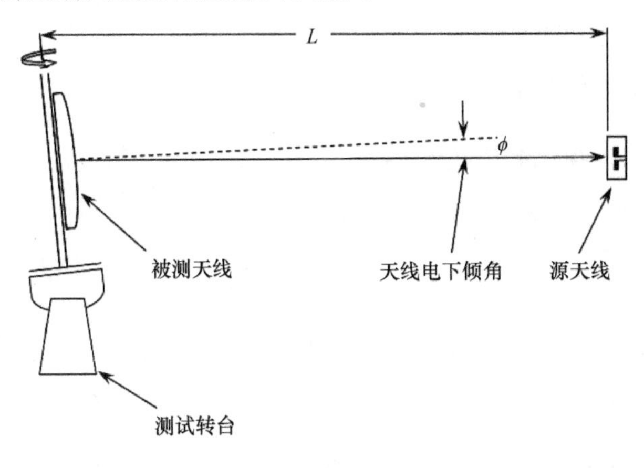


图 6.20　远场天线方向图测试示意图

具体步骤如下。

**步骤 1**：将被测天线垂直安装，使标称波束指向 $\theta_n$ 对准源天线，并与源天线的极化对准，记录轴向接收电平值。

**步骤 2**：将测试转台上方位旋转 180°作为测试起点，开始测试，测试转台上方位沿相反方向旋转 360°，记录对应的角度和接收电平，得到天线水平面同极化方向图 $F_H$（$\phi$）。

**步骤 3**：单极化天线转到步骤 5，对双极化天线，被测天线使标称波束指向 $\theta_n$ 重新对准源天线，核对轴向接收电平与步骤 1 状态下的接收电平一致，再将源天线极化旋转 90º，并微调极化，使被测天线在该位置接收电平最小。

**步骤 4**：重复步骤 2 的测试过程，得到天线水平方向交叉极化方向图 $f_{H1}$（$\phi$）。

**步骤 5：**计算水平面辐射参数。对于定向天线，在主极化方向图 $F_{H1}$（$\phi$）的测试数据中找出最大接收电平值 $H_1$ 及其角度$\phi_1$，由最大接收电平点向正方向找出电平下降 3dB 点$\phi_2$，向负方向找出电平下降 3dB 点$\phi_3$，＋60° 接收电平值 $H_2$，－60° 接收电平值 $H_3$，在 180° ±30° 范围内找出最大接收电平值 $H_4$，则：

- 水平面半功率波束宽度 $\theta_{3dB}=\phi_2-\phi_3$。
- 水平面波束指向角 $\theta_t=(\phi_2+\phi_3)/2$。
- 主方向倾斜度=$\theta_t/\theta_{3dB}$。
- +60° 边缘功率下降为 $H_1-H_2$。
- −60° 边缘功率下降为 $H_1-H_3$。
- 主极化前后比 $F/B=H_1-H_4$。
- 水平面增益 $G_H=G_0+(H_1-P_s)+N$。

以上各式中，$G_0$ 指标准增益天线的增益，单位为 dB；$N$ 指接收机输入端分别到被测天线和标准增益天线输出端通路衰减的修正值，单位为 dB。

单极化天线转到步骤 7，对于双极化天线，在交叉极化方向图 $F_{H1}(\phi)$数据中找出轴向接收电平值 $H_5$，在 180º±30º 范围内找出最大接收电平值 $H_6$，则轴向交叉极化比＝$F_H(0)-f_{H1}(0)$；±60º（±30º）范围内交叉极化比 ＝ Min［$F_H(\theta)-f_{H1}(\theta)$］；交叉极化前后比 $F/B=H_1-H_6$；双极化天线的前后比＝Min［$(H_1-H_4)$, $(H_1-H_6)$］。

**步骤 6：**更换另一个极化的端口，重复步骤 2 至步骤 5，得到主极化和交叉极化方向图分别为 $F_{H2}(\theta)$和 $f_{H2}(\theta)$，步骤 5 中的方向图函数更换为 $F_{H2}(\theta)$和 $f_{H2}(\theta)$，则±60º 范围内方向图一致性＝Max[｜$F_{H1}(\theta)-F_{H2}(\theta)$｜]；对于全向天线，在测试数据中找出最大值 $H_7$ 和最小值 $H_8$，则方向图圆度=$\pm(H_7-H_8)/2$。

**步骤 7：**将被测天线水平安装，被测天线法线方向对准源天线，并与源天线同极化对准。

**步骤 8：**将测试转台上方位旋转 180° 作为测试起点，开始测试，测试转台上方位沿相反方向旋转 360°，记录对应的角度和接收电平，得到天线垂直面同

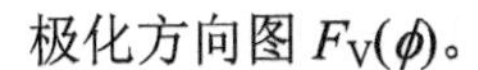

极化方向图 $F_V(\phi)$。

**步骤 9：** 在方向图 $F_V(\theta)$中，找出天线轴向最大接收电平 $V_1$ 及其角度$\phi_1$，由最大接收电平点向正方向找出电平下降 3dB 点$\phi_2$，向负方向找出电平下降 3dB 点$\phi_3$，则垂直面半功率波束宽度 $\theta_{3dB}=\phi_2-\phi_3$ 垂直面波束指向角 $\theta_t=(\phi_2+\phi_3)/2$；下倾角精度＝$\theta_t$–标称波束指向，$\theta_n$ 按照客户要求在规定的范围内找出最大电平 $V_2$，上旁瓣抑制＝$V_1-V_2$；垂直面增益 $G_V=G_0+(V_1-P_s)+N$。

**步骤 10：** 单极化天线转到步骤 11，对于双极化天线，更换到另一极化的端口，重复步骤 7 至步骤 9。

**步骤 11：** 每个极化的增益 $G=\mathrm{Max}[G_H, G_V]$。

## 6.2.2　近场测量方法

基站天线测试一般采用电波暗室，暗室可以防止外来电磁波的干扰，使测试活动不受外界电磁环境的影响，同时防止测试信号向外辐射形成干扰源，污染电磁环境并对其他电子设备造成干扰。

天线测试电波暗室模拟的是自由空间电磁环境，其 6 个面全部粘贴吸波材料。适合在电波暗室内测试的天线一般都在微波频段，所以天线测试电波暗室又被称为微波暗室。在理想状态下，暗室各个方向都应无电磁波反射，这是建造天线测试电波暗室的原则。在设计天线测试电波暗室时，首先根据被测天线的有效尺寸、频率范围、天线特性设计暗室静区，静区内的电磁环境应符合被测天线测试的需要。

一般电波暗室可分为电磁兼容测试电波暗室和天线测试电波暗室。两者区别主要在：①电磁兼容测试暗室模拟的是开阔场，也就是暗室内设备周围的 5 个面没有任何障碍物，所以电磁兼容测试暗室的 5 个面要粘贴吸波材料，吸收电磁波，防止反射；而天线测试电波暗室模拟的是自由空间，因此暗室内 6 个面都要粘贴吸波材料；②天线测试电波暗室材料一般可以是一切吸波材料，其主要材料是吸波海绵，而电磁兼容测试暗室，由于频率低，会额外采用铁氧体吸波材料加强吸波性能；③测试原理不一样，电磁兼容测试暗室接收的能量是通过空间直射和地面反射值叠加得到的，而天线测试电波暗室则直接测量发射端的值。

近场测试场地的接收（发射）探头应采取双极化宽带天线。探头的安装方式优先采用“十”字形。被测天线和接收探头之间的距离、探头间距及转台水平旋转步进应满足：

$$\Delta\theta D_{\mathrm{aut}}/2 < \lambda/2$$

$$\Delta\Phi D_{\mathrm{aut}}/2 < \lambda/2$$

$$D_{\mathrm{aut}} < \mathrm{Min}(D_{\mathrm{arch}} - 4\lambda, \lambda/\Delta\theta, 0.65D_{\mathrm{arch}})$$

式中，$\Delta\theta$ 指包含了过采样的相邻探头之间的夹角（弧度）；$D_{\mathrm{aut}}$ 指被测天线最大口径（m）；$D_{\mathrm{arch}}$ 指探头阵环面内径（m）；$\Delta\Phi$ 指转台水平旋转步进（弧度）；$\lambda$ 指测试频率波长（m）。

图 6.21 所示为球面多探头测试系统示意图。

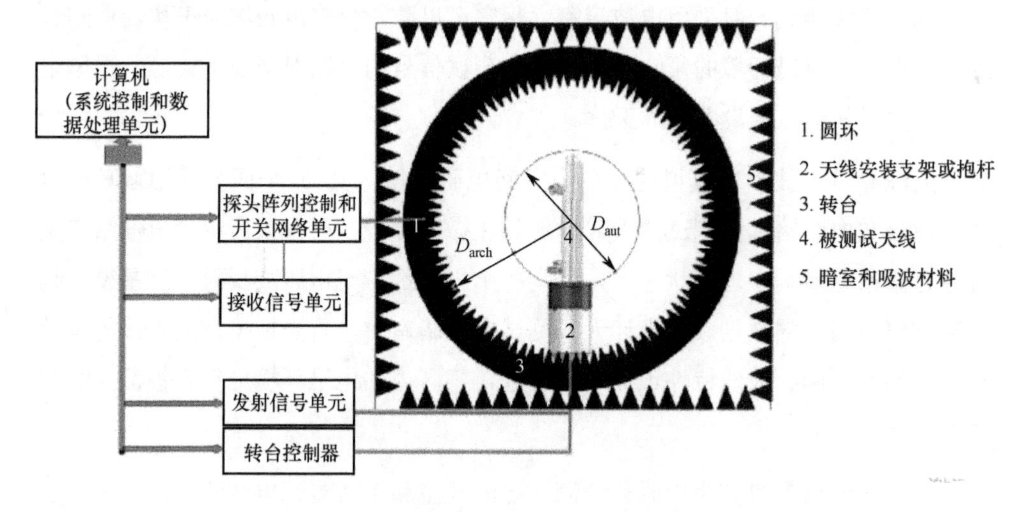


图 6.21　球面多探头测试系统示意图

具体步骤如下。

（1）开始测试时，在标准增益天线口面中心处标记“十字参考线”。

（2）将标准增益天线安装于抱杆上，调整天线方位和俯仰，确保天线安装严格垂直，并使天线口面的“十字参考线”与多探头测试系统的激光定位十字重合。

（3）设置标准增益天线的增益及频点，使用标准增益天线完成增益校准测试。

（4）安装好被测天线，配置好端口、下倾角和测试频率。

（5）使用测试软件进行自动测试并保存电磁场分布的测试数据。

（6）改变端口、下倾角或测试频率（如果需要），重复步骤（5），直到所有需要测量的状态数据采集结束。

（7）将标准增益天线及待测天线测试数据导入数据处理软件，根据近场远场变换算法，计算增益和三维方向图。根据 $G = G_0 + (P_2 - P_1)$ 自动计算增益，$G_0$ 是标准增益天线的增益，$P_1$ 是标准增益天线测试得到的最大电平，$P_2$ 是 AUT 测试得到的最大电平。

（8）由软件计算水平面方向图和垂直面方向图。

## 6.3　电路测试

电路测试包括驻波比测试、隔离度测试和无源互调测试。如图 6.22 所示为电路测试暗室。

图 6.22　电路测试暗室

以下为典型配置。

- 无回波微波暗室。

- 矢量网络分析仪：Keysight E5071C（300KHz～20GHz）。
- 互调测试仪：700MHz、800MHz、900MHz、1800MHz、1900MHz、2100MHz、2600MHz、3400MHz、3600MHz。

## 6.3.1 驻波比测试

如表 6.5 所示为驻波比测试对暗室的要求。

表 6.5 驻波比测试对暗室的要求

| 屏蔽要求 | 优于–60 dB |
| --- | --- |
| 场地驻波稳定性 | 将驻波比小于 1.35 的被测天线放于暗室，在前后左右各半个波长范围内按田字方式移动，以中心位置为基准值，其余 8 个位置的测试最差值与基准值的偏差小于±0.02 |
| 测试区域尺寸 | 需要大于稳定性检测过程中的天线外轮廓范围 |

测试步骤如下。

（1）将被测天线的几何中心放置在田字格中心点上。

（2）按要求测试的频段对网络分析仪进行系统校准。

（3）将测试系统与被测天线端口相连，在工作频率范围内进行驻波比的测量，天线驻波比应为工作频带内的最差值。

（4）将测试系统依次连接到被测天线的其他端口，或调节天线下倾角，直到完成要求的所有端口和所有下倾角的驻波比测试。

如图 6.23 所示为天线驻波比及隔离度测试示意图。

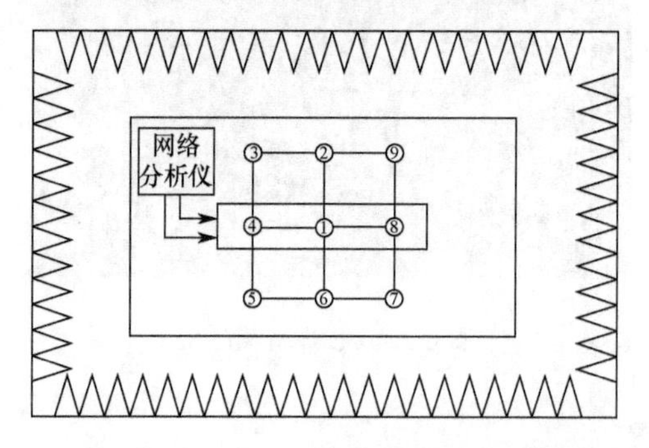


图 6.23　天线驻波比及隔离度测试示意图

## 6.3.2 隔离度测试

隔离度测试暗室需要满足的条件与 6.3.1 节中驻波比测试需要的条件相同。测试步骤如下。

（1）将被测天线的几何中心放置在田字格中心点上。

（2）按要求测试的频段对网络分析仪进行系统校准。

（3）将射频功率送到天线的一个端口，在另一个端口检测接收功率，所测的功率电平即为这对端口的隔离度。端口隔离度应为工作频带内的最差值。

（4）将测量系统依次连接到被测天线的其他成对端口，或调节天线下倾角，直到完成要求的所有成对端口和所有下倾角的隔离度测试。

## 6.3.3 无源互调测试

表 6.6 所示为无源互调测试对暗室的要求。

**表 6.6　无源互调测试对暗室的要求**

| 屏蔽要求 | 优于−100 dB |
|---|---|
| 场地互调稳定性 | （1）测试系统连接低互调负载，测试残余互调电平优于天线互调指标 10dB 以上（如−125dBm）。<br>（2）测试系统连接标准定值−110dBm 标准件，测试结果在−110±3dB 范围内。<br>（3）将三阶互调约−110dBm 的被测天线放于暗室，在前后左右各半个波长范围内按田字方式移动，以中心位置为基准值，其余 8 个位置的测试最差值与基准值的变化量小于 3dB |
| 测试区域尺寸 | 需要大于稳定性检测过程中的天线外轮廓范围 |

测试步骤如下。

（1）将被测天线的几何中心放置在田字格中心点上。

（2）使用天线工作频段对应的无源互调分析仪，设置反射式互调测试模式，使用扫频测试。按要求测试的频段对互调分析仪进行系统校准。

（3）使用力矩扳手将测试电缆连接到天线测试端口（如对 DIN 头的推荐紧固力矩为 17.5～22 N·m）。

（4）将射频功率送到天线的一个端口，设置功率输出，使测试电缆输出端的功率达到规定的要求（如 43dBm），即可从互调分析仪界面读出互调电平。

（5）将测量系统依次连接到被测天线的其他端口，或调节天线下倾角，直到完成要求的所有端口和所有下倾角的无源互调测试。

如图 6.24 所示为天线反射 PIM 的测试示意图。

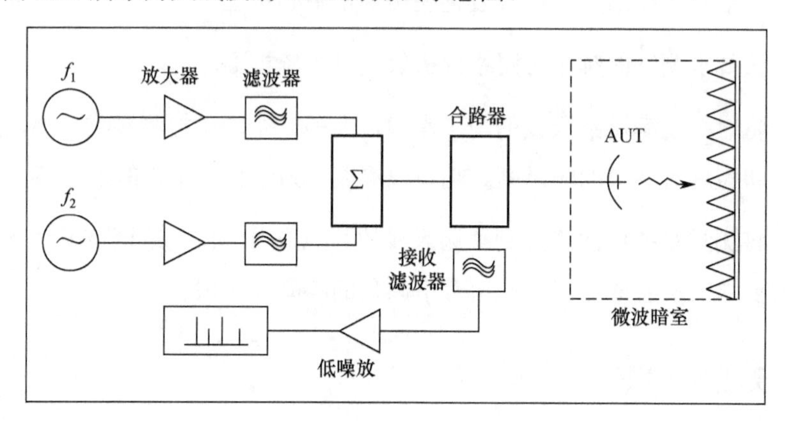


图 6.24　天线反射 PIM 的测试示意图

## 6.4　环境测试

在实际的产品质量监控及采购测试中，基站天线涉及的常见环境指标相关的测试试验有高低温试验、湿热试验、振动试验、冲击试验、碰撞试验、汽车运输试验、跌落试验、风载试验、冰负荷试验、冲水试验、紫外线老化试验、盐雾试验等。

基站天线行业标准 YD/T 2868-2015《移动通信系统无源天线测试方法》中明确规定了基站天线环境可靠性试验的实验条件及试验方法，并要求在环境可靠性试验后对天线进行部分电性能指标测试，以验证天线性能。

表 6.7 所示为基站天线环境可靠性试验方法。

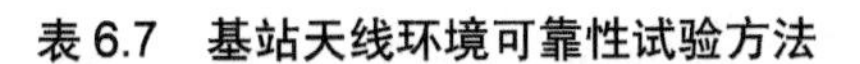

表 6.7　基站天线环境可靠性试验方法

| 名称 | 试验项目 | 试验条件 | 测试内容 |
|---|---|---|---|
| 低温试验 | 温度 | −40℃ ±3℃ | 驻波比、隔离度、无源互调 |
| | 试验样品温度稳定时间 | 1 h | |
| | 持续试验时间 | 2 h | |
| | 恢复时间 | 1 h | |
| | 温度变化速率 | 1℃/min | |
| 高温试验 | 温度 | 60℃ ±2℃ | 驻波比、隔离度、无源互调 |
| | 试验样品温度稳定时间 | 1 h | |
| | 持续试验时间 | 2 h | |
| | 恢复时间 | 1 h | |
| | 温度变化速率 | 1℃/min | |
| 高低温循环 | 低温限定 | −40℃ | 驻波比、隔离度、无源互调 |
| | 高温限定 | 60℃ | |
| | 温度变化速率 | ≥1℃/min | |
| | 持续时间 | 高低温平衡点均持续 3h | |
| | 循环次数 | 5 次 | |
| 恒定湿热试验 | 温度 | 40℃ ±2℃ | 驻波比、隔离度、无源互调 |
| | 相对湿度 | 90% ～ 95% | |
| | 试验时间 | 24 h | |
| | 恢复时间 | 1 h | |
| 交变湿热试验 | 高温 | 55℃ | 驻波比、隔离度、无源互调 |
| | 低温 | 25℃ | |
| | 湿度 | 95±3% | |
| | 温度变化率 | ≥1℃/min | |
| | 持续时间 | 12h+12h | |
| | 循环次数 | 1 次 | |
| 振动（正弦）试验 | 频率 | 5～200 Hz | 驻波比、隔离度、无源互调 |
| | 交越频点 | 9Hz | |
| | 单振幅 | 3.1mm（5～9Hz）<br>10 $m/s^2$（9～200Hz） | |
| | 三个互相垂直轴上 | *X* 和 *Y* 两个轴向 | |
| | 各振动的时间 | 5 个循环/轴 | |
| | 谐振点驻留振动 | 10 $m/s^2$ | |
| | 谐振点试验时间 | 1 min | |
| 冲击试验 | 加速度 | 300 $m/s^2$ | 驻波比、隔离度、无源互调 |
| | 冲击脉冲持续时间 | 18 ms | |
| | 冲击次数 | 18 次 | |

（续表）

| 名称 | 试验项目 | 试验条件 | 测试内容 |
|---|---|---|---|
| 碰撞试验 | 加速度 | 200 m/s$^2$ | 驻波比、隔离度、无源互调 |
| | 碰撞脉冲持续时间 | 6 ms | |
| | 每分钟碰撞次数 | 40～80 次 | |
| | 总碰撞数次 | 垂直方向 400 次，前后、左右水平方向各 300 次，共 1000 次 | |
| 接头端面拉伸力试验 | 下端面受拉力长期可靠性 | 将天线按照正常使用状态安装到抱杆上，保证安装牢固可靠，在天线垂直于端面方向上每个接头各加 8kg 重物，时间 3 小时 | 天线与下端盖相连的结构件无变形；驻波比、隔离度及 PIM 满足规格书要求 |
| 汽车运输试验：公路运输试验 | 公路等级、路程 | 三级、200 km。<br>包装好的产品或对运输敏感的电器部件，按标志“向上”或任意位置放置，汽车装有 1/3 的额定载重负荷，以 20～40km/h 的速度行驶 | 驻波比、隔离度、无源互调 |
| 汽车运输试验：运输包装随机振动试验 | 频率 | 5～20Hz；2～200Hz | |
| | 功率谱密度 | 1m$^2$/s$^3$ −3dB | |
| | 斜率 | *X*−*Y* 2 个轴向 | |
| | 试验时间 | 每轴向 30min | |
| 跌落试验 | 跌落高度、跌落次数 | 详见 5.4.8 节部分描述 | 检查外包装，内部减震填充物天线产品外观内部结构。<br>驻波比、隔离度、无源互调 |
| 风载试验 | 静压模拟风洞试验、风洞试验 | 静压模拟试验：<br>工作风速为 150km/h，极限风速为 200km/h，按 DIN1055-4、EN1991-1-4 或 DIN4131 计算风载压力 | 应力恢复后，外观无严重变形、破损；机械下倾角安装支架变化形应小于 0.5°；驻波比、隔离度及 PIM 指标满足规格书指标要求 |
| 冰负荷试验 | 冰厚度 | 10 mm | 结构要求 |
| 冲水试验 | 雨强度 | 4000 mm/h±600 mm/h | 驻波比、防水性能 |
| | 倾斜角度 | 45° | |
| | 时间 | 2h | |

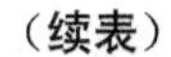

（续表）

| 名称 | 试验项目 | 试验条件 | 测试内容 |
|---|---|---|---|
| 紫外线老化试验 | 辐照功率 | 0.68W/m$^2$ | 主要针对天线外罩，建议厂家自行检测或借助国家认可的第三方实验室检测 |
| | 试验温度 | 55℃ | |
| | 辐照时间 | 20h | |
| | 冷凝时间 | 4h | |
| | 试验总时间 | 1000h（辐照和冷凝总计 24h 一个循环） | |
| 盐雾试验 | 温度 | 35℃ | 试验结束后实验样品强度无变化，基材无裸露、斑点和生锈。<br>若整机试验，需检查驻波、隔离及互调指标满足规格书要求 |
| | 喷雾量 | 1.0～2.0 mL/80cm$^2$ 漏斗 | |
| | NaCl 浓度 | 5% | |
| | 溶液 pH | 6.5～7.2 | |
| | 试验时间 | 部件 96h、整机（选做）48h | |
| 霉菌试验 | 试验温度 | 29℃ | 霉菌试验后，满足 1 级要求。建议厂家自行检测或借助国家认可的第三方实验室检测 |
| | 试验湿度 | 90%RH | |
| | 菌种培养 | 霉菌孢子悬浮液 | |
| | 试验时间 | 28 天 | |
| 沙尘试验 | 尘埃颗粒大小 | 滑石粉<75μm 的粗粒子 | 试验后天线驻波隔离满足指标要求；<br>建议厂家自行检测或借助国家认可的第三方实验室检测 |
| | 尘埃浓度 | （600±200）g/ m$^2$·h | |
| | 气流 | 20 m/s | |
| | 气压 | 样品内气压与环境气压相同 | |
| | 试验时间 | 8h | |
| 防雷试验 | 电流波形 | 8/20μs | 主要针对 RCU 和 AISG，在 Bias Tee 等试验后被测部件未被击穿和烧坏 |
| | 差模 | 3kA | |
| | 共模 | 5kA | |
| 大功率试验 | 700/800/900MHz | 非电调 500W/电调 350W | 试验后天线能正常工作，基本参数满足使用要求 |
| | 1800/1900MHz | 非电调 350W/电调 300W | |
| | 2300～2600MHz | 非电调 300W/电调 250W | |
| | 试验时间 | 30min | |

## 6.4.1　低温试验

低温试验的测试步骤如下。

（1）初始检验：试验前在常温条件下对被测天线进行性能测试。

（2）在常温下，将被测天线放入试验箱内。对于外置 RCU 电调天线，将 RCU 连接到天线上，将控制线一端连接到 RCU 上，并通过穿线孔将控制线另一端引到试验箱外。对于内置 RCU 电调天线，将控制线一端连接到天线上，同样通过穿线孔将控制线另一端引到试验箱外。通过 CCU 对被测电调天线样机进行 RCU 联机性能测试，并将天线波束方向调整到一个特定的角度。确认状态正确后关闭试验箱门。

（3）设置试验箱目标温度为−40℃，按不大于 1℃/min 的温度变化速率来降温，使试验箱内温度达到−40℃并保持 2h。

（4）对被测电调天线，开启 CCU 电源，确认正常启动后进行 RCU 联机性能测试，确认状态正确后将天线波束方向调整到步骤（2）中的特定角度。

如图 6.25 所示为低温工作试验过程示意图。

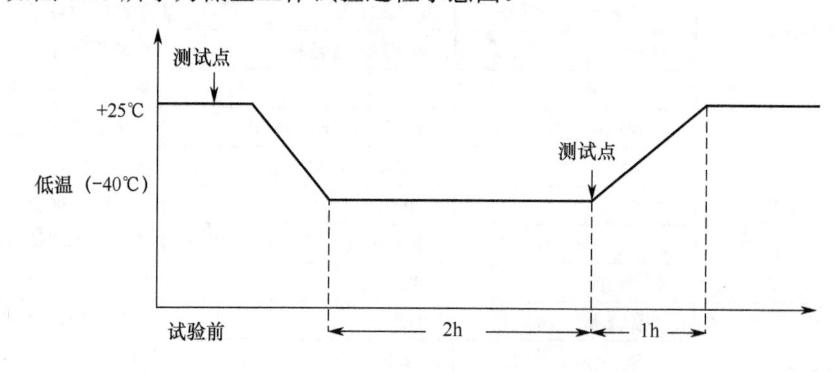


图 6.25　低温工作试验过程示意图

## 6.4.2　高温试验

高温试验的测试步骤如下。

（1）初始检验：试验前在常温条件下对被测天线进行性能测试。

（2）在常温下，将被测天线放入试验箱内。对于外置 RCU 电调天线，将 RCU 连接到天线上，将控制线一端连接到 RCU 上，并通过穿线孔将控制线另一端引到试验箱外。对于内置 RCU 电调天线，将控制线一端连接到天线上，同样通过穿线孔将控制线另一端引到试验箱外。通过 CCU 对被测电调天线样机进行 RCU 联机性能测试，并将天线波束指向调整到一个特定的角度。确认状态正确后关闭试验箱门。

（3）设置试验箱目标温度为 60℃，按不大于 1℃/min 的温度变化速率来升温，使试验箱内温度达到 60℃并保持 2h。

（4）对被测电调天线，开启 CCU 电源，确认正常启动后进行 RCU 联机性能测试，确认状态正确后将天线波束方向调整到步骤（2）中的特定角度。

（5）设置试验箱目标温度为 25℃，按不大于 1℃/min 的温度变化速率来降温，在试验箱达到 25℃后才可打开试验箱门。

（6）对被测电调天线，确认天线波束方向的特定角度正确后，再次开启 CCU 电源，进行 RCU 联机性能测试和特定角度调整，确认状态正确后，将天线移至电路参数测试场地进行电路参数复测。

如图 6.26 所示为高温工作试验过程示意图。

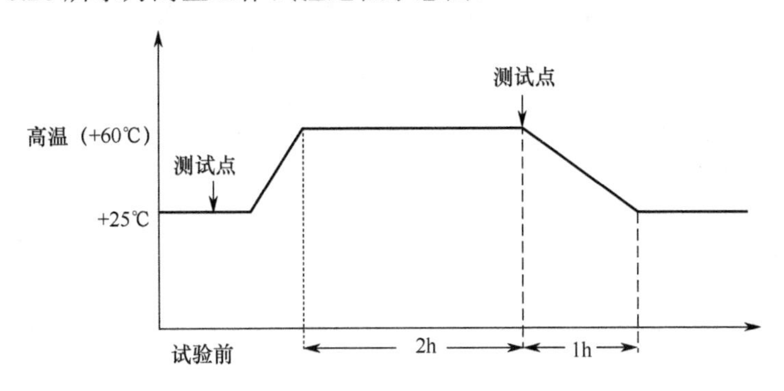


图 6.26　高温工作试验过程示意图

## 6.4.3　高低温循环试验

高低温循环试验的测试步骤如下。

（1）初始检验：试验前在常温条件下对被测天线进行性能测试。

（2）将处于常温的天线放入试验箱内，将试验箱的温度保持在 25±3℃，使天线温度稳定，然后按图 6.27 所示在 12h 内改变温度，以 12h 为一个循环，共进行 5 个循环。

（3）恢复：把试验天线从试验箱取出，在常温条件下保持 1h 并用抹布去除试验天线表面的潮气。

（4）最后检验：恢复阶段结束后应立即进行性能测试。

如图 6.27 所示为高低温循环试验过程示意图，通常从试验开始到 $A$ 点稳定大约需要 1h，$A$ 点的温度为 25℃，$T_A$ 为低温平衡点，$T_B$ 为高温平衡点，$t_1$ 为每个平衡温度点保持时间，约 3h；根据试验箱温度变化速率设定升降温时间，如果升温和降温时间缩短可将 $t_1$ 平衡温度点保持时间加长；总共进行 5 个循环。

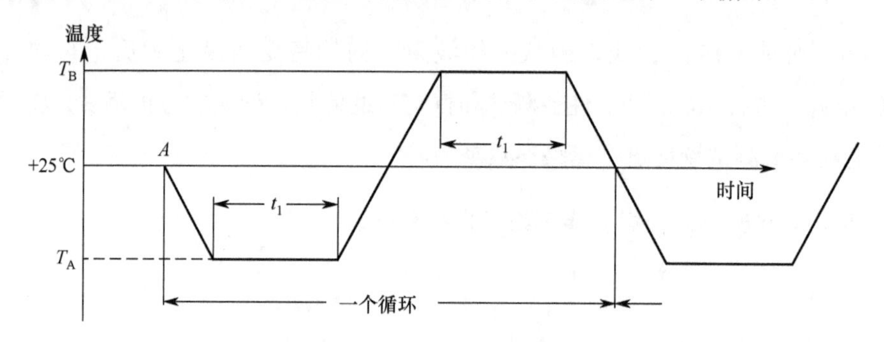


图 6.27　高低温循环试验过程示意图

## 6.4.4　恒定湿热试验

恒定湿热试验的测试步骤如下。

（1）初始检验：试验前在常温条件下对被测天线进行性能测试。

（2）将处于常温的天线放入试验箱内，将试验箱的温度保持在 25±3℃，相对湿度保持在 45%～75%，使天线温度稳定。在 1h 内，将湿度升高到不小于 95%，最高温度 40℃，然后保持 24h。

（3）恢复：将试验箱降温到 25℃左右，烘干到湿度小于 75%。把试验天线从试验箱取出，在常温条件下保持 1h，用抹布去除试验天线表面的潮气。

（4）最后检验：确认天线状态正确后，将天线移至电路参数测试场地进行电路参数复测。

如图 6.28 所示为恒定湿热试验过程示意图。

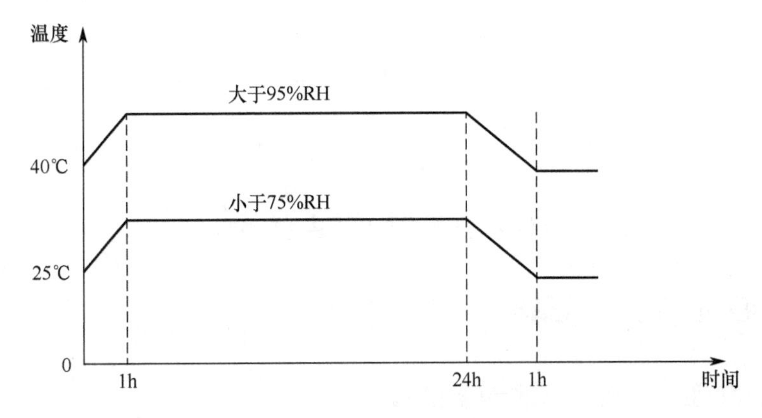


图 6.28　恒定湿热试验过程示意图

## 6.4.5　交变湿热试验

交变湿热试验的测试步骤如下。

（1）初始检验：试验前在常温条件下对被测天线进行性能测试。

（2）将处于常温的天线放入试验箱内，将试验箱的温度保持在 25±3℃，相对湿度保持在 45%～75%，使天线温度稳定。在 1h 内，将湿度升高到不小于 95%，然后按照图 6.29 所示在 24h 内改变温度，此为一个循环。

（3）恢复：把试验天线从试验箱取出，在常温条件下保持 1h，用抹布去除试验天线表面的潮气。

（4）最后检验：恢复阶段结束后应立即进行性能测试。

如图 6.29 所示为交变湿热试验过程示意图。

低温试验、高温试验、高低温循环、恒定湿热试验、交变湿热试验都需要在高低温试验箱内完成。

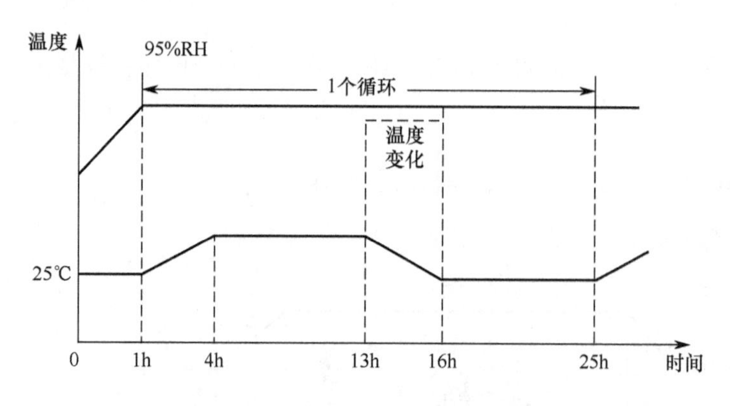


图 6.29 交变湿热试验过程示意图

### 6.4.6 振动（正弦）试验

振动（正弦）试验的测试步骤如下。

（1）将天线通过安装支架固定于抱杆之上，连同抱杆和天线一同固定于振动试验台。实验从 5Hz 开始进行扫频至 200Hz 为止，其中，9Hz 为交越频率；在 5～9Hz 频率范围内，将振动定义为固定峰值位移 3.1mm；在 9～200Hz 频率范围内，将振动定义为固定加速度 1g。每个轴向持续扫频 5 个循环，共 *X*、*Y* 两个轴向。

（2）在完成扫频后，对产品的一阶谐振点进行 1min 驻留振动试验。

（3）在振动试验结束后，检验驻波比、隔离度、无源互调指标。

振动（正弦）试验也可根据实际情况选择在基站天线的 *X*、*Y*、*Z* 3 个轴向方向上进行试验。如图 6.30 所示为振动（正弦）实验频域曲线。

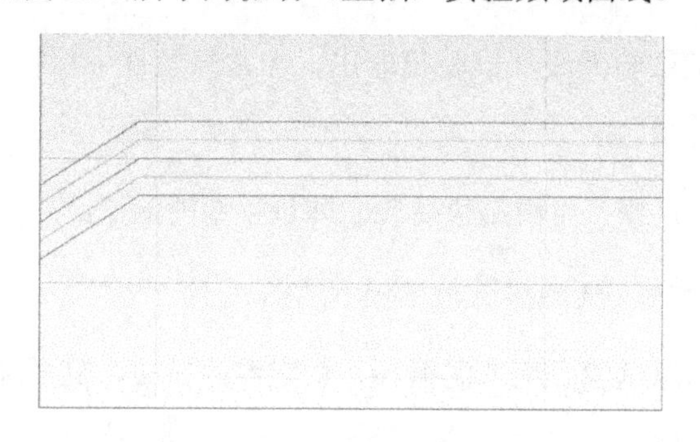

图 6.30 振动（正弦）试验频域曲线

## 6.4.7 冲击试验

冲击试验的测试步骤如下。

（1）将天线通过安装支架固定于水平抱杆之上，连同抱杆和天线一同固定于振动试验台。实验波形为半正弦波，脉宽 18ms，加速度 30g，每个方向冲击 3 次，共计 6 个方向。

（2）在冲击试验结束后，检验驻波比、隔离度、无源互调指标。

如图 6.31 所示为冲击试验时域曲线。

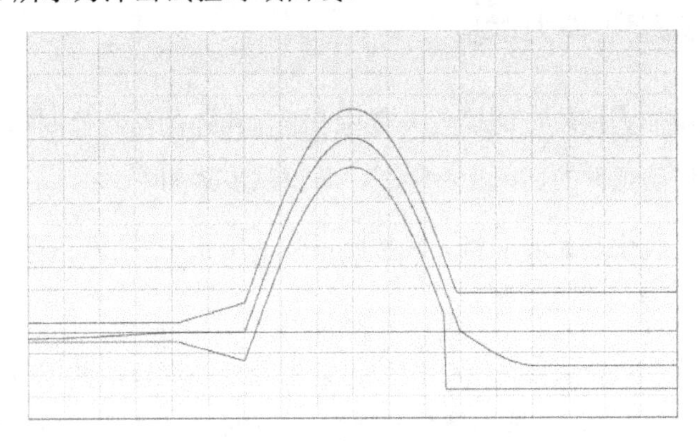

图 6.31 冲击试验时域曲线

## 6.4.8 碰撞试验

碰撞试验的测试步骤如下。

（1）将天线通过安装支架固定于抱杆之上，连同抱杆和天线一同固定于振动试验台。实验波形为半正弦波，若被测物质量大于 50kg，则设置脉宽 11ms，加速度 5g；若被测物质量小于 50kg，则设置脉宽 6ms，加速度 10g。每个方向冲击 100 次，共计 6 个方向。

（2）在碰撞试验结束后，检验驻波比、隔离度、无源互调指标。

如图 6.32 所示为碰撞试验时域曲线。

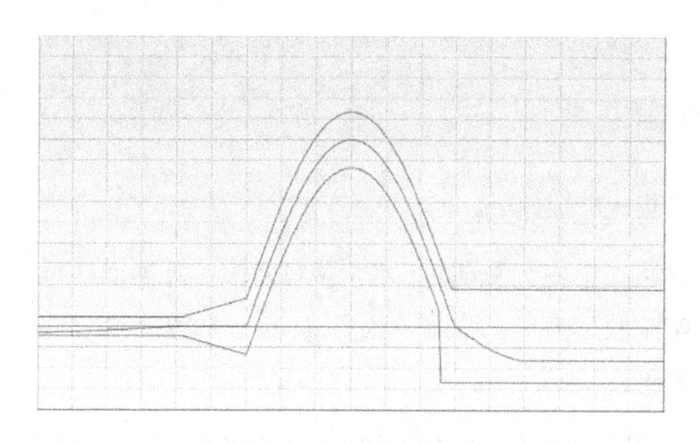

图 6.32 碰撞试验时域曲线[①]

## 6.4.9 接头端面拉伸力试验

接头端面拉伸力试验可能导致天线与下端盖相连的结构件变形，驻波比、无源互调，以及传动组件的性能指标衰减，其测试步骤如下。

（1）按照天线安装说明书将天线按照正常使用状态安装到抱杆上，应保证安装牢固可靠。

（2）选取若干适合长度的 1/2 跳线拧紧到天线各端口，并把包装好的重物悬挂在跳线上。每个 DIN 型接头悬挂重物质量为 8kg，每个 N 型接头悬挂重物质量为 6kg。

（3）至少悬挂天线 3h 后观察天线下端部分的结构是否发生变化，测试电性能指标并记录。

（4）在试验结束后，检验驻波比、隔离度、无源互调指标。

如果所有指标均合格、各测试项目无异常，则判定为合格；如果发生问题（包括但不限于 DIN 头脱离、安装支架断裂、电性能指标变差到不合格范围或力矩大小变化超出要求），则判定为不合格。

对于使用其他类型连接器的天线，需要根据接头类型和电缆组件的特性进行该试验。

① 如果碰撞试验选择的参数与冲击试验选择的参数一样，图 6.32 与图 6.31 是一致的。

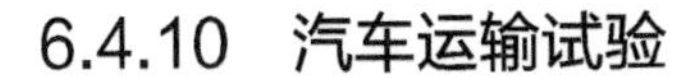

## 6.4.10　汽车运输试验

汽车运输试验的测试步骤如下。

（1）将产品包装好后放置在车载运输台上，实验频率为 5～500Hz，f1 处的加速度谱密度为 2.0$(m/s^2)^2$/Hz，f2 处的谱密度为 0.16$(m/s^2)^2$/Hz，试验持续 1.5h。

（2）在试验结束后，检验驻波比、隔离度、无源互调指标。

## 6.4.11　跌落试验

跌落试验的试验方法如下。

对包装好的天线进行跌落试验，跌落试验的高度根据试验天线的质量而定，如表 6.8 所示，以试验面为基准，水平抬升至所要求的高度，然后自由释放，每面各跌落一次。若产品质量大于 5kg 且指定了放置姿态，则按照指定的姿态在相应的跌落高度跌落 2 次。

**表 6.8　不同质量天线对应自由跌落高度**

| 天线质量（kg） | 自由跌落高度（mm） | 天线质量（kg） | 自由跌落高度（mm） |
|---|---|---|---|
| ≤10 | 1000 | ≤50 | 400 |
| ≤20 | 800 | ≤100 | 300 |
| ≤30 | 600 | ≥100 | 100 |
| ≤40 | 500 | | |

在试验结束后，记录外包装表面状况，然后打开外包装，检查天线产品外观、内部结构及内包装材料的状况，确认是否存在损坏的情况；检查天线电性能指标（驻波比、隔离度、无源互调）是否满足要求。

## 6.4.12　风载试验

根据计算，风载试验进行 3 个面（正面、背面、两个侧面中的任意一面）的压力测试，每面 48h。风载试验可能造成天线机械强度降低、紧固部位松脱、结构损坏、RET 天线的传动力矩变大等现象。

风载试验的测试步骤如下。

（1）初始检验：试验前，在常温条件下对被测天线进行外观检查及电性能指标测试，测试内容包括驻波比、隔离度。

（2）将天线按照正常使用状态（包括上仰、垂直、下倾）安装于固定台，应保证安装牢固可靠。

（3）按照下述条件对板状定向天线各受风面（正面、背面、两个侧面中的任意一面）进行试验：工作风速为 150km/h，极限风速为 200km/h（在生存风速下，可不工作，但不能被损坏）实施风洞风载模拟试验；常用风载静压力转换方法的压力分布参考 DIN 1055-4、EN1991-1-4、DIN4131 或 EIA/TIA-222-C 风载计算公式。

（4）全向天线、圆柱体外罩天线承载力为以上计算净载荷 $F$ 的 0.61 倍（根据相关分析得到的等效值）；测试时间为 4h。

（5）最后检验：重复初始检验的全部测试项目。

在应力恢复后，观察天线外观是否无严重变形、破损；安装支架是否无明显变形；驻波比、隔离度及无源互调指标是否满足要求。

### 6.4.13 冲水试验

冲水试验的测试步骤如下。

（1）用胶泥将天线端面上孔洞和缝隙做好密封，模拟实际使用情况，将天线架装在试验抱杆上。

（2）将降雨强度设置为 4000 ± 600mm/h，持续冲水 2h。

（3）在试验结束后，检验驻波比指标，并将密封胶泥去掉，检查天线的排水孔或其他缝隙是否有水滴或水流漏出。

在实验结束后，如有水滴或水流从天线排水孔或其他缝隙中漏出，根据天线

应用的实际场景判定天线是否符合使用要求。

### 6.4.14 紫外线老化试验

紫外线老化试验主要针对天线外罩等复合材料，认证其材质的抗老化性能，测试步骤如下。

（1）样品制备：紫外线老化试验样品制备切片，参照 GB/T 1040.2-2006 和 ISO 527-2:1993 中 1A 或 1B 型哑铃尺寸制样，厚度遵照天线外罩本体厚度，原则上不超过 3mm；圆筒状天线外罩需要天线外罩厂家根据要求专门制样。制样后确保哑铃形状样品截面光滑均匀。通常推荐制备样品数量不少于 6 片，测试 5 片，预留 1 片进行结果对照。

（2）老化测试：将被测样品 5 片按照紫外线老化试验装置固定于测试板，然后将被测表面对准紫外灯方向，按照标准中规定的紫外线老化参数设置并开始试验。在 240 h、500 h、720 h、1000 h、1500 h、2000 h 后取出样品，检验色差和表面材质变化；最少试验时间为 720 h，推荐试验时间为 1000 h（约等效于华东地区城市户外环境 5 年）或 2000 h（约等效于华东地区城市户外环境 10 年）。

（3）拉伸试验：在老化测试结束后，对 5 片被测样品和 1 片预留样品进行拉伸试验（常规拉伸试验设备），慢速匀速拉伸，推荐速度为 10mm/min，记录试验结果。检查和对比老化样品和预留样品的拉伸试验结果。

（4）数据处理：整理和对比老化样品和预留样品拉伸试验结果，以及老化色差。

常规材料：平均抗拉强度变化量 DRm 在 20%以内；色差无明显目视变红、变深褐色，被测表面无明显裂纹等属于可接受范围。

玻璃钢材料：由于哑铃形状制样困难和拉伸段侧面切割粗糙导致拉伸试验结果重复性较差，建议制样为 75mm×150mm 小样品，厚度与天线罩一致，进行紫外线老化试验，试验后观察颜色变化、表面填充物裂痕脱水等情况，然后在拉伸试验机进行试验，将样品较长两端垫高，然后用拉伸试验机压头接触被测表面，设定下压行程，推荐速度为10mm/min，对比其抗压力大小等作为结果判定的依据。

### 6.4.15 盐雾试验

盐雾试验的测试步骤如下。

（1）将被测样品放置在盐雾试验箱内，基站天线盐雾试验要求整机测试持续48h，部件测试持续96h。

（2）持续喷雾量为1.0～2.0 mL/80cm$^2$，喷雾为5% NaCl溶液，pH控制在6.5～7.2。

（3）在试验结束后，检查被测样品是否有强度变化，是否有斑点或生锈。如果是整机测试，还需要检验驻波比、隔离度、无源互调等指标是否符合技术规范要求。

### 6.4.16 防雷试验

防雷试验的测试步骤如下。

（1）将天线的端口连接到测试点上，按照设定的电压大小进行试验，电流波形8/20μs，共模3kA、5kA。

（2）在试验结束后，检查关机部件是否被击穿或烧坏，也可检验驻波比、隔离度、无源互调等指标是否符合技术规范要求。

## 6.5 运营商对场地的技术要求

天线性能的好坏直接影响着网络质量及用户体验，因此无线性能的好坏对运营商至关重要，而天线测试就是运营商对天线性能好坏精确判定的重要手段。天线测试对测试场地要求相对较高，测试场地的精确度、稳定度和测试效率对运营商的天线测试工作都起着关键作用。测试场地的精确度和稳定度直接影响测试结果，最终影响运营商对天线性能的评判。同时，运营商的测试任务相对比较紧急，因此测试场地的测试效率对于运营商测试工作进度有很大影响。相对独立（或第三方）且准确度、稳定度和测试效率都较高的测试场地是运营商公平、公正、准确、高效评测天线性能的基础和保障。各运营商依据自己对天线检测要求的不同，对天线测试场地提出了不同的技术指标要求。

由于天线测试场地建设成本较高，面积较大，运营商多根据各自需求借用第三方测试机构或厂商的测试场地来完成测试工作。行业标准 YD/T 3182-2016《天线测量场地检测方法》中明确了衡量不同种类天线测量场地性能的主要指标及指标的测量方法。天线测量场地包括辐射参数测试场地、电路参数测试场地、环境可靠性试验场地，以及用于测量天线机械参数需要用到的器具等。

## 6.5.1　辐射参数测试场地

以中国移动和中国联通对多探头球面近场提出的指标要求为例，辐射参数测试场地技术指标要求如表 6.9 所示（由于基站天线类型越来越复杂，建议使用测试效率较高的多探头球面近场进行测试）。

表 6.9　辐射参数测试场地技术指标要求

| 项目 | 要求 |
| --- | --- |
| 暗室屏蔽度 | 中国移动要求：优于−100dB；<br>中国联通要求：优于−90dB |
| 静区尺寸 | 中国移动要求：不小于 2.0m（700～2700MHz）；<br>中国联通要求：≥3.5m（$f$=900MHz）；≥2.5m（$f$=1800MHz）；≥2m（$f$=2500MHz） |
| 静区反射电平 | 中国移动要求：698～960MHz 优于−40dB，1710～2690MHz 优于−43dB；<br>中国联通要求：同中国移动要求 |
| 标准增益喇叭 | 中国移动要求：小于±0.25dB；<br>中国联通要求：同中国移动要求 |
| 探头幅度均匀性 | 中国移动要求：小于±0.15dB；<br>中国联通要求：未明确要求（提供原厂验收报告） |
| 探头相位均匀性 | 中国移动要求：小于±2°；<br>中国联通要求：未明确要求（提供原厂验收报告） |
| 增益测试误差 | 中国移动要求：小于±0.5dB；<br>中国联通要求：未明确要求（提供半年内检测报告或现场测试验证） |
| 增益测试稳定度 | 中国移动要求：小于±0.25dB；<br>中国联通要求：未明确要求（提供半年内检测报告或现场测试验证） |

各运营商对多探头球面近场要求的细则较多，表 6.9 中只列出了相对重要的一些指标。

对于暗室屏蔽度、静区尺寸、静区反射电平、标准增益喇叭，都需要提供具备 CNAS 认可能力并在有效期内的计量检测报告。探头幅度、相位均匀性，也将被逐步纳入 CNAS 认可能力的考察范围，从而对近场测试场地性能提供更全面的评估。

除了上述指标要求，为了满足天线测试的要求，测试场地还需要对暗室温湿度控制、被测天线对准方式等提供必要的条件。例如，对于近场测试场地，暗室内温度一般需要控制在 22℃±2℃，湿度一般需要控制在 55%±5%。暗室内需要提供十字光标等辅助设施来确定天线的架设位置和姿态是否为最优。另外，暗室需要配备多路切换开关，在测试多端口天线时减少抱杆升降次数，从而提高测试效率。

## 6.5.2 电路参数测试场地

各运营商对于电路参数测试场地的要求相对简单一些，以中国移动和中国联通对电路参数测试场地的要求为例，表 6.10 所示为电路参数技术指标要求。

**表 6.10 电路参数技术指标要求**

| | |
|---|---|
| 暗室屏蔽要求 | 中国移动要求：互调场地优于−100dB，隔离度驻波比场地优于−60dB；<br>中国联通要求：互调场地优于−90dB，隔离度驻波比场地优于−60dB |
| 微波暗室净尺寸 | 中国移动要求：长、宽、高不小于 3m×1.5m×2m；<br>中国联通要求：长、宽、高不小于 4m×3m×3m |
| 测试区域尺寸 | 中国移动要求：大于稳定性检测过程中移动天线的外轮廓范围，有田字格标识线；<br>中国联通要求：同中国移动要求 |
| 互调仪的残余互调 | 中国移动要求：小于−125dBm（@2*20W）；<br>中国联通要求：同中国移动要求 |

各运营商对电路参数测试要求的细则较多，表 6.10 中只列出了相对重要的一些指标。

暗室屏蔽要求及互调仪的残余互调指标需要提供具备 CNAS 认可能力的在有效期内的计量检测报告。

运营商除了对以上几项指标有明确要求，对场地的稳定性也有严格的要求。可以通过对无源互调和驻波比的稳定性测试来衡量电路参数测试场地的稳定性。具体做法如下。

（1）选择驻波比和无源互调性能稳定的基站天线为标准天线（驻波比在 1.35 以下，互调值在−110dB 左右）。

（2）将被测天线沿前后左右各半个波长范围按田字方式移动，在田字格外围 8 个节点位置测得 8 组数据。在田字格中心点测得一组数据作为基准值。

（3）将田字格外围测得的 8 组数据与田字格中心测得的基准值进行比较，得到最大差异值。

一般认为，驻波比最大差异值在±0.02 范围内、互调最大差异值在±3dB 范围内比较合理。

另外，和互调仪配套的信号源、频谱仪，以及矢量网络分析仪都需要定期请权威机构校准，以确保测试的稳定性和准确性。不同频段的合路器均有特定的指标要求。

### 6.5.3 环境可靠性试验场地及机械参数测量器具

对于环境可靠性试验场地一般需要配备高低温湿热试验箱、振动台、淋雨试验房、盐雾试验箱、紫外线老化试验机等。

各运营商对环境可靠性设备的要求各不相同，不过一般要求设备可以容纳较大、较重天线的试验要求。

例如，高低温湿热试验箱要求可以同时容纳多副基站天线同时测试，箱体尺寸大于被测天线尺寸，容积大于 $10m^3$，并且在满载的情况下，设备需要满足一定的温度、湿度变化速率。振动台一般需要推力在 5t 以上，能满足最小 5Hz 的起振频率，并且可以实现 3 个维度的振动。淋雨试验房一般需要达到极限 4000mm/h 的模拟降雨量，并且雨量可调。

另外，场地需配备测量天线机械参数的测量器具，包括卷尺、直尺、游标卡尺以及磅秤等，且以上器具都需要定期请权威机构进行校准。

## 6.6 一种多频复杂天线测试实例

### 6.6.1 “4+4+8+8”独立电调智能天线简介

“4+4+8+8”独立电调智能天线简称 4488 天线。4488 天线是 2288 天线的升级版，它可以解决 2G、3G、4G 的共站共址问题，是部署 LTE 网络的主流天线类型之一，其在解决天面受限难题、提升部署效率、简化运维等方面优势明显，用户数和总吞吐量略有提升，覆盖范围和速率均达到较好水平。

4488 天线从结构上看是一种多频结构复杂天线，天线共有 26 个端口，其中 GSM900 占用 4 个端口，GSM1800 占用 4 个端口，FA 频段占用 9 个端口（1、2、3、4 端口合成一个集束端口，5、6、7、8、9 端口合成一个端口，9#端口为校准端口），D 频段占用 9 个端口（1、2、3、4 端口合成一个集束端口，5、6、7、8、9 端口合成一个端口，9#端口为校准端口），如图 6.33 所示。

图 6.33　4488 天线端口

### 6.6.2 “4+4+8+8”独立电调智能天线技术指标

中国信息通信研究院泰尔实验室承接了中国移动通信集团 2019 年“4+4+8+8”独立电调智能天线产品集团采购（第二批次）测试项目。“4+4+8+8”独立电调智能天线电气性能指标分为 3 个部分，分别是 FA 频段电气指标、D 频段电气指标，以及 900/1800 频段电气指标，其电气指标及技术要求如表 6.11～表 6.13 所示。

表 6.11 “4+4+8+8”900/1800/FA/D 独立电调智能天线 FA 频段电气指标及技术要求

| | 参数（单位） | | 指标 | 指标 | 分类 | 允许范围 |
|---|---|---|---|---|---|---|
| 通用参数 | 工作频段（MHz） | | 1885～1920 (F) | 2010～2025 (A) | / | / |
| | 垂直面电调角范围（°） | | 2～12 | 2～12 | / | / |
| | 电下倾角精度（°） | | ±1.0 | ±1.0 | C | 0.5 |
| 校准与电气参数 | 校准端口至各辐射端口的耦合度（dB） | | −26±2 | −26±2 | C | 0 |
| | 校准端口至各辐射端口的幅度最大偏差（dB） | | ≤0.7 | ≤0.7 | C | 0.2 |
| | 校准端口至各辐射端口的相位最大偏差（°） | | ≤5 | ≤5 | C | 2 |
| | 校准端口及辐射端口电压驻波比 | | ≤1.50 | ≤1.50 | C | 0.00 |
| | 900 对 F 频段的二阶传输互调（dBm） | | ≤−120 | / | A | 7 |
| | 平均功率容限（W） | | ≥25 | ≥25 | / | / |
| | 同极化辐射端口之间的隔离（dB） | 2° 下倾 | ≥25 | ≥25 | C | 5 |
| | | 3° ～6° 下倾 | ≥25 | ≥25 | C | 0 |
| | | 7° ～12° 下倾 | ≥25 | ≥25 | C | 0 |
| | 异极化辐射端口之间的隔离（dB） | 2° 下倾 | ≥25 | ≥25 | C | 0 |
| | | 3° ～6° 下倾 | ≥25 | ≥25 | C | 0 |
| | | 7° ～12° 下倾 | ≥25 | ≥25 | C | 0 |
| | 1800/FA 频段之间的隔离度（dB） | | ≥30 | ≥30 | / | 1 |
| 辐射参数 | 单元波束 | 水平面半功率波束宽度（°） | 100±15 | 90±15 | C | 5 |
| | | 单元波束增益（dBi） | ≥13.50 | ≥14.50 | A | 1.50 |
| | | 交叉极化比（dB，轴向） | ≥15 | ≥15 | C | 2 |
| | | 交叉极化比（dB，±60°内） | ≥8 | ≥8 | C | 3 |
| | | 前后比（dB） | ≥23 | ≥23 | A | 2 |
| | 广播波束 | 水平面半功率波束宽度（°） | / | 65±5 | B | 5 |
| | | 广播波束增益（dBi） | ≥15.00 | ≥14.50 | A | 1.50 |
| | | ±32.5°扇区功率占比（%） | 72±7 | / | B | 5 |
| | | ±60°扇区功率占比（%） | ≥95 | / | B | 5 |
| | | 波束±60°边缘功率下降（dB） | 12±3 | 12±3 | C | 4 |
| | | 垂直面半功率波束宽度（°） | ≥7.0 | ≥6.5 | C | 1.0 |
| | | 交叉极化比（dB，轴向） | ≥18 | ≥18 | C | 3 |
| | | 交叉极化比（dB，±20°） | ≥20 | / | / | / |
| | | 交叉极化比（dB，±60°范围内） | ≥8 | ≥8 | C | 3 |
| | | 前后比（dB） | ≥25 | ≥25 | A | 3 |
| | | 上旁瓣抑制（dB） | ≤−14 | ≤−14 | A | 2 |
| | | 下部第一零点填充（dB） | ≥−18 | ≥−18 | / | / |

（续表）

| | | 参数（单位） | 指标 | 指标 | 分类 | 允许范围 |
|---|---|---|---|---|---|---|
| 辐射参数 | 业务波束 | 0°指向波束增益（dBi） | ≥19.50 | ≥20.50 | C | 1.50 |
| | | 0°指向波束水平面半功率波束宽度（°） | ≤ 29 | ≤26 | C | 5 |
| | | 0°指向波束水平面副瓣电平（dB） | ≤−12 | ≤−12 | C | 3 |
| | | ±60°指向波束增益（dBi） | ≥17.00 | ≥17.00 | C | 1.50 |
| | | ±60°指向波束水平面半功率波束宽度（°） | ≤32 | ≤32 | C | 2 |
| | | ±60°指向波束水平面副瓣电平（dB） | ≤−5.0 | ≤−5.0 | C | 1.5 |
| | | 0°交叉极化比（dB，轴向） | ≥18 | ≥18 | C | 3 |
| | | 0°前后比（dB） | ≥28 | ≥28 | C | 3 |

注：（1）1800/FA 频段之间的隔离度指的是仪表接 1800MHz 和 F 频段的端口，仪表设置测试频段是 F 频段，在 F 频段上读取的隔离度指标。

（2）增益随电调角变大，允许下降（0.07×$\Phi$+0.3)dB，其中 $\Phi$ 为电下倾角。

（3）交叉极化比指中心角度即 7° 的交叉极化比。

| 下倾角 | 2° | 7° | 12° |
|---|---|---|---|
| 交叉极化比 | ≥8dB | ≥8dB | ≥8dB |

（4）旁瓣抑制指中心角度即 7° 的上旁瓣抑制。

| | 2° | 7° | 12° |
|---|---|---|---|
| F 频段 | ≤−13dB | ≤−14dB | ≤−13dB |
| A 频段 | ≤−13dB | ≤−14dB | ≤−13dB |

### 表 6.12 “4+4+8+8” 900/1800/FA/D 独立电调智能天线 D 频段电气指标及技术要求

| | 参数（单位） | | 指标 | 分类 | 允许范围 |
|---|---|---|---|---|---|
| 通用参数 | 工作频段（MHz） | | 2575～2675 (D) | / | / |
| | 垂直面电调角范围（°） | | 2～12 | / | / |
| | 电下倾角精度（°） | | ±1.0 | C | 0.5 |
| 校准与电气参数 | 校准端口至各辐射端口的耦合度（dB） | | −26±2 | C | 0 |
| | 校准端口至各辐射端口的幅度最大偏差（dB） | | ≤0.7 | C | 0.2 |
| | 校准端口至各辐射端口的相位最大偏差（°） | | ≤5 | C | 2 |
| | 校准端口及辐射端口电压驻波比 | | ≤1.50 | C | 0.00 |
| | 平均功率容限（W） | | ≥50 | / | / |
| | 同极化辐射端口之间的隔离（dB） | 2° 下倾 | ≥25 | C | 5 |
| | | 3° ～6° 下倾 | ≥25 | C | 0 |
| | | 7° ～12° 下倾 | ≥25 | C | 0 |
| | 异极化辐射端口之间的隔离度（dB） | 2° 下倾 | ≥25 | C | 0 |
| | | 3° ～6° 下倾 | ≥25 | C | 0 |
| | | 7° ～12° 下倾 | ≥25 | C | 0 |
| | FA/D 频段之间的隔离度（dB） | | ≥30 | B | 1 |

（续表）

| | | 参数（单位） | 指标 | 分类 | 允许范围 |
|---|---|---|---|---|---|
| 辐射参数 | 单元波束 | 水平面半功率波束宽度（°） | 65±15 | B | 5 |
| | | 单元波束增益（dBi） | ≥15.50 | A | 1.50 |
| | | 波束±60°边缘功率下降（dB） | 12±3 | C | 4 |
| | | 垂直面半功率波束宽度（°） | ≥5.0 | C | 0.5 |
| | | 交叉极化比（dB，轴向） | ≥15 | C | 2 |
| | | 交叉极化比（dB，±60°范围内） | ≥8 | C | 3 |
| | | 前后比（dB） | ≥25 | A | 3 |
| | | 上旁瓣抑制（dB） | ≤−14 | A | 2 |
| | 广播波束 | 广播波束增益（dBi） | ≥15.00 | A | 1.50 |
| | | ±32.5°扇区功率占比(%) | 72±7 | B | 5 |
| | | ±60°扇区功率占比(%) | ≥90 | B | 5 |
| | | 波束±60°边缘功率下降（dB） | 12±3 | C | 4 |
| | | 垂直面半功率波束宽度（°） | ≥5.0 | C | 0.5 |
| | | 功率前后比（dB） | ≥25 | A | 3 |
| | | 上旁瓣抑制（dB） | ≤−14 | A | 2 |
| | | 下部第一零点填充（dB） | ≥−18 | / | / |
| | 业务波束 | 0°指向波束增益（dBi） | ≥21.00 | C | 1.50 |
| | | 0°指向波束水平面半功率波束宽度（°） | ≤25 | C | 5 |
| | | 0°指向波束水平面副瓣电平（dB） | ≤−12 | C | 3 |
| | | ±60°指向波束增益（dBi） | ≥17.00 | C | 1.50 |
| | | ±60°指向波束水平面半功率波束宽度（°） | ≤23 | C | 2 |
| | | ±60°指向波束水平面副瓣电平（dB） | ≤0.0 | C | 1.5 |
| | | 0°交叉极化比（dB，轴向） | ≥18 | C | 3 |
| | | 0°前后比（dB） | ≥28 | C | 3 |

注：（1）增益随电调角变大，允许下降（$0.07\times\Phi+0.3$)dB，其中 $\Phi$ 为电下倾角。

（2）交叉极化比指中心角度即 7° 的交叉极化比。

| 下倾角 | 2° | 7° | 12° |
|---|---|---|---|
| 交叉极化比 | ≥8dB | ≥8dB | ≥8dB |

（3）旁瓣抑制指中心角度即 7° 的上旁瓣抑制。

| 下倾角 | 2° | 7° | 12° |
|---|---|---|---|
| D 频段 | ≤−13dB | ≤−14dB | ≤−13dB |

评判规则如下。

A 类指标中有 1 个不达标即为不合格。

B 类指标中有 2 个不达标即为不合格。

C 类指标中有 5 个不达标即为不合格。如果 B 类指标中已经有 1 个不达标，则相当于 C 类指标中有 1 个不达标，此时 C 类指标再有 4 个不达标即为不合格。

测试结果的有效数据位数与指标中要求的数据有效位数应保持一致（其余部分四舍五入）。

FA/D 频段的 A、B、C 类指标独立统计，若任何一个频段不满足上述要求，则天线不合格。FA 频段的指标在 A、B、C 类中分别累加统计判定；但对于同一个指标，如果 FA 均不达标，只计一次，不做累加。对于单个 B 类或 C 类指标，如超差严重，无法满足网络实际应用要求，也可判定为天线不合格。对不同下倾角下的不合格项分别统计，每个下倾角均应满足“1A2B5C”的评判要求。

表 6.13 “4+4+8+8”900/1800/FA/D 独立电调智能天线 900/1800 频段电气指标及技术要求

| | 参数（单位） | 指标 | 指标 | 分类 | 允许范围 |
|---|---|---|---|---|---|
| 通用参数 | 工作频段（MHz） | 900 | 1800 | / | / |
| | 极化方式 | ±45° | ±45° | / | / |
| | 垂直面电调角范围（°） | 0～14 | 2～12 | / | / |
| | 电下倾角精度（°） | ±1.0 | ±1.0 | C | 1.0 |
| 电路参数 | 平均功率容限（W） | ≥120 | ≥120 | / | / |
| | 三阶互调(dBm，@43dBm) | ≤-107 | ≤-107 | A | 12 |
| | 各辐射端口电压驻波比 | ≤1.50 | ≤1.50 | B | 0.00 |
| | 隔离度（dB） | ≥25dB | ≥25dB | B | 0 |
| 辐射参数 | 水平面半功率波束宽度(°) | 65+5，5-7 | | B | 5 |
| | | | 65+6，65-9 | B | 2 |
| | 垂直面半功率波束宽度（°） | ≥12.0 | | C | 2.0 |
| | | | ≥6.5 | C | 0.5 |
| | 增益（dBi） | ≥14.00 | ≥16.50 | A | 1.00 |
| | 交叉极化比（dB，轴向） | ≥15 | ≥15 | C | 2 |
| | 交叉极化比（dB，±60°范围内） | ≥8 | ≥8 | C | 3 |
| | 前后比（dB） | ≥25 | ≥25 | A | 4 |
| | 上旁瓣抑制（dB） | ≤-15 | ≤-15 | A | 2 |
| | 下零点填充（dB）（参考） | ≥-22 | ≥-22 | / | / |

注：（1）增益随电调角变大，允许下降（$0.07\times\Phi+0.3$)dB，其中 $\Phi$ 为电下倾角。

（2）旁瓣抑制指中心角度即 7°的上旁瓣抑制。

| 下倾角 | 2° | 7° | 12° |
|---|---|---|---|
| 900/1800 频段 | ≤-14dB | ≤-15dB | ≤-14dB |

### 6.6.3　测试流程及测试要点

测试按照环境可靠性试验、电路参数测试、辐射参数测试的顺序进行。

环境可靠性试验包括高低温循环试验、交变湿热试验、振动（正弦）试验、冲水试验。环境可靠性试验方法如表 6.14 所示。

表 6.14　环境可靠性试验方法

| 试验名称 | 试验项目及条件 | 验证内容 |
|---|---|---|
| 高低温循环试验 | 低温限定：–40℃<br>高温限定：+60℃<br>温度变化速率：≥1℃/min<br>持续时间：高低温平衡点均待续 3h<br>循环次数：5 次 | 驻波比、<br>隔离度、<br>互调 |
| 交变湿热试验 | 高温：+55℃<br>低温：+25℃<br>湿度：95±3%<br>温度变化速率：1℃/min<br>持续时间：12h+12h<br>循环次数：1 次 | 驻波比、<br>隔离度、<br>互调 |
| 振动（正弦）试验 | 频率：5～ 200 Hz<br>交越频点：9Hz<br>单振幅：3.1mm(5～9Hz)；10 m/s$^2$ (9～200Hz)<br>3 个互相垂直轴上各振动时间：$X$ 和 $Y$ 两个轴向 5 个循环/轴<br>谐振点驻留振动：10m/s$^2$<br>谐振点试验时间：1min | 驻波比、<br>隔离度、<br>互调 |
| 冲水试验 | 雨强度：4000 mm/h±600 mm/h<br>倾斜角度：45°<br>时间：2h | 驻波比、<br>防水性能 |

在依据表 6.14 中的试验项目及条件做完全部环境可靠性试验后，进行电路参数测试。电路参数指标包括驻波比、隔离度、校准端口至各端口的相位偏差、校准端口至各端口的幅度偏差、三阶互调及二阶传输互调等。

电路参数测试采用 10 端口矢量网络分析仪及多频段互调测系统。10 端口矢量网络分析仪的优点在于测试效率高。“4+4+8+8”900/1800/FA/D 独立电调智能天线总共有 24+1 个端口，矢量网络分析仪的测试步骤如表 6.15 所示。

**表 6.15 矢量网络分析仪的测试步骤**

| 序号 | 测试项目 | 端口连接方式 | 测试频段（MHz） | 文件存储 |
|---|---|---|---|---|
| 1 | FA 频段 *s* 参数 | 矢量网络分析仪端口 1—8 分别连接 FA 频段端口 1—8，矢量网络分析仪 9 端口连接校准端口 | 1885～2025 | S9P |
| 2 | FA/D 频段之间的隔离度（+45°极化） | 矢量网络分析仪端口 5—8 连接 D 频段端口 1—4，矢量网络分析仪其他端口不变 | 2575～2675 | S9P |
| 3 | 1800MHz 频段 *s* 参数 | 矢量网络分析仪端口 5—8 连接 1800MHz 频段端口 1—4，矢量网络分析仪其他端口不变 | 1710～1830 | S4P |
| 4 | 1800/FA 频段之间的隔离度（+45° 极化） | 矢量网络分析仪端口保持不变 | 1885～1915 | S9P |
| 5 | 1800/FA 频段之间的隔离度（-45° 极化） | 矢量网络分析仪端口 1—4 连接连接 FA 频段端口 5—8，矢量网络分析仪其他端口不变 | 1885～1915 | S9P |
| 6 | 900MHz 频段 *s* 参数 | 矢量网络分析仪端口 5—8 连接 900MHz 频段端口 1—4，矢量网络分析仪其他端口不变 | 885～960 | S4P |
| 7 | FA/D 频段之间的隔离度（-45° 极化） | 矢量网络分析仪端口 5—8 连接 D 频段端口 5—8，矢量网络分析仪其他端口不变 | 2575～2675 | S9P |
| 8 | D 频段 *s* 参数 | 矢量网络分析仪端口 1—4 连接 D 频段端口 1—4，矢量网络分析仪其他端口不变 | 2575～2675 | S9P |

矢量网络分析仪经过以上 8 个步骤的测试，可以遍历除互调指标外的全部电路参数指标，然后再利用多频段互调测试系统对天线不同频段的互调指标进行测试。

在全部电路参数项目测试结束后进行辐射参数测试。“4+4+8+8”900/1800/FA/D 独立电调智能天线在 FA、D 频段有广播波束、业务 0°波束及业务 60°波束 3 种复合波束，在辐射参数测试前需将这 3 种波束对应的功分板损耗测量出来，在辐射参数测试结束后将损耗分别补偿到这 3 种波束的增益中。

辐射参数选用 128 探头球面近场测试，用 1 分 8 电子切换开关辅助测试。这套测试系统的优点是稳定性好、效率高。

辐射参数的天线下倾角测试顺序及端口分配规则如表 6.16 所示。

**表 6.16　辐射参数的天线下倾角测试顺序及端口分配规则**

| 电子切换开关端口 | 1 | 2 | 3 | 4 | 5 | 6 | 7 | 8 |
|---|---|---|---|---|---|---|---|---|
| 步骤 | 900–1 | 900–2 | 900–3 | 900–4 | 1800–1 | 1800–2 | 1800–3 | 1800–4 |
| 1 | 0° | | 7° | | 2 | | 12 | |
| 2 | 7° | | 14° | | 7 | | 2 | |
| 3 | 14° | | 0° | | 12 | | 7 | |
| / | GBF+ | GBA– | YW0D+ | YW60D– | / | | / | |
| 4 | 2° | | 7° | | / | | / | |
| 5 | 7° | | 12° | | / | | / | |
| 6 | 12° | | 2° | | / | | / | |
| / | GBA+ | GBF– | YW60D+ | YW0D– | / | | / | |
| 7 | 2° | | 7° | | / | | / | |
| 8 | 7° | | 12° | | / | | / | |
| 9 | 12° | | 2° | | / | | / | |
| / | GBD+ | / | YW0FA+ | YW60FA– | / | | / | |
| 10 | 7° | | 2° | | / | | / | |
| 11 | 12° | | 7° | | / | | / | |
| 12 | 2° | | 12° | | / | | / | |
| / | / | GBD– | YW60FA+ | YW0FA– | / | | / | |
| 13 | 7° | | 2° | | / | | / | |
| 14 | 12° | | 7° | | / | | / | |
| 15 | 2° | | 12° | | / | | / | |

经过以上 15 个步骤的测试，可以遍历天线全部端口、全部下倾角的辐射参数测试。

在所有测试结束后，对测试数据进行整理，并依据技术规范分别对天线环境可靠性、电路参数、辐射参数指标做出判定。

在整个测试过程中要格外注意以下几点。

（1）“4+4+8+8”900/1800/FA/D 独立电调智能天线融合了多了制式、频段，总共有“24+1”个端口，在电路参数及辐射参数测试过程中，测试数据量非常大，测试数据的命名需要有明确的规则。例如，辐射参数测试数据可以按照“测试系统端口号–测试频段–天线端口号–下倾角”的规则命名。

（2）“4+4+8+8”900/1800/FA/D 独立电调智能天线测试项目多、时间长，在环境可靠性测试及电气性能测试前要仔细检查测试设备和仪表的状态。在测试开始后要时刻注意测试设备和仪表的工作状态，保证测试设备和仪表的稳定运转。

（3）“4+4+8+8”900/1800/FA/D 独立电调智能天线体积大、质量大，给测试工作带来一定的难度。在测试过程中，天线搬运、架设需要非常小心，以免天线滑落造成人员、设备、样品的损坏。在辐射参数测试过程中，测试天线连接不同频段端口时需将天线不同频段的相位中心与测试系统的相位中心对准，保证测试的准确性。

测试过程中的难点及注意事项如下。

（1）制订完备的测试方案，测试中应严格按照方案进行，以免漏测、错测。

（2）制订明确、便于区分的数据命名规则。

（3）在测试开始前及测试过程中保证测试设备和仪表的良好工作状态。

（4）被测天线在多个测试区域流转的过程中，保证有两个以上的测试人员进行搬运。

（5）在辐射参数测试过程中，保证天线相位中心与测试系统相位中心位置一致。

（6）在辐射参数测试过程中，天线架设姿态要符合测试要求，并且在测试过程中天线架设姿态要保持不变。

## 6.7 电调天线接口测试实例

电调天线通过电子调整天线辐射方向图垂直面下倾角，从而优化辐射覆盖范围，只有较小的邻区干扰。电调天线较机械调节下倾角天线降低了人工爬塔的成本和危险性，也解决了机械调节下倾角天线下倾角过大时容易产生的方向图覆盖范围缩短、辐射超出覆盖范围造成邻区干扰的问题。

目前，国内 YD/T 3682-2020《电调天线接口测试方法》已经发布，但是国内运营商还没有推出对电调天线接口统一的技术要求和规范，各天线供应商的解决方案基本是依据自家产品需求，以及客户要求来开发或定制的。电调天线接口技术要求的不统一给运营商的实际应用带来很大的不便，增加了运营商和天线供应商的后期网络维护及优化成本。

下面基于 AISG v2.0 协议及 YD/T 3682-2020 中相关测试方法，利用 OTM-ALD 专用测试软件及其他辅助测试设备，对目前市场上主流电调天线供应商的典型产品进行测试。

### 6.7.1　电调天线接口测试步骤

选取目前市场上主流的 9 家电调天线供应商的 9 款电调天线产品作为被测样品，这 9 款电调天线均为未使用过的全新样品。利用 OTM-ALD 专用测试软件，以及高低温试验箱、RS485 转 RS232 串口转换器、测试计算机等对基站天线接口的自检、复位、下倾角调节、数据不可编辑性、自校准、中断报警及 Bin 文件下载功能进行测试。

**步骤 1：电调天线自检功能测试**

此项测试的目的是检查电调天线的自检功能，确认设备是否正常运行。在常温状态下，将天线的 RCU 接口通过上位器与测试计算机相连，通过测试软件控制天线进行自检，检测过程如下。

（1）在 RCU 设备正常工作状态下，测试软件下发自检命令，在自检完成后检查当前角度是否为初始角度。

（2）在 RCU 状态异常时，测试软件下发自检命令，返回异常原因，自检结束。

**步骤 2：层 2/层 7 复位功能测试**

此项测试的目的是检查 RCU 设备能否成功执行层 2/层 7 复位功能。

步骤 2.1　层 2 复位功能测试

（1）在 RCU 设备正常工作状态下，测试软件下发层 2 复位命令，在 RCU

设备层 2 复位后，从设备地址清除，需要重新建链。

（2）在 RCU 存在异常告警状态下，测试软件下发层 2 复位命令，在链路重建之后，测试软件主动下发告警订阅，从设备应主动上报当前告警。

步骤 2.2　层 7 复位功能测试

（1）在 RCU 设备正常工作状态下，测试软件下发层 7 复位命令，在复位成功后，查询版本信息、天线数据及角度等信息均不发生变化。

（2）在 RCU 存在异常告警状态下，测试软件下发层 7 复位命令，在执行成功后，所有告警清除，测试软件自动下发告警订阅，如果从设备处于未校准状态，则从设备应主动上报未校准告警。

**步骤 3：倾角调节功能测试**

此项测试的目的是检查从设备接收倾角调节指令后能否正确调节，检测过程如下。

测试软件下发调节倾角指令，从设备在接收指令后以 0.1° 步进调节下倾角，定位误差不得大于 0.5°，调节时间不超过 2min。在倾角调节结束后，从设备上报调节成功提示，查看角度设置精度和倾角调节时间。

倾角调节的意义和可能存在的问题如下。

（1）设置下倾角，使信号限制在小区范围内并降低对其他同频小区的干扰。

（2）在通常情况下，设备能够正常地进行调节。遇到特殊情况或特殊环境，如低温或振动环境下，移相器拉杆受力太大，导致拉杆倾斜摩擦拉不动或螺杆卡住不动，则会出现无法调整到目标角度的情况，导致天线覆盖范围有误，网络覆盖出现盲区或重叠区。

**步骤 4：数据不可编辑性功能测试**

此项测试的目的是检查天线设备参数能否进行设置和修改。

根据需要，从设备需要将天线的型号、序列号、最大和最小角度设计为“只读”。当测试软件下达指令将数据写入只读域时，从设备应立即返回“Read

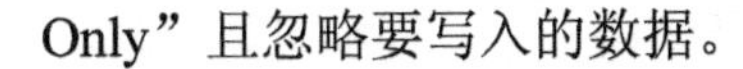

Only”且忽略要写入的数据。

若从设备没有设计只读域，则可能出现如下倾角范围信息被调整、产品型号或序列号被篡改等情况，从而导致网络覆盖调节异常、设备管理混乱等。

**步骤 5：天线校准功能测试**

此项测试的目的是检查电调校准功能是否正常，检测过程如下。

RCU 设备处于工作状态，测试软件下发校准命令，当接收到校准命令后，从设备对应的子单元驱动驱动器在整个角度调节范围内移动，测量实际天线总行程，并与配置文件中的总行程对比，要求误差在±0.5°且校准时间不超过 4min。在校准成功后，观察天线角度不变。若校准失败，从设备应正确上报告警。

校准过程中可能出现的问题如下。

（1）RCU 位置信息丢失、程序有问题、移相器行程没走完导致校准失败。

（2）软件响应时间过长，未在要求时间内接收指令等都会造成校准失败，从而导致当移相器位置异常或标尺堵转等情况出现时无法通过校准实现复位。

**步骤 6：告警监控功能测试**

此项测试的目的是检查当主设备设置了告警后，从设备能否主动上报告警到主设备，使主设备顺利接收到告警信息，检测过程如下。

在 RCU 设备正常工作状态下，测试软件下发告警订阅命令。校准过程中人为堵转，查看告警是否被主动上报。

可能存在的问题是：无论设备校准过程中出现什么情况，从设备均返回校准成功的结果，潜在的问题无法被反馈，主设备会一直认为天线处于正常的状态。

**步骤 7：中断告警功能测试**

此项测试的目的是检查在角度调整或校准过程中出现 RCU 断电的情况时，是否产生未校准告警。

可能存在的问题是：当出现断电情况时必须返回错误指令，否则可能出现角度调整未到位或校准失败而主设备却判定天线工作正常，从而造成网络覆盖盲区或重叠区等情况。

**步骤 8：Bin 数据下载功能测试**

步骤 8.1　加载设备软件

在 RCU 设备正常工作状态下，加载 RCU 设备软件。在加载成功后，查询天线数据及角度等信息不改变，软件版本号发生改变。

步骤 8.2　加载配置数据

在 RCU 设备正常工作状态下，加载测试天线的配置数据。在加载成功后，从设备主动上报未校准告警并提示加载成功后的配置数据信息。

若此功能失效则无法实现远程调节控制。

## 6.7.2　电调天线接口测试结果

我们对电调天线接口进行了 8 项测试，由于部分测试项目需要天线供应商配合进行，所以部分被测样品只检测了 8 个项目中的一部分。电调天线接口测试结果汇总如表 6.17 所示。

**表 6.17　电调天线接口测试结果汇总**

<table>
<tr><th>序号</th><th>检测项目</th><th colspan="2">测试环境温度</th><th>被测样品数量</th><th>测试合格率</th></tr>
<tr><td>1</td><td>自检</td><td colspan="2">常温 25℃</td><td>9</td><td>88.9%</td></tr>
<tr><td rowspan="2">2</td><td rowspan="2">层 2/层 7 复位</td><td rowspan="2">常温 25℃</td><td>设备复位</td><td>9</td><td>88.9%</td></tr>
<tr><td>软件复位</td><td>9</td><td>100%</td></tr>
<tr><td rowspan="3">3</td><td rowspan="3">倾角调节</td><td colspan="2">低温-40℃保持</td><td>9</td><td>88.9%</td></tr>
<tr><td colspan="2">常温 25℃</td><td>9</td><td>100%</td></tr>
<tr><td colspan="2">高温 65℃保持</td><td>9</td><td>100%</td></tr>
<tr><td rowspan="4">4</td><td rowspan="4">数据不可编辑性</td><td rowspan="4">常温<br>25℃</td><td>SN</td><td>9</td><td>44.4%</td></tr>
<tr><td>Model</td><td>9</td><td>66.7%</td></tr>
<tr><td>Min</td><td>9</td><td>100%</td></tr>
<tr><td>Max</td><td>9</td><td>100%</td></tr>
</table>

（续表）

| 序号 | 检测项目 | 测试环境温度 | | 被测样品数量 | 测试合格率 |
|---|---|---|---|---|---|
| 5 | 校准 | 低温-40℃保持 | | 9 | 88.9% |
| | | 常温 25℃ | | 9 | 100% |
| | | 高温 65℃保持 | | 9 | 100% |
| 6 | 告警（Alarm） | 常温 25℃ | | 7 | 42.9% |
| 7 | 中断告警 | 常温 25℃ | 下倾角 | 9 | 100% |
| | | | 校准 | 9 | 100% |
| 8 | Bin 数据下载 | 常温 25℃ | 固件下载 | 1 | 100% |
| | | | 配置数据下载 | 1 | 100% |
| 注：由于测试需要供应商配合进行，所以部分测试项目被测样品数量较少 | | | | | |

从表 6.17 可以看出，在本次测试的 8 个项目中，有 6 个测试项目出现了被测样品不符合要求的情况，其中第 4 项测试中的 SN 码不可编辑性，以及第 6 项测试告警（Alarm）中符合要求的样品数量不到全部被测样品数量的 50%。除第 8 项（只有一款产品参与）测试，以及第 7 项测试外，其余 6 项测试均有产品未按照要求通过测试，其中第 4 项和第 6 项测试不合格比例较高。在低温-40℃环境下，部分天线样品出现倾角无法正常调节、校准无法正常执行的问题。在 9 家供应商的 9 款电调天线产品中，只有 2 款产品通过了除第 8 项测试外的其余所有测试项目。

从测试结果来看，行业内各供应商的电调天线产品质量参差不齐，大部分电调天线产品无法满足 AISG v2.0 协议及 YD/T 3682-2020 的技术要求，在实际使用中很可能出现异常甚至无法使用的情况，从而对网络的质量造成影响，并增加了网络的运营和维护成本。电调天线行业水平有待提升。

国内电调天线接口测试方法的相关标准在 2020 年之前一直处于空白状态，国内运营商针对电调天线接口的相关技术要求、企业标准较少是造成国内电调天线产品接口相关性能参差不齐的重要原因。解决电调天线接口性能参差不齐、提高行业整体水平的重要方法之一是推动国内电调天线接口技术的统一化、标准化，运营商在统一化、标准化的过程中起主导作用。运营商可参照 AISG v2.0 协议及 YD/T 3682-2020 制定相应的技术规范、企业标准等，来约束和指导供应商的产品研发、生产及质量监控等环节，从而提高行业的技术水平和产品质量，避免或减少因电调天线接口问题造成的网络质量下降及成本增加。

# 第 7 章

# 基站天线的发展趋势

基站天线是伴随着移动通信发展起来的，随着人们对移动通信要求的不断提高，基站天线相关的技术也一直在演进和提升。

第一代移动通信采用高塔大区制服务，用户数量很少，对传输速率要求较低，属于模拟系统，当时所用的天线几乎都是全向天线。

在发展到第二代移动通信后，为了满足更多用户的需求，多采用小区制服务和蜂窝组网。基站天线逐渐演变成了定向天线，如常见的 65°定向天线，将一个小区划分为 3 个扇区以提升容量。当时的天线以单极化天线为主，±45°交叉双极化天线于 1997 年开始出现，它利用极化分集在基本相同的体积下获得两根单极化天线的性能。

到了 2.5G 和 3G 时代，出现了多种通信系统。在 GSM、CDMA 等需要共存的场景下，为了降低成本及空间，多频段天线成为主流。为了进一步提升容量，还出现了多波束天线。在此阶段，我国提出的 TD-SCDMA 系统首次引入了智能天线的产品概念，在水平面上实现了波束扫描的功能。

到了 4G 时代，出现了 4×4 MIMO 天线，提升了通信容量。天线系统逐步进入一个新的时代，从最初的单个天线发展到了多天线和阵列天线。

5G 时代为无线移动网络提出了更为严格的性能指标要求。为了满足无处不在的高速率、低时延、高可靠性的宽带覆盖，除了继续拓宽新的频谱资源，也需要在包括天线在内的各个环节引入新技术，以提高频谱效率和能量利用效率，因此基站天线出现了许多新技术和发展趋势。面向未来，基站天线将朝着多频、多端口、多波束、天线有源化、无源有源一体化、大规模 MIMO、远程场景化波束调整等方向演进。除积极将 2G、3G、4G 占用的低频段重新分配给 5G 外，向 28GHz、39GHz、60GHz、73GHz 等更高频率的 C-band 和毫米波频段的拓展也是热点。中国信息通信研究院也围绕未来新形态的天线做了大量深入的前沿研究。

本章将着重介绍未来大规模多天线阵列的技术特点和发展趋势，并对小型化多频宽带天线、天线的有源化和信息化、毫米波频段天线、新型材料天线技术、B5G/6G 频谱应用于天线候选等技术的发展趋势和热点进行深入的探索。

# 7.1 大规模多天线阵列

MIMO 技术是在发送端和接收端同时使用多根天线，利用多径效应和复杂的信号处理技术构成多个信道进行通信，以获得系统信道容量成倍增加的技术。MIMO 系统的突出特点就是利用多个收发天线实现多收多发，利用空间资源和信号处理技术来获取更高的可靠性、传输范围和吞吐量，在不增加带宽和发射功率的前提下成倍地提高通信系统容量和频谱利用效率，并有效增强网络覆盖，其代价是增加了发送端与接收端的信号处理复杂度。MIMO 技术是 3G、4G 移动通信系统的关键技术之一，大规模多天线阵列（大规模 MIMO）技术已成为 5G 的标准技术之一，是 5G 中提高系统容量和频谱利用率的关键技术。

大规模 MIMO 技术在普通 MIMO 技术的基础上将天线数量进一步增加到几十到几百根甚至更多，使得信道容量得到极大的提升，成为当前 5G 乃至未来的 6G 的核心技术和必要保证手段。随着大规模 MIMO 技术的不断发展，未来大规模 MIMO 技术必将得到广泛应用，天线小型化有利于大规模 MIMO 天线的安装部署。频段升高、基站数量增加也必将加强有源一体化天线的普及趋势，一体化基站子系统将被广泛地应用。

## 7.1.1 MIMO 技术的基本原理

MIMO 技术的思想由来已久，早在 1908 年马可尼就在发射端和接收端同时采用多根天线的结构，以大幅度抑制信道衰落。在 20 世纪 70 年代，有人利用多通道数字传输通道以抑制有线通信电缆束中各线缆之间的串扰。然而，直到 20 世纪 90 年代 AT&T 和 Bell 实验室的 Telatar、Foshinia、Tarokh、Alamouti 等学者才真正完成了 MIMO 技术的奠基工作。

1987 年 J.H.Winter 提出空时编码的概念；1995 年 Telatar 给出了在衰落情况下的 MIMO 容量；1996 年 Foshinia 给出了一种多入多出处理算法——对角-贝尔实验室分层空时（D-BLAST）算法；1998 年 Tarokh 等人丰富了用于 MIMO 的

空时编码的内容；Wolniansky 等人采用垂直−贝尔实验室分层空时（V-BLAST）算法建立了一个 MIMO 实验系统，在室内试验中达到了 20bit/s/Hz 以上的惊人频谱利用率。这些工作受到各国学者的极大关注，使得 MIMO 技术得到了迅速发展，并迅速走入移动通信系统。1999 年，3GPP 将 MIMO 技术正式作为提高数据传输速率与系统性能、增强频谱效率的有效手段。至 2012 年，所有主要的 4G 通信系统的标准（如 LTE、LTE-Advanced、WiMax、802.11m 等），均将 MIMO 技术作为一项核心关键技术。

根据收发天线数目的不同，MIMO 系统可分为单入单出（Single-Input Single-Output，SISO）、多入单出（Multiple-Input Single-Output，MISO）、单入多出（Single-Input Multiple-Output，SIMO）、多入多出（Multiple-Input Multiple-Output，MIMO），以及大规模 MIMO 等多种方式，如图 7.1 所示。传统无线通信系统采用一根发射天线和一根接收天线进行一路数据流的收发，被称作 SISO 系统。SISO 系统在信道容量上受香农定理的限制，不能满足日益增长的移动通信需求。为了克服移动通信中的多径衰落和提高链路的可靠性，人们提出了分集技术，即在发射端使用多根天线的发射分集技术——MISO 技术和在接收端使用多根天线的接收分集技术——SIMO 技术。这些分集技术，引入了空间维的分集效益，利用无线端的多径效应产生的多个通道路径的传输衰落在统计上相

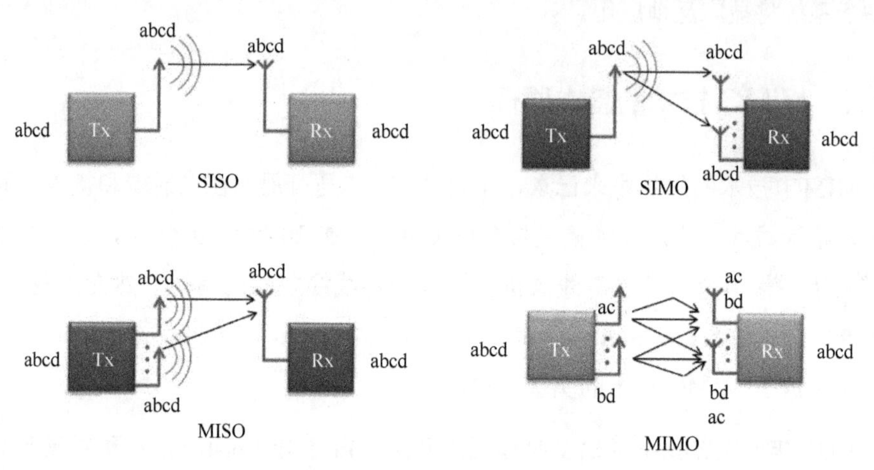


图 7.1　SISO、SIMO、MISO 和 MIMO 天线技术示意图

对独立的特点，发射或接收携带同一信息的多个独立信号副本并加以合并，以获取传输的可靠性和覆盖距离的提升。分集技术的思想是抑制多径效应的有害因素，然而 MIMO 技术却利用了多径效应。

MIMO 技术结合了天线发射分集与接收分集技术，以及信道编码技术，利用当无线信道散射传播的多径分量足够丰富时，每组收发天线之间的无线传输信道和多径衰落趋于正交独立的特点，在发射端和接收端均采用多根天线在空间中产生多个独立的并行信道，将多径效应一举变成对通信性能有益的增强因素，进行多个数据流的并发传输，从而成倍地提升吞吐量，大大地提升了频谱利用率。

从图 7.2 所示的 $N\times M$ 的 MIMO 系统原理框架图中可以得到如下信息。

（1）发射的数据流 $\boldsymbol{x}$ 经过空时编码被转换成 $N$ 路子数据流。

（2）经调制及数模转换放大后，数据流 $\boldsymbol{x}$ 从发射端分别由 $N$ 根天线并行发射出去。

（3）这些并行的 $N$ 个发射信号经过无线信道的散射传播，等效于从（$N\times M$）条不同的传输路径到达接收端，形成 $M$ 个接收信号矢量。

（4）接收端对 $M$ 根天线接收到的信号矢量进行放大和模数转换后，利用信号处理技术关联处理，最终得到和原始数据流 $\boldsymbol{x}$ 相同的数据流 $\boldsymbol{y}$。

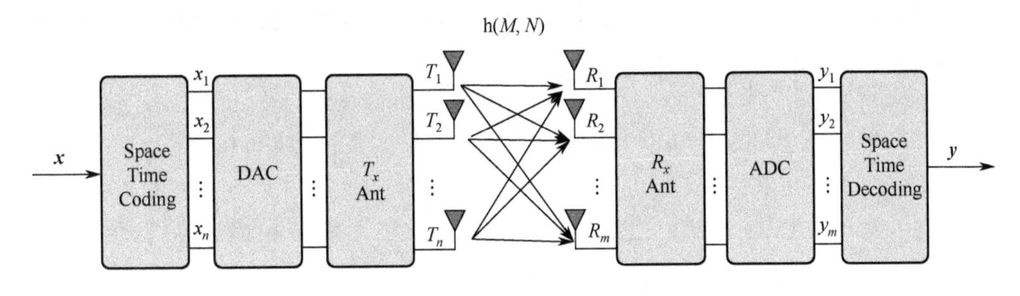


图 7.2　$N\times M$ 的 MIMO 系统原理框架图

一个窄带平坦衰落的 MIMO 模型如下：

$$\boldsymbol{y}=\boldsymbol{H}\boldsymbol{x}+n \tag{7.1}$$

式中，$\boldsymbol{y}$ 为接收信号矢量，$\boldsymbol{x}$ 为发射信号矢量，$\boldsymbol{H}$ 为信道矩阵，$n$ 为噪声。

我们可以依照香农公式，对发射端和接收端均拥有完美的通道状态信息（CSI）的 MIMO 和 SISO、SIMO、MISO 系统的信道容量（Ergodic Channel Capacity）进行推导和比较。

（1）由香农公式可知，信道容量为：

$$C = B\log_2(1+S/N) \tag{7.2}$$

式中，$B$ 为信道带宽，$S$ 为信号功率，$N$ 为高斯白噪声功率。

（2）对于 SISO 系统，收发端均为单根天线，因此信道矩阵 $\boldsymbol{H}$ 为单位矩阵，信噪比为 $\xi$，则 SISO 系统的信道容量为：

$$C_{\text{SISO}} = B\log_2(1+\xi) \tag{7.3}$$

（3）对于 SIMO 系统，发射端仅有 1 根天线，接收端有 $m$ 根天线，信道矩阵 $\boldsymbol{H} = [h_1, h_2, \cdots, h_m]$，其中，$h_i$ 表示从发射端的 1 根天线到接收端的第 $i$ 根天线的信道系数，则 SIMO 系统的信道容量为：

$$C_{\text{SIMO}} = B\log_2(1+\boldsymbol{H}\boldsymbol{H}^{\text{T}}\xi) = B\log_2\left(1+\sum_{i=1}^{m}|h_i|^2\ \xi\right) = B\log_2(1+m\xi) \tag{7.4}$$

（4）对于 MISO 系统，发射端有 $n$ 根天线，接收端仅有 1 根天线，信道矩阵 $\boldsymbol{H} = [h_1, h_2, \cdots, h_n]$，其中，$h_i$ 表示从发射端的第 $i$ 根天线到接收端的 1 根天线的信道系数，则 MISO 系统的信道容量为：

$$C_{\text{MISO}} = B\log_2(1+\boldsymbol{H}\boldsymbol{H}^{\text{T}}\xi) = B\log_2\left(1+\sum_{i=1}^{n}|h_i|^2\ \xi\right) = B\log_2(1+n\xi) \tag{7.5}$$

（5）对于 MIMO 系统，发射端有 $n$ 根天线，接收端有 $m$ 根天线，设信道为基于瑞利衰落的随机信道，信道矩阵 $\boldsymbol{H}(i,j) = [h_{11}, h_{21}, \cdots, h_{mn}]$，其中，$h_{ij}$ 表示从发射端的第 $j$ 根天线到接收端的第 $i$ 根天线的信道系数，则 MIMO 系统的信道容量为：

$$C_{\text{MIMO}} = B\log_2(1+mn\xi) \tag{7.6}$$

（6）设每根发射天线的功率为 $P/n$，每根接收天线的噪声功率为 $\sigma^2$，则信噪

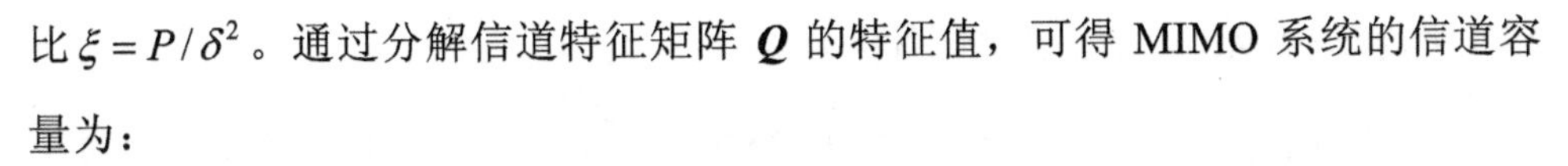

比 $\xi = P/\delta^2$。通过分解信道特征矩阵 $\boldsymbol{Q}$ 的特征值，可得 MIMO 系统的信道容量为：

$$C_{\text{MIMO}} = B\log_2[\det\{\boldsymbol{I}_m + [P/N\sigma^2]\boldsymbol{Q}\}] \tag{7.7}$$

式中，信道特征矩阵 $\boldsymbol{Q} = \boldsymbol{H}\boldsymbol{H}^{\text{T}}$，$\boldsymbol{I}_m$ 是 $\min(n, m)$ 阶单位矩阵。

可以看出，SIMO、MISO 等分集天线的信道容量大致和天线数目的对数成比例，而 MIMO 天线的信道容量上限大致和收发天线数目成比例，所以当我们使用收发天线数目都很高的 MIMO 天线时，系统的容量和频谱效率都将成倍增长。

### 7.1.2　大规模 MIMO 技术的优势

大规模 MIMO 技术是 MIMO 技术的延伸和拓展，也是 5G 移动通信的一项关键核心技术。大规模 MIMO 天线从 3G、4G MIMO 天线的 2/4/8 通道，上升到 5G 中的 16/32/64 通道。

T.L.Marzetta 在 2010 年指出，通过大幅度增加基站的天线，可以利用信号平均的方式降低衰落、噪声、小区内干扰等影响，在分析方法上体现为大数定理、中心极限定理的应用。这样带来好处是：大规模 MIMO 系统的信号处理方法不需要再采用复杂的非线性方法，只需要简单的线性设计即可实现较好的系统性能。例如，当基站天线数量增多时，相对于用户的几十到几百个信道相互独立，同时陷入衰落的概率便大大减小，这对通信系统而言简单且易于处理。

通道数目的增加，使得大规模 MIMO 天线具有更强的波束赋形能力。普通 8 通道 TD 智能天线，仅能在水平面上实现波束的赋形和扫描，而大规模 MIMO 天线可以同时生成指向用户的水平和垂直波束，实现水平和垂直方向的空间复用，从而大幅度提高系统容量和用户数据传输速率。理论上，大规模 MIMO 天线可以有成百上千个通道，同时产生几十到几百个扫描波束，达到难以想象的通信容量。

大规模 MIMO 技术具备如下优势。

（1）大幅度提升系统容量。大规模 MIMO 天线可同时生成许多个窄波束，精确地指向不同用户，有效减少对邻区的干扰，实现空间复用。大规模 MIMO 技术可以将系统吞吐量提升几十倍，极大地提升了频谱利用率和系统容量。

（2）更精准的波束赋形和较好的覆盖距离。大规模 MIMO 天线采用许多天线单元波束赋形为高增益波束，具备更好的穿透能力，可在一定程度上弥补 5G 高频段由于路径损耗大带来的覆盖距离不足的问题。

（3）更好地覆盖远、近端小区。大规模 MIMO 天线在水平和垂直方向的自由度可以带来覆盖上的灵活性，更好地覆盖小区边缘、高楼顶层和小区天线下近点等边缘区域。

（4）降低终端复杂度。大规模 MIMO 技术要求所有的复杂处理运算均在基站处进行，降低了终端的计算复杂度。

（5）低延时通信。在大规模 MIMO 天线下，得益于大数定理而产生的衰落消失，信道变得良好，对抗深度衰减的过程可以被简化，因此时延也可以被大幅降低。

如图 7.3 所示为大规模 MIMO 天线的垂直和水平波束赋形。

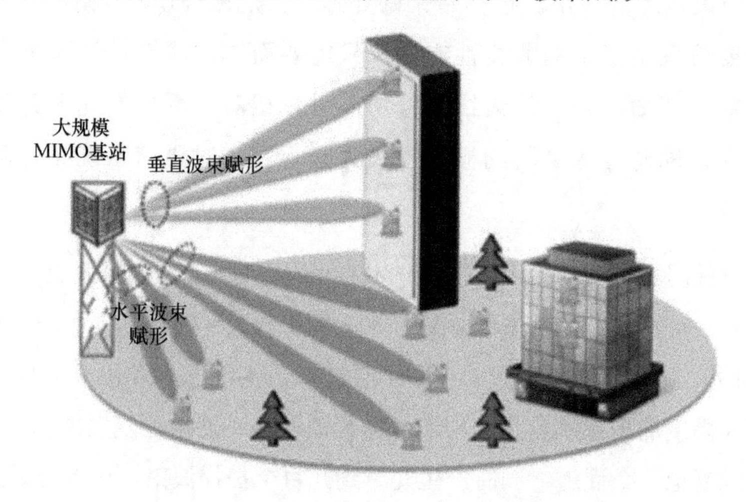


图 7.3　大规模 MIMO 天线的垂直和水平波束赋形

### 7.1.3　大规模 MIMO 技术的创新

随着移动通信使用的无线电波频率的提高，路径损耗也随之加大。但是，假设我们使用的天线尺寸相对无线波长是固定的，如 1/2 波长或 1/4 波长，那么载波频率的提高意味着天线变得越来越小。也就是说，在同样的空间里，我们可以加装越来越多的高频段天线。基于这个事实，我们就可以通过增加天线数量来补偿高频路径损耗，同时又不会增加整体天线阵列的尺寸。使用高频率载波的移动通信系统将面临改善覆盖和减少干扰的严峻挑战，一旦频率超过 10GHz，衍射不再是主要的信号传播方式；对于非视距传播链路来说，反射和散射才是主要的信号传播方式。同时，在高频场景下，穿过建筑物的穿透损耗也会大大增加。这些因素都会增加信号覆盖的难度。特别是对于室内覆盖来说，用室外宏站覆盖室内用户变得越来越不可行。利用大规模 MIMO 技术，能够生成高增益、可调节的赋形波束，从而明显改善信号覆盖能力，并且由于其波束非常窄，可以大大减少对周边的电磁干扰。

大规模 MIMO 天线不同业务、频段、通信制式、上下行的垂直和水平波束可以独立操作，这对于提升网络的性能有巨大作用。在小区内部，垂直和水平波束可以根据业务量的分布自适应地调整。此外，在垂直维度上，有源天线可以通过设置不同的下倾波束来实现扇区分裂，由于在垂直维度上能够区分用户终端设备，所以系统的吞吐率得到提高。有源天线的方向图在三维空间上的动态设置能力有利于实现小区间干扰协调，从而提升性能。动态的 3D 波束赋形能力使得波束能够对准目标用户，这样有利于运营商增强高楼密集城区的覆盖，而不需要改变基站的发射功率。

大规模 MIMO 技术的创新带来如下应用能力的提升。

（1）抗干扰能力提升。大规模 MIMO 天线可以实现从 2D 波束赋形向 3D 波束赋形的提升，提升覆盖能力，其抑制干扰能力更强，可有效抑制无线通信系统中的干扰，带来巨大的小区内及小区间干扰抑制增益，进一步提升无线通信系统的容量和覆盖范围。

（2）覆盖能力提升。大规模 MIMO 技术使用大规模天线阵列，可以在垂直和水平方向上同时对波束的宽度和角度进行精准控制，实现 3D 波束赋形。在垂直面采用大量天线阵列，显著增强了高层覆盖能力，采用波束赋形增益弥补了穿透损耗，灵活地按需进行波束宽度和方向的调整，可降低小区间干扰，增强 3D 覆盖和容量。

（3）天线形态转变。传统的天馈系统的天线与 RRU 是相互分离的，接口为标准化的射频接口，其各自的性能可以通过独立的测试进行检测。而大规模 MIMO 天线是阵列天线和射频通道的一体化集成，产品形态高度集成化，包含阵列天线与 RRU 的一体化设计，其间的接口为非标准接口，需要采用 OTA 空口测试。

（4）资源利用率提升。基于精准的 3D 波束赋形、精确的信道估计和用户算法，大规模 MIMO 技术可使多个终端同时复用相同的时频资源，进一步提升系统的网络容量。在相同的频谱资源上同时服务更多的用户，深度利用空间无线资源，显著提高系统的频谱效率。大规模 MIMO 技术借助准确的信道反馈、用户调度和多用户预编码技术，在相同频谱资源上同时服务多个终端，从而成倍地提升网络容量。

## 7.2 小型化多频宽带天线

近年来，随着个人通信和移动通信技术的迅速发展，在天线的设计上提出了小型化、多频段和宽频带的要求。结构紧凑、体积小、能够使设备在多个频段同时工作且不相互干扰的小型化多频宽带天线逐渐进入人们的视线，因为它的优越特性使得它逐渐成为人们研究的热点。在大规模 MIMO 的场景外，小型化多频宽带天线将成为基站天线重要的组成部分。

**多频宽频化**：5G 时代要求天线实现更宽的频率覆盖，以覆盖 450～6000MHz 乃至毫米波范围，而 3G、4G 和 5G 将在今后一段时间内共存，且业界对高阶 MIMO 技术有大量需求期望，因此在今后一段时间内，同时支持 698～2700MHz

乃至 3500MHz 内所有频段独立电调的多频多端口天线将是一个发展方向。

新型超宽频振子设计无疑成为关键的新方向之一。新型谐振结构、多馈电组合方式等有待持续优化改进。

**小型化：**随着产品频段集成度的持续提高，天线结构越来越复杂。同时，受站点部署空间限制，如迎风面积小于 0.8m$^2$，对天线的小型化提出了更高的要求。传统将多个频段阵列简单拼接的方式已无法满足需求，采用曲流形式、多谐振结构等新型小型化技术已批量应用于新产品的设计中。

**振子复用：**振子复用可以在一定程度上提高阵面利用效率，有效节省天线设计空间及成本。

**多频去耦：**复杂环境下同频及异频耦合影响较大，有效的去耦设计可以帮助实现更为理想的辐射特性，也是实现天线小型化的必要保障。

**异形阵列：**好的阵列组合方式可以有效地改善辐射特性，在多频天线中成为极为关键的应用技术之一。

## 7.3　天线的有源化和信息化

随着天线数量的增多，天线的有源化和集成化将成为 5G 大规模 MIMO 天线系统的必然要求，集成了滤波器等有源器件的有源天线系统将进一步提升移动网络的系统容量、性能，降低移动网络的运维成本、能耗损失。因此，无源化向有源化演变也是未来基站天线发展的确定性趋势之一。有源天线是射频模块与天线高度集成的产物，在支持多个频段一次部署的同时，可以大幅降低整个站点物理设备的数量，从而带来简化站点、减少站点租金和提升网络覆盖能力等好处。大规模阵列天线的使用会导致天线和 RRU 之间的射频连接变得密集且复杂，为了降低这种插入损耗和后期的维护成本，基站天线和滤波器等射频器件的融合与小型化将是天线技术发展的一大趋势。

目前主要有两种技术路线来解决上述问题，一种是基于传统滤波器的技术，但最终产品的体积和质量较大，另一种是开发小版本的天线，再融合陶瓷滤波器的技术。天线有源化和集成化趋势将带动天线行业的技术创新，未来天线厂家、滤波器厂家与系统设备厂家的合作也将更加紧密。天线有源化和集成化可以极大地简化天面、提升部署效率及网络性能。

**无线的信息化**：传统的基站天线除驻波报警外，无法向基站提供更多关于自身状态的信息。工参模块可以向基站实时上报天线的位置、倾角、权值等信息，为后期网络维护提供了巨大的便利。

## 7.4 毫米波频段天线

毫米波频段作为 5G 高频段补充资源和未来 B5G/6G 发展的方向，成为目前行业研究的重点。

### 7.4.1 频谱分配

毫米波频段没有太过精确的定义，通常将 30～300GHz 的频域（波长为 1～10mm）的电磁波称毫米波，它位于微波与远红外波相交叠的波长范围，因而兼具两种波谱的特点。5G 具有 eMBB、URLLC 和 mMTC 三大应用场景，各场景对无线频谱的需求也有差异。表 7.1 所示为 5G 频谱三大范围划分。

表 7.1 5G 频谱三大范围划分

| 名称 | 频率范围 | 特点 |
|---|---|---|
| 低频段 | 小于 3 GHz 称为 Sub-3GHz | 具有良好的绕射能力，适合广覆盖，但带宽较小 |
| 中频段 | 3～6 GHz 称为 C-band | 介于两者之间，适合部署城区以提升网络容量 |
| 高频段 | 大于 6 GHz | 具有大带宽，但路径损耗高，覆盖距离短 |

在 3GPP R16 中，定义了 FR1 和 FR2 两个频率范围。其中，FR1 是 450～6000MHz，又被称为 Sub-6GHz，是当前 5G 的主力频段。FR2 是 24.25～52.6GHz，作为 5G 后续的扩展频段。目前，全球最有可能优先部署的 5G 频段为 n77、n78、n79、n257、n258 和 n260，就是 3.3～4.2GHz、4.4～5.0GHz，以及 26GHz、28GHz、39GHz。表 7.2 所示为 5G/NR FR1 频段。表 7.3 所示为 5G/NR FR2 频段。

表 7.2　5G/NR FR1 频段

| 5G/NR FR1 频段 | 上行（MHz） | 下行（MHz） | 双工 | 注解 |
|---|---|---|---|---|
| n1 | 1920～1980 | 2110～2170 | FDD | 传统 FDD 频段 |
| n2 | 1850～1910 | 1930～1990 | FDD | |
| n3 | 1710～1785 | 1805～1880 | FDD | |
| n5 | 824～849 | 869～894 | FDD | |
| n7 | 2500～2570 | 2620～2690 | FDD | |
| n8 | 880～915 | 925～960 | FDD | |
| n12 | 699～716 | 729～746 | FDD | |
| n14 | 788～798 | 758～768 | FDD | |
| n18 | 815～830 | 860～875 | FDD | |
| n20 | 832～862 | 791～821 | FDD | |
| n25 | 1850～1915 | 1930～1995 | FDD | |
| n28 | 703～748 | 758～803 | FDD | |
| n30 | 2305～2315 | 2350～2360 | FDD | / |
| n34 | 2020～2025 | | TDD | / |
| n38 | 2570～2620 | | TDD | 传统 TDD 频段 |
| n39 | 1880～1920 | | TDD | |
| n40 | 2300～2400 | | TDD | |
| n41 | 2496～2690 | | TDD | |
| n48 | 3550～3700 | | TDD | / |
| n50 | 1432～1517 | | TDD | / |
| n51 | 1427～1432 | | TDD | / |
| n65 | 1920～2010 | 2110～2200 | / | / |
| n66 | 1710～1780 | 2110～2200 | FDD | / |
| n70 | 1695～1710 | 1995～2020 | FDD | / |
| n71 | 663～698 | 617～652 | FDD | / |
| n74 | 1427～1470 | 1475～1518 | FDD | / |
| n75 | / | 1432～1517 | SDL | / |
| n76 | / | 1427～1432 | SDL | / |
| n77 | 3300～4200 | | TDD | C-波段 |
| n78 | 3300～3800 | | TDD | |
| n79 | 4400～5000 | | TDD | |
| n80 | 1710～1785 | / | SUL | 补充上行频段 |
| n81 | 880～915 | / | SUL | |
| n82 | 832～862 | / | SUL | |
| n83 | 703～748 | / | SUL | |
| n84 | 1920～1980 | / | SUL | |
| n86 | 1710～1780 | | SUL | |
| n90 | 2496～2690 | | TDD | / |

表 7.3　5G/NR FR2 频段

| 5G/NR FR2 频段 | 频率范围（MHz） | 双工 |
|---|---|---|
| n257 | 26500～29500 | TDD |
| n258 | 24250～27500 | TDD |
| n259 | 39500～43500 | TDD |
| n260 | 37000～40000 | TDD |
| n261 | 27500～28350 | TDD |

国内的运营商对 5G 频谱的分配目前主要处于主力频段 FR1 的 n28、n41、n78 和 n79，如表 7.4 所示。

表 7.4　国内运营商的 5G/NR 频谱划分

<table>
<tr><th>运营商</th><th>频率范围（MHz）</th><th>带宽（MHz）</th><th>Band</th><th>备注</th></tr>
<tr><td rowspan="2">中国移动</td><td>2515～2675</td><td>160</td><td>n41</td><td>4G/5G 频谱共享</td></tr>
<tr><td>4800～4900</td><td>100</td><td>n79</td><td>/</td></tr>
<tr><td rowspan="2">中国广电</td><td>4900～4960</td><td>60</td><td>n79</td><td>/</td></tr>
<tr><td>703～733/758～788</td><td>2×30</td><td>n28</td><td>/</td></tr>
<tr><td>中国电信、中国联通、中国广电</td><td>3300～3400</td><td>100</td><td>n78</td><td>三家室内覆盖共享</td></tr>
<tr><td>中国电信</td><td>3400～3500</td><td>100</td><td>n78</td><td rowspan="2">两家共建共享</td></tr>
<tr><td>中国联通</td><td>3500～3600</td><td>100</td><td>n78</td></tr>
</table>

## 7.4.2　毫米波的特点

随着移动通信 5G 及空间通信技术的发展，毫米波的应用已是必然趋势。天线与射频技术正在向更高的频段演进，其应用范围已经扩展到军事、医疗、农业、天文学、环境科学等各个方面。在众多应用中，移动通信由于其快速的发展和变革，可以被认为是最新兴和最有前景的领域之一。未来的移动网络（如 5G、6G、卫星网络、无线 LANS、大型数据中心，以及芯片内/芯片间通信）对高容量链路的需求正在增加，这要求射频技术向能满足更大带宽的频段发展。

5G 使用的毫米波频段存在传输距离短、穿透和绕射能力差、容易受气候和环境影响等缺点，因此需要高增益、有自适应波束形成和波束扫描的天线阵列技术。然而，5G 大规模 MIMO 天线受物理尺寸限制，多个天线单元之间的互相耦

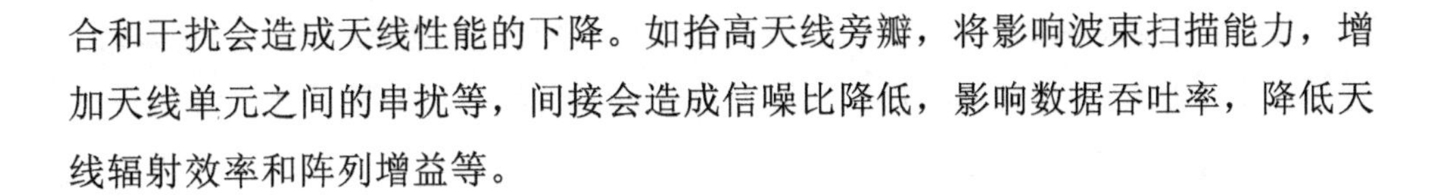
合和干扰会造成天线性能的下降。如抬高天线旁瓣，将影响波束扫描能力，增加天线单元之间的串扰等，间接会造成信噪比降低，影响数据吞吐率，降低天线辐射效率和阵列增益等。

### 7.4.3 毫米波高增益滤波天线

目前，5G 天线以单频为主，仅支持 5G 系统。但是，新一代移动通信系统往往需要与前一代移动通信系统共存，以满足不同用户多制式的使用需求。由于不同系统采用独立的天线，这就要求 5G 天线阵列在基站上部署时，需要和 2G、3G、4G 天线阵列共存。但在实际网络中，用于安装基站天线的天面资源非常紧张，2G、3G、4G 天线阵列已经占据了最佳位置，5G 天线阵列很难部署到最优位置。

为了解决这一问题，业界期望采用 Sub-6GHz 频段的 5G 大规模天线以兼容 2G、3G、4G 频段，从而在几乎不增加天面资源开销的情况下，完成多系统兼容的建设目标。然而，异频共口径天线阵列中不同频段阵子面临严重的异频互扰问题，会导致天线隔离度恶化、方向图畸变及辐射效率下降等问题。利用滤波天线的带外抑制功能可以有效抑制天线在带外的谐振模式，缓解异频互耦导致的方向图畸变的问题，这一技术得到了学术界和产业界的关注。

除 Sub-6GHz 频段需要滤波天线技术外，5G 毫米波频段也需要滤波天线技术。毫米波射频前端需要使用滤波器来抑制镜像频率干扰、中频泄漏、高次谐波，以及来自其他系统的干扰。然而，在毫米波频段，如果采用紧凑的片上滤波器，其品质因数（$Q$ 值）较低可能导致插入损耗较高（超过 2.5dB），而高 $Q$ 值滤波器体积较大，难以与芯片一体化集成到 5G 毫米波系统中。此外，如果高 $Q$ 值滤波器单独封装，它与芯片的互联也会引入额外的损耗。因此，将滤波功能集成到毫米波天线中的滤波一体化基站天线可以有效降低毫米波系统对滤波器性能参数的要求。

随着 5G 毫米波、卫星通信和 802.11ay 等新兴毫米波应用探索的深入，移动通信频谱不断提高，天线小型化和集成化已成为发展趋势。在未来很长一段时间，5G 将同时兼容 2G、3G、4G 频段。同时，现有天面资源紧张，不同频段天线间电磁干扰与耦合问题严重。滤波一体化基站天线可以实现天线系统的小型化，并有效解决天线间互耦难题，行业发展前景广阔。

调研发现，毫米波高增益滤波一体化天线有较大的市场应用前景，业内预测其将是 5G 天线未来的主要形态之一。在调研的基础上，泰尔实验室的工程师提出了一种高增益滤波天线的设计理论与方法，成功研制出天线样件，完成了试验验证，并更进一步研制了一种 W 波段高增益滤波一体化基站天线，实现了天线的小型化，其同时具有高增益和较好的滤波特性，性能优异。该天线实现方法与设计技术为行业提供了新方案和新思路。

自 2019 年工业和信息化部颁发 5G 牌照以来，我国的 5G 网络已初具规模。5G 和卫星互联网等未来通信是“新基建”的重要组成部分，产业界和学术界正在对 B5G/6G 移动通信新技术进行积极的探索。

5G（FR2）、卫星通信和 802.11ay 等新兴毫米波的应用探索逐渐深入，通信频谱不断提高，如图 7.4 所示。未来移动通信频谱甚至会拓展到太赫兹频段。随着频谱的不断提高，对高频器件的要求也越来越高，移动通信系统的小型化和集成化已成为发展趋势。

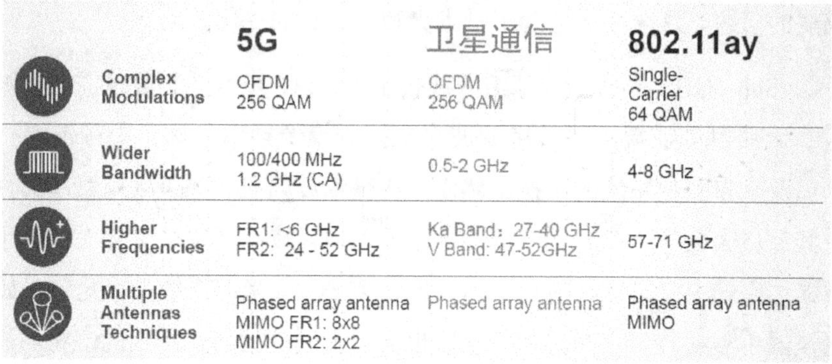

| | 5G | 卫星通信 | 802.11ay |
|---|---|---|---|
| Complex Modulations | OFDM<br>256 QAM | OFDM<br>256 QAM | Single-Carrier<br>64 QAM |
| Wider Bandwidth | 100/400 MHz<br>1.2 GHz (CA) | 0.5-2 GHz | 4-8 GHz |
| Higher Frequencies | FR1: <6 GHz<br>FR2: 24 - 52 GHz | Ka Band：27-40 GHz<br>V Band: 47-52GHz | 57-71 GHz |
| Multiple Antennas Techniques | Phased array antenna<br>MIMO FR1: 8x8<br>MIMO FR2: 2x2 | Phased array antenna | Phased array antenna<br>MIMO |

图 7.4　新兴毫米波应用及频谱分布

由图 7.5 所示的香农定理可知，为满足 5G 低时延、大容量、高可靠性等需求，需要大带宽（毫米波可满足）并增加天线数目（大规模 MIMO 可实现）。与以往历代移动通信所在的低频段相比，毫米波频段具有大带宽的优势，但同时电磁波在毫米波频段的传输损耗也明显增大，因此在基站端需要采用新的天线设计技术来解决毫米波传输损耗大的问题。

香农定理

$$C = K \times N \times B \times \log_2(1 + \mathbf{SINR})$$

小区数　天线数　带宽　信噪比

图 7.5　香农定理

图 7.6 表明，随着天线单元数目的增多，天线主瓣波束将随之变窄，天线增益也将增大。这给解决毫米波传输损耗大的问题提供了思路，即基站可以采用大规模 MIMO 技术，通过提高基站天线增益的方法来克服毫米波传输损耗大的问题。

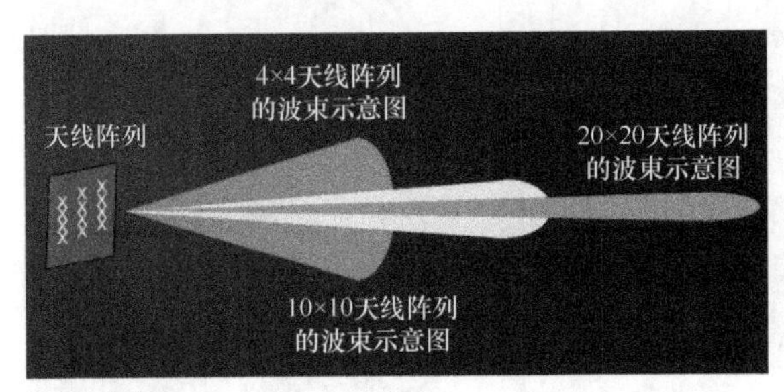


图 7.6　阵列单元数与波束宽度关系示意图

### 1．滤波天线行业需求

在未来很长一段时间内，5G 大规模天线需要兼容 2G、3G、4G 频段，所有频段天线需要共享一个天面口径，这会带来严重的天线间互扰问题，影响通信质量。

传统上，天线和滤波器是独立设计的，后期通过一段传输线连接在一起。这种后期直接相连的一个弊端就是阻抗匹配问题，它会影响滤波器的工作特性，尤其是在过渡带附近，频率选择性下降。由此可见，将滤波器与天线级联的方式既增加了整体的复杂性，也增大了整体尺寸，同时还引入了额外的损耗。

滤波天线集成了天线和滤波器的功能，可以减小整体尺寸，也可以降低损耗。滤波天线所具备的带外抑制特性可以有效减弱互耦合杂散干扰，同时滤波天线具有集成化的优势，是一种新的天线设计技术。在 5G 基站天线领域，5G 基站天线和滤波器一体化设计，形成了新的产品形态，这将是 5G 天线未来的主要形态之一。

与以往历代移动通信（基站天线与 RRU 分离，由线缆连接）不同，进入 5G 时代后，5G 基站天线形态演变为一体化的 AAU 有源天线（RRU 与天线高度集成），如图 7.7 所示。尤其是 5G 毫米波大规模天线阵列，受限于物理空间，天线与射频单元高度集成。此外，5G 基站天线需要兼容以往 4G 等更多频段和制式，天面资源紧张，迫切需要一体化设计基站天线。

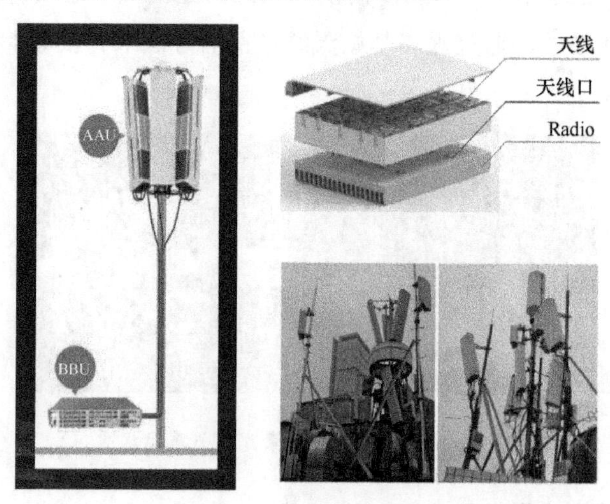


图 7.7　有源天线与拥挤的天面

## 2. 滤波天线设计技术与实现方法

在无线通信系统中，天线和滤波器是重要的系统组件。在集成电路中，天线和滤波器也往往比其他器件尺寸更大。在实际工程应用中，带通滤波器通常会级联在天线后端来抑制带外的杂散信号。近年来，滤波天线的概念被提了出来，研究人员将天线和滤波器作为一个整体进行设计，这样既可以减小整体尺寸，又可以降低损耗，同时对带外信号的抑制能力显著提升，滤波天线因而受到了广泛的关注。

近些年，国内外学者已经研究发表了多种不同形式的滤波天线的相关论文。例如，U 形贴片天线结构、单极子和不同形式的耦合带状线混合结构、缝隙天线结构、基于 SIW 谐振腔和金属谐振腔结构等。概括来讲，滤波天线的主要设计方法有两种：将滤波器与天线级联，天线辐射体作为滤波器电路的最后一级谐振器，如图 7.8（a）所示；在天线辐射体内构造滤波器实现电路的滤波功能，如图 7.8（b）所示。图 7.8（c）所示为一种典型的滤波天线示意图，Γ 形结构为天线辐射体，其直接与微带带通滤波器末端谐振器级联在一起，无须额外的连接线，从而降低整体的损耗，图 7.8（c）所示的滤波天线一体化设计既可以确保带内有用信号高效传输，又可以抑制带外杂散信号的干扰。

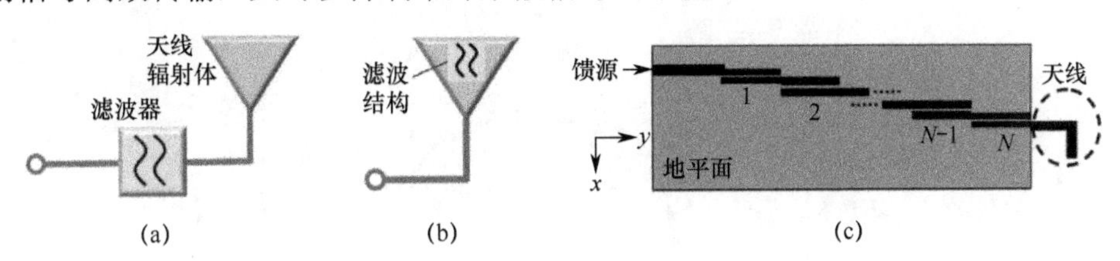


图 7.8　滤波天线原理

目前业界和学术界在滤波天线方向的主要进展概括如下。

（1）双极化滤波天线。

（2）多频段共口径滤波天线。

（3）宽带滤波天线。

（4）超表面滤波天线。

（5）非互易性滤波天线。

下面分别依次介绍各典型的滤波天线。

**1）双极化滤波天线**

一种典型的双极化滤波电偶极子天线的结构如图 7.9（a）所示。整个天线由垂直放置的两个交叉形电偶极子、两个巴伦和一个反射板组成。

该天线的阻抗带宽为 1.7～2.8GHz（48.8%）。在整个工作频带上，极化隔离度大于 35dB。如图 7.9（b）所示，工作带宽内的增益平均值为 8dBi，且带内平坦。第一、第二和第三辐射零点分别位于 1.15GHz、3.2GHz 和 3.5GHz。这些辐射零点的增益抑制大于 20dB。由此可见，该天线并没有增加额外结构，但是实现了宽频带和带外抑制功能，有利于天线系统的小型化。

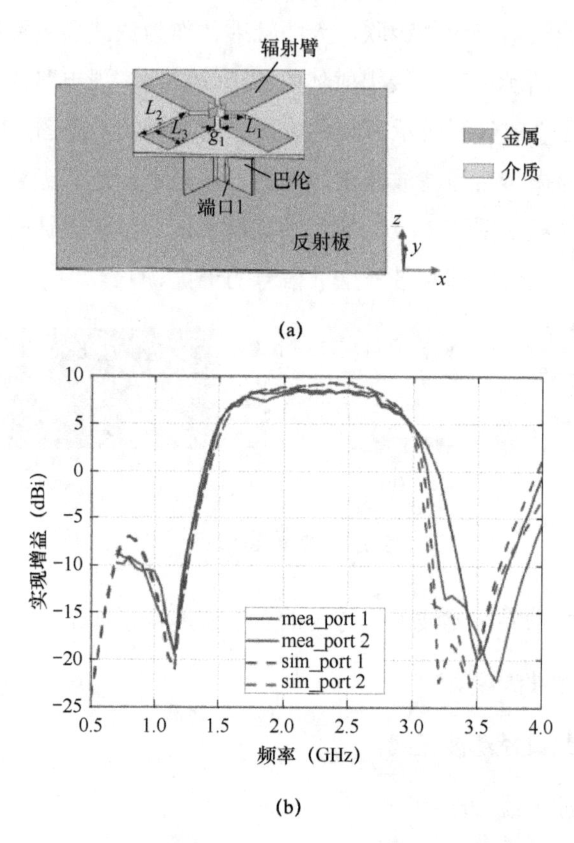


图 7.9　一种典型的双极化滤波电偶极子天线的结构及其响应

### 2）多频段共口径滤波天线

传统的双频天线阵列中的高低频子阵列大多是相互独立、并排放置的，阵列整体体积大。为了克服这个问题，如图 7.10 所示，采用滤波天线单元可实现双频共口径天线阵列，将两个频段的单元集成在一起，利用滤波单元的带外抑制功能实现异频去耦。相比于单频阵列，体积几乎不增大，实现了天线系统的小型化。

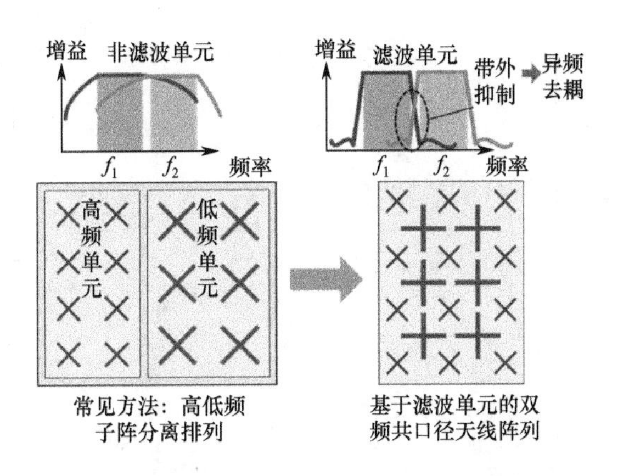


图 7.10 基于滤波天线单元的双频共口径天线阵列设计思路

交织排列的双频滤波天线阵列如图 7.11 所示，低频和高频单元分别工作在 1710～2170MHz 和 2490～2690MHz，通过使用滤波天线单元，低频和高频子阵列交错排布。利用滤波天线的带外抑制功能实现异频去耦。整个阵列由两个 4×4 的子阵列组成，其中低频单元的尺寸较大，高频单元的尺寸较小。这种排列方式与常规方案相比，可以有效地减小阵列尺寸。在这种设计中，低频和高频单元的边到边间距仅为 15mm。因此，基于该结构，天线阵列整体尺寸得到有效的缩减。如图 7.12 所示，低频阵列在 2.0GHz 的峰值增益为 15.3～16.4dBi，高频阵列在 2.6GHz 的峰值增益为 14～15.5dBi。两个频段之间具有良好的隔离滤波特性。

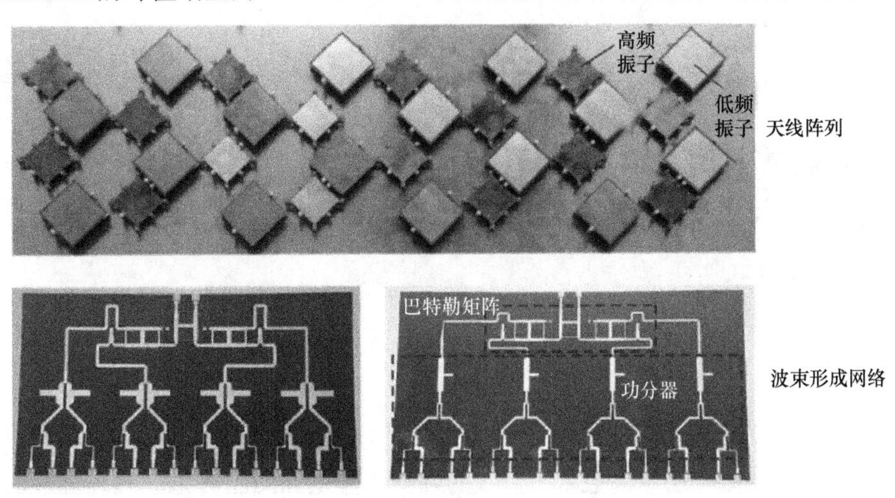


图 7.11 交织排列的双频滤波天线阵列

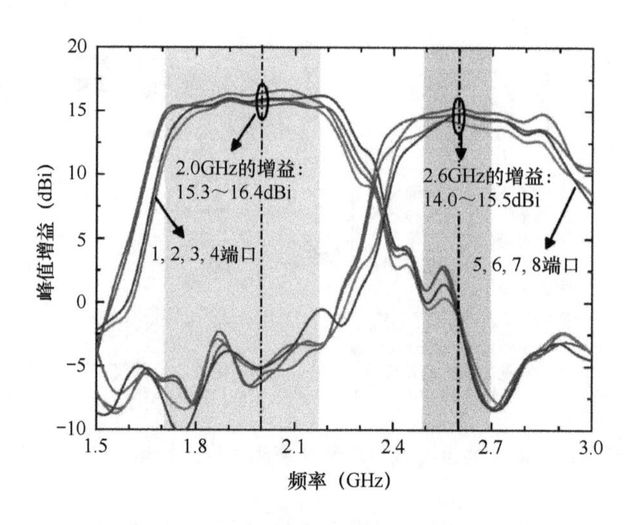


图 7.12　双频滤波天线阵列增益测试结果

### 3）宽带滤波天线

一种典型的结构简单的宽带滤波电偶极子天线如图 7.13 所示，它由一个双极化主辐射体、两个馈电巴伦和一个反射板组成。主辐射体由一对垂直的电偶极子组成，每个振子臂都被一个 U 形寄生单元围绕。U 形寄生单元用于增强带宽并在通带边缘附近引入两个辐射零点，以提升频率选择性。该天线结构相当简单，辐射结构采用的是单层介质板，没有任何复杂的滤波结构。

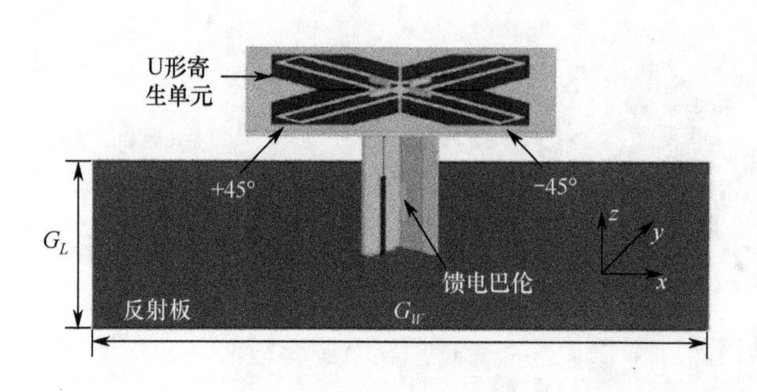

图 7.13　宽带滤波电偶极子天线

该滤波天线的阻抗带宽是 63%（1.68～3.23GHz），通带内的极化隔离度超过 32dB。如图 7.14 所示，通带内天线的峰值增益在 8.5dBi 左右，增益曲线在通带边缘具有很好的滚降特性，带外增益抑制水平超过 13dB。

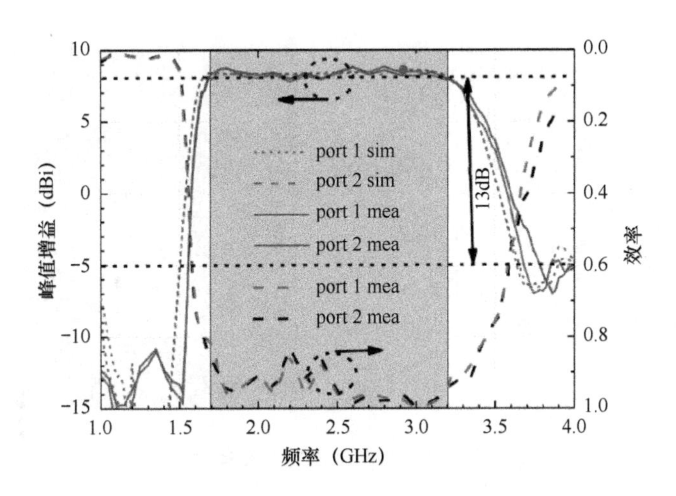


图 7.14　宽带滤波电偶极子天线增益与效率曲线

#### 4）超表面滤波天线

近年来，随着电磁超材料的快速发展，出现了一种二维的电磁材料——超表面。超表面是一种亚波长厚度的平面阵列，由亚波长结构的谐振单元周期性地排列组成，能够调控电磁波的传播特性。三维堆叠结构的超材料存在体积大、损耗高、不易加工等缺点，其应用受到了一定的限制。超表面在具备调控电磁波传播特性的同时具有易加工和低损耗等特性，因此受到了国内外学者的广泛关注。

将超表面与滤波天线结合，可以有效提高天线的性能。一种典型的超表面滤波天线结构如图 7.15 所示，通过采用新型的二维超表面材料，有效减小了天线的口面尺寸，同时抑制了天线表面波的产生，从而提升了天线辐射效率，并且可以有效削弱单元间的电磁耦合。

#### 5）非互易性滤波天线

非互易性滤波天线可以提供完全独立的收发通道，实现同时同频全双工通信。与频分全双工（需要不同的上行和下行频率）和时分全双工（对时钟信号要求严格）不同，非互易通信场景可以成倍地提高频谱利用率，具有广阔的应用前景。采用时空调制的方法打破时间反演对称性，可以设计出无须磁性材料偏置的可集成化非互易性滤波天线。

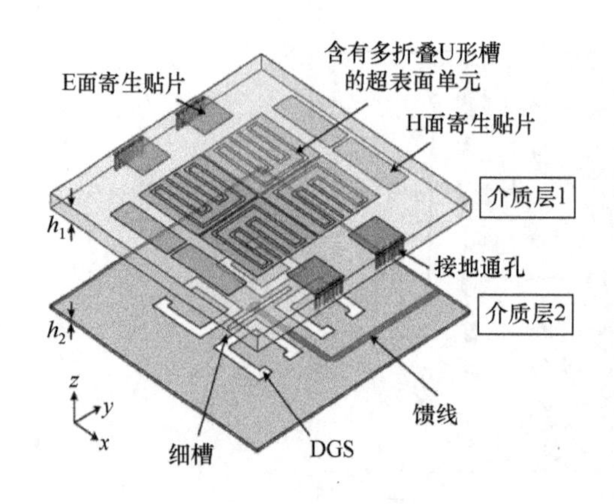

图 7.15 超表面滤波天线结构

非互易性滤波天线设计的基本思路：将天线辐射体和非互易性滤波结构集成在一起，然后进行一体化综合设计。所设计的滤波天线具有陡峭的频率过渡带和良好的带外频率抑制能力，与此同时，电磁波在此滤波天线内只能单向传输，如同天线、滤波器和隔离器三者集成在一起，展现了全新的电磁波传输特性。此外，非互易性滤波天线具有平面化、结构紧凑，以及能够和集成电路高度集成等特点。

如图 7.16 所示，只要在各微带谐振器末端加载调制信号，并控制各调制谐振器的低频调制信号的初始相位关系，就可以打破时间反演对称性，实现电磁波的非互易性传输。传统的磁性材料与集成电路不兼容，无法实现器件的集成化，采用时空调制的方法来实现非互易性，可不依赖于磁性材料偏置，从而满足集成化的需求。从图 7.17 可见，非互易性滤波天线为平面化结构，整体结构紧凑，可以发射但不能接收信号。

在 5G 毫米波前端，如果采用片上滤波器，其 $Q$ 值较低、损耗大，而高 $Q$ 值毫米波滤波器体积大，难以与芯片集成，互连损耗大。为了克服这些问题，毫米波大规模 MIMO 滤波天线具有广泛的应用前景。

一种基于辐射体与滤波结构融合设计的毫米波大规模 MIMO 滤波天线单元及增益曲线如图 7.18 所示。该天线单元将带外抑制功能集成到贴片天线中，在无须任何额外滤波电路的情况下，实现了 24.25～29.5GHz 频段的毫米波双极化滤波。如图 7.18 所示，该毫米波双极化滤波天线主要由 1 个差分馈电的十字形激励贴片、4 个层叠的寄生贴片和地板组成。4 个短路贴片加载在十字形激励贴片的四周，用来产生低频带辐射零点。十字形微带线插入 4 个寄生的叠层贴片中间，用来产生高频带辐射零点。天线的带内增益理论值为 6.6dBi，增益曲线在 23GHz 和 33GHz 迅速滚降至−10dBi 以下，阻带内的辐射抑制度达 16dB。

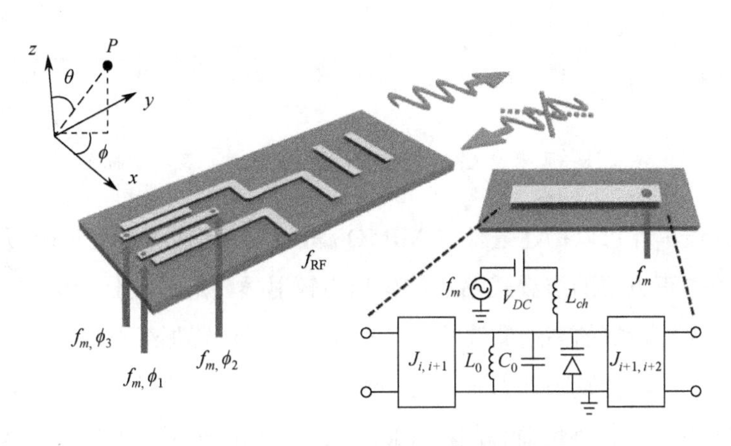


图 7.16　非互易性滤波天线原理图

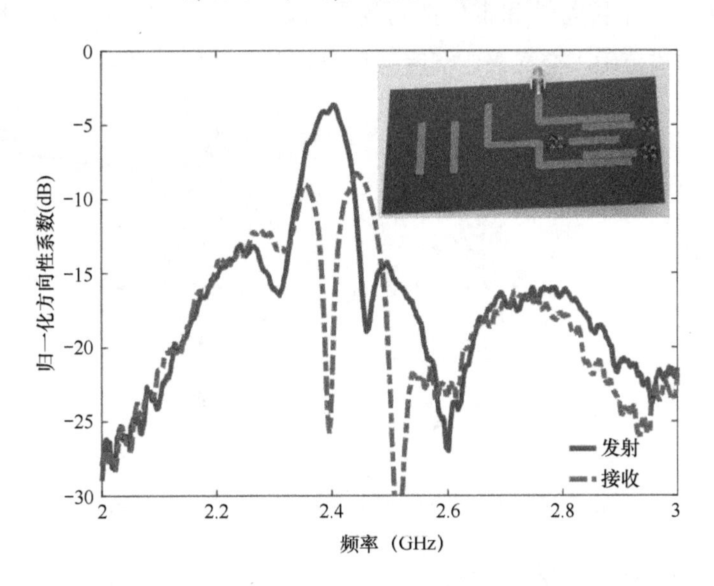


图 7.17　非互易性滤波天线收发归一化方向性系数

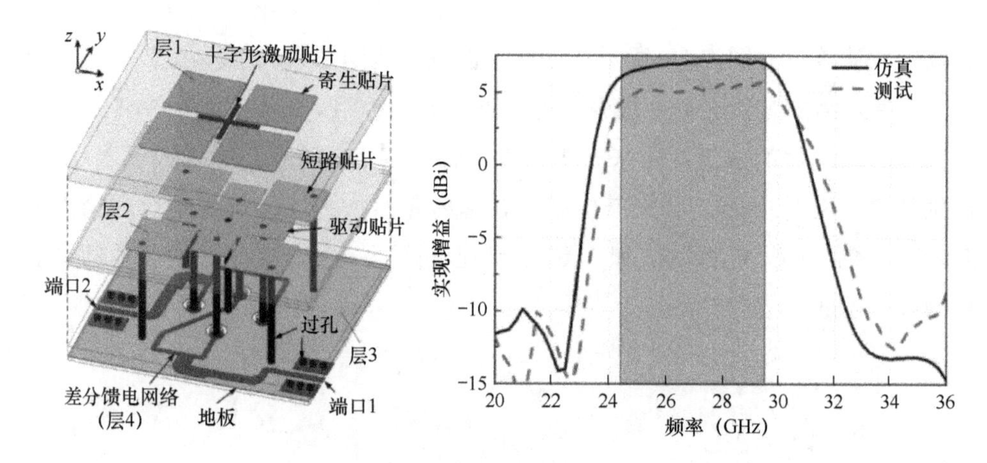


图 7.18 毫米波大规模 MIMO 滤波天线单元及增益曲线

上述天线单元可以构建毫米波 MIMO 滤波阵列天线，如图 7.19 所示。天线单元采用两个正方形的层叠式贴片结构作为辐射体，通过差分馈电的 H 形微带线耦合贴片实现较好的高通滤波特性。在贴片下层位置加载方形环谐振器结构，可在通带低频边沿位置额外引入辐射抑制零点，以提高边带滚降。该阵列带内增益达 14dBi 以上，带外增益抑制在 18dB 以上，相比于无滤波特性的传统贴片单元构成的阵列，滚降特性和带外抑制效果明显提升。该阵列还具有水平方向上±60°的波束扫描范围，交叉极化幅度（相比于主极化）在−30dB 以下。

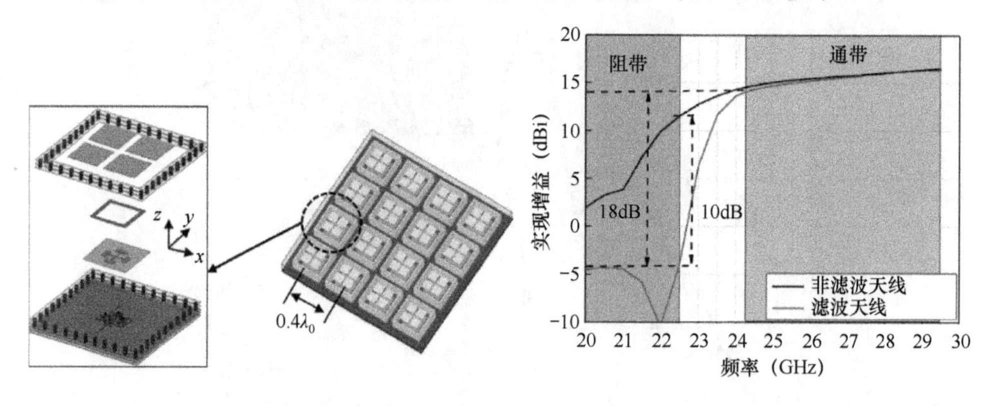


图 7.19 毫米波 MIMO 滤波阵列天线及增益曲线

### 3. 滤波天线产业发展及趋势

滤波天线是一种具有滤波功能的天线，起源于学术界，也有较多相关论文发表和专利申请。目前，各大基站天线厂家对该领域的关注也越来越多，并且陆续有一些产品实现了量产。

通宇通讯是全球首批成功商用 5G 天线滤波器一体化产品的公司之一，公司依靠长期积累的天线和滤波器技术基础，聚焦这两个主要元器件的集成。5G 天线滤波器一体化产品自动化生产线于 2019 年 6 月正式量产，通宇通讯的天线产品大量应用于全球各地，是华为、中兴、诺基亚、爱立信、大唐等系统设备商认证的全球供应商。

设备厂商安弗施目前的主要产品集中在传统 4G 多频段天线上，暂时还没有涉及 5G 天线。在 5G 基站天线领域，5G 基站天线和滤波器一体化设计，形成新的产品形态——AFU 天线产品，目前其在业内技术及产业化已经初步成熟，主要应用的主设备厂家有华为和中兴，在 2020 年的 5G 宏站建设中已有应用，与之配套的 5G 陶瓷滤波器技术及产品和制造工艺已日趋成熟，满足市场对规模供货和应用的需求，价格逐渐下降。总之，高增益滤波一体化基站天线产业发展相对较为成熟，并且市场前景广阔。

在常规多频滤波器天线方面，康普等公司在天线去耦方面有较多的布局，能够降低频段间的影响。另外，凯瑟琳等公司提出了将滤波器集成在振子巴伦的方案，这些技术方案已实现全面商用。5G 滤波天线主要由国内天线厂商参与，国外相关技术相对不成熟。

设备厂商京信在滤波天线领域有持续关注，目前其产品主要应用于多频天线和 5G 天线中，常规多频天线主要通过巴伦或振子臂的创新实现滤波器的效果，减小不同频段的部件之间的跨频带互耦。在 5G 滤波天线领域，京信具有丰富的技术积累和量产经验；与之配套的陶瓷滤波器和天线模块都具有自主知识产权。2018 年 10 月，设备厂商诺基亚将滤波器和天线均集成在 AAU 上，并用于 28G 产品。

常规多频滤波天线设计和应用的主要困难：滤波天线的辐射性能和电路性能需要优于常规天线。另外，现有基站天线频段较宽，对滤波天线是个挑战。Sub-6G 天线商用的障碍主要集中在产线生产测试的效率和精准度、成本控制压力，以及温度变化带来的产品性能差异等。

5G 天线在技术上无明显的困难和障碍，在市场需求上，该类产品属于定制化产品，其技术规格受配套的 5G AAU 设备强制约束。5G 天线的商业需求主要依赖于 5G 网络建设需求且依赖于基站主设备厂商的相关策略。

常规多频滤波天线的未来技术发展方向主要是宽带化、小型化、高增益化，不同频段部件间的互耦影响更小，能实现多频天线的高度集成化。随着 5G 移动通信的发展，多频天线的应用越来越多，多频天线的小型化需求越来越紧迫，小型化意味着天线的布局会变得更紧凑，天线不同频段部件间的互耦影响会更大，而滤波天线是解决这个问题的方案之一，有较好的前景。

5G 时代，基站系统向着小型化、轻量化和高度集成的方向发展，因此 5G 滤波天线作为天线与滤波器一体化集成的代表技术和产品，是适应时代发展的产物，其产品的表现形态 AFU 天线产品有较大的市场应用前景，业内预测，AFU 将是 5G 天线未来的主要形态之一。

#### 4. 宽带高增益滤波一体化基站天线

在调研了业界和学术界的研究进展后，中国信息通信研究院提出了一种新型的高增益滤波一体化基站天线设计技术与实现方法。依托于反射阵列天线（Reflect array Antenna，RA），从滤波器的角度出发，又设计了宽频带高增益滤波一体化基站天线，通过控制传输零点，获得高频率选择性的响应。

反射阵列天线集合了抛物面反射天线和相控阵天线等的优点，具有平面化、成本低和辐射性能好等特性。近年来，反射阵列天线在陆地和卫星通信，以及雷达系统中均有广泛的应用。研究和设计反射阵列天线的一个核心问题就是调节和控制各天线单元的相位，使之满足所要求的主瓣辐射方向，这个过程需要考虑馈源到各单元的空间相位差，通常需要调整各单元的尺寸来获取所需的相位分布。

反射阵列天线的主要缺点在于工作带宽较窄，这主要受限于各天线单元的谐振特性及馈源与各单元的空间相位差。为解决反射阵列天线的带宽问题，在过去，世界各地的研究者主要采用 True-Time Delay（TTD）技术来增加带宽。TTD 的主要特点是，在较宽的频率范围内，相位随着延迟线长度近乎线性变化。TTD

技术的优势是，仅调整相位延迟线的长度即可获得所需要的相位，而不需要改变各单元贴片的尺寸。

下面讨论一种全新的宽频带具有滤波特性的反射阵列天线单元设计，建立其等效电路并利用滤波器理论研究该结构的工作机理。所设计的天线单元采用 TTD 技术，每个单元可以看作一个二端口网络，一端为 TTD line，另一端为自由空间。利用滤波器耦合矩阵的理论来指导设计宽频带具有滤波特性的反射阵列天线单元。天线单元载体为低损耗的 SIW 结构，通过耦合缝隙来实现电磁能量高效耦合到辐射贴片上。为增加通带带宽和减小过渡带带宽，下面依次研究了单缝隙、双缝隙和三缝隙耦合天线单元的设计。

**1）TTD 技术**

受限于天线单元的谐振结构，传统的反射阵列天线的主要缺点为带宽较窄，而 TTD 技术可以很好地拓宽反射阵列天线的频率带宽。图 7.20 为 TTD 技术示意图，电磁波从上部空间通过孔径耦合到微带传输线上，电磁波顺着微带传输线前向传播直到开路处，开路能量全部反射并继续传播到孔径处，从孔径处耦合到辐射贴片并辐射出去。电磁波在天线单元内传播的路径长度为 $2\beta L$，其中，$\beta$ 为

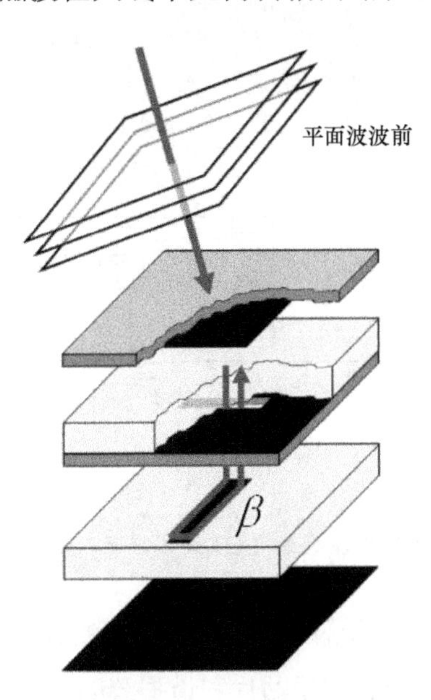


图 7.20　TTD 技术示意图

介质内相移常数，$L$ 为微带传输线长度，这意味着天线单元所提供的相位正比于微带传输线的长度，因此仅通过控制微带传输线的长度便可以控制单元所能提供的相位，这给反射阵列天线设计带来了很大的便利。此外，TTD 技术还具有低损耗、低交叉极化，易于集成电容、电感和二极管等集总器件，以及易于实现天线可重构设计等优点。

**2）单缝隙耦合天线单元**

传统的 TTD 反射阵列天线频率选择性差，易受到带外信号的干扰。为了提升天线带外抑制能力且不减小频率带宽，提出了全新的 TTD 天线单元设计，旨在提高频率选择性。所提出的天线单元在 SIW（介质集成波导）传输线上集成了滤波器的功能，如图 7.21 所示，图中上半部分从左到右依次为三维视图、顶视图和拓扑结构，下半部分为其等效电路。可见，天线单元为两层结构，顶层为辐射贴片，底层为 SIW，缝隙开槽于 SIW 的上表面。

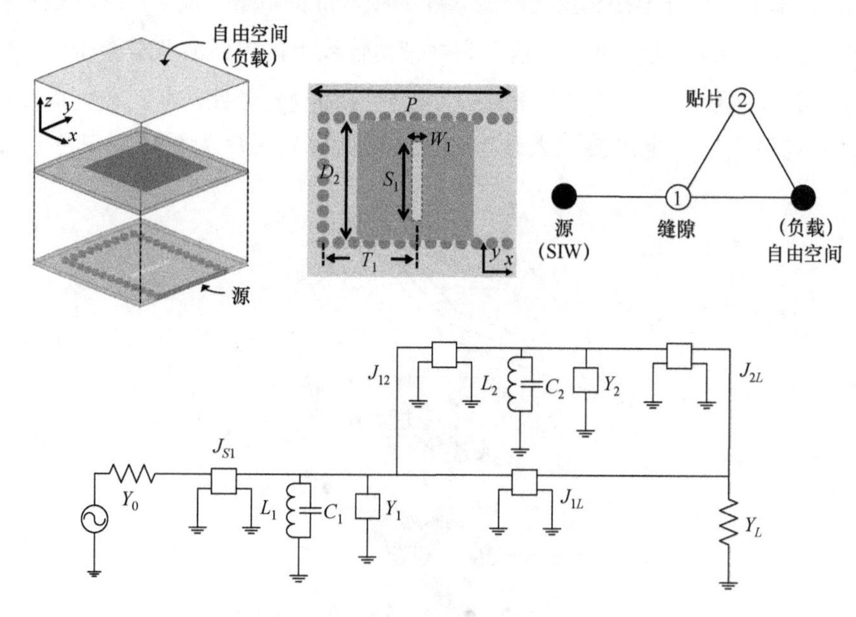


图 7.21　基于 SIW 单缝隙耦合的 TTD 天线单元及其拓扑结构和等效电路

如图 7.21 左上所示天线单元的工作机理可以用滤波器理论来解释，其本质为二阶滤波器集成了 SIW 传输线、谐振贴片和谐振缝隙。由于 SIW 为封闭的电磁结构，SIW 输入端口的电磁波能量只能从缝隙（谐振器 1）耦合出去。然而，缝隙处的能量既可以直接辐射到自由空间中，也有一部分耦合给贴片。当然，贴片将电磁能量进一步辐射到自由空间中，因此基于 SIW 单缝隙耦合的 TTD 天线单元的拓扑结构如图 7.21 右上所示。可以发现，其拓扑结构不再是传统的 in-line 形式，由于缝隙和自由空间之间的交叉耦合，这种拓扑通常被称为 tri-section 拓扑结构。这种拓扑结构的一个特点是，在有限频率处存在一个传输零点，如图 7.22 所示，通带左侧频率选择性得到提高。基于 SIW 单缝隙耦合的 TTD 天线单元的耦合矩阵为

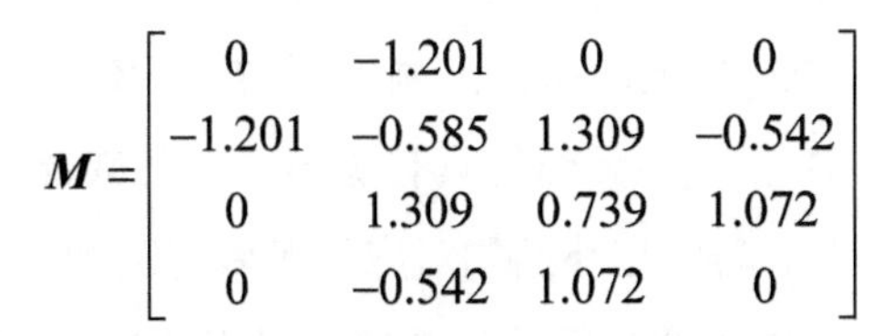

$$\boldsymbol{M}=\begin{bmatrix} 0 & -1.201 & 0 & 0 \\ -1.201 & -0.585 & 1.309 & -0.542 \\ 0 & 1.309 & 0.739 & 1.072 \\ 0 & -0.542 & 1.072 & 0 \end{bmatrix}$$

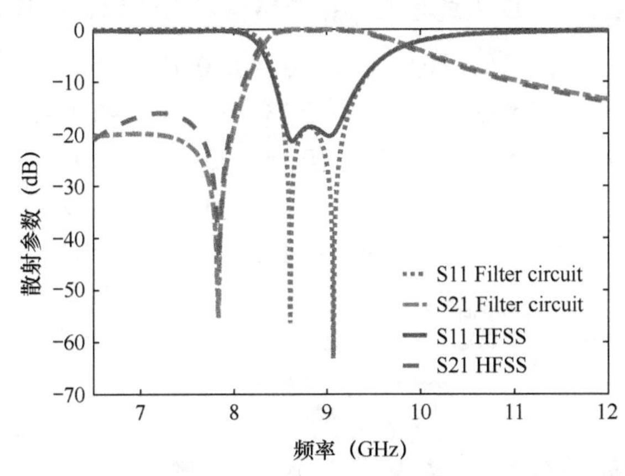


图 7.22　基于 SIW 单缝隙耦合的 TTD 天线单元散射参数电路与全波仿真对比曲线

$\boldsymbol{M}$ 为 $N$=2 时的 $N$+2 耦合矩阵，该矩阵从左到右和从上到下依次对应源端、谐振器 1（缝隙）、谐振器 2（贴片）和负载。同样地，由于互易性，矩阵 $\boldsymbol{M}$ 是对称的，其第一行第三列（$M_{S2}$）和第三行第一列（$M_{2S}$）的元素为零，表示源端和贴片之间不存在耦合。该耦合矩阵为异步的（Asynchronous），因此缝隙和贴片可以在不同的谐振频率上微调。谐振频率的偏移由矩阵 $\boldsymbol{M}$ 中对角线上的非零元素给出。同时，通带左侧传输零点的位置是由矩阵 $\boldsymbol{M}$ 中的负值耦合导致的。在耦合矩阵中，负号是可能存在的，这主要是因为在缝隙和贴片之间的电磁耦合存在着多种不同的电场或磁场的相互作用。图 7.22 中的全波仿真和等效电路仿真的结果具有很好的一致性。

### 3）双缝隙耦合天线单元

为了在提高通带右侧的频率选择性的同时进一步增加通带带宽，按照相似的方法，在 SIW 上可以集成两个耦合缝隙来产生更多的交叉耦合路径，从而在有限频率处再增加一个传输零点，提高频率选择性。如图 7.23 所示，引入第二个耦合缝隙到天线单元里，由于 SIW 是封闭的波导结构，因此能量只能从 SIW 源端口耦合到两个缝隙中。然而，两缝隙均可以进一步耦合到辐射贴片和自由空间中，因此可以得到图 7.23 右上的拓扑结构。图 7.23 所示的拓扑结构表明基于 SIW 双缝隙耦合的 TTD 天线单元结构具有更多的交叉耦合，从而会存在两个传输零点，如图 7.24 所示。与此拓扑结构对应的等效电路如图 7.23 下方所示，基于 SIW 双缝隙耦合的 TTD 天线单元的拓扑结构对应的耦合矩阵为

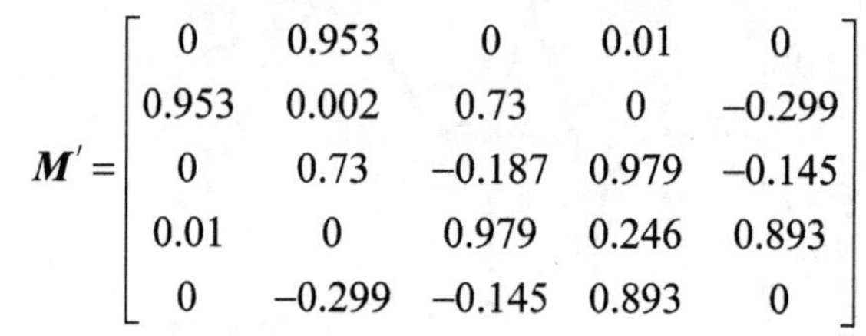

$$
\boldsymbol{M}' = \begin{bmatrix} 0 & 0.953 & 0 & 0.01 & 0 \\ 0.953 & 0.002 & 0.73 & 0 & -0.299 \\ 0 & 0.73 & -0.187 & 0.979 & -0.145 \\ 0.01 & 0 & 0.979 & 0.246 & 0.893 \\ 0 & -0.299 & -0.145 & 0.893 & 0 \end{bmatrix}
$$

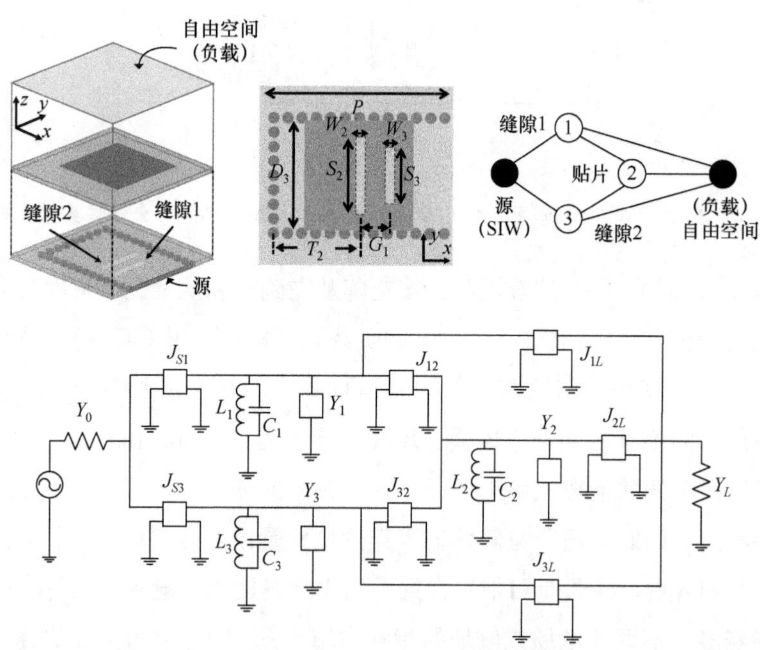


图 7.23　基于 SIW 双缝隙耦合的 TTD 天线单元及其拓扑结构和等效电路

矩阵 $\boldsymbol{M}'$ 为 $N$=3 时的 $N$+2 阶耦合矩阵，该矩阵从左到右和从上到下依次对应源端、谐振器 1（缝隙 1）、谐振器 2（贴片）、谐振器 3（缝隙 2）和负载。同样地，由于互易性，此矩阵是对称的。从图 7.23 中的拓扑结构可知，谐振器 1 与谐振器 3 之间不存在交叉耦合，因此 $\boldsymbol{M}'$ 耦合矩阵中的 $M'_{13}=M'_{31}=0$。图 7.24 中的基于 SIW 双缝隙耦合 TTD 天线单元全波仿真与其等效电路的散射参数对比曲线具有很好的一致性，通带两侧各存在一个传输零点，频率选择性得到了提升，同时通带带宽也进一步增大，回波损耗通带带宽为 13 dB，如表 7.5 所示。

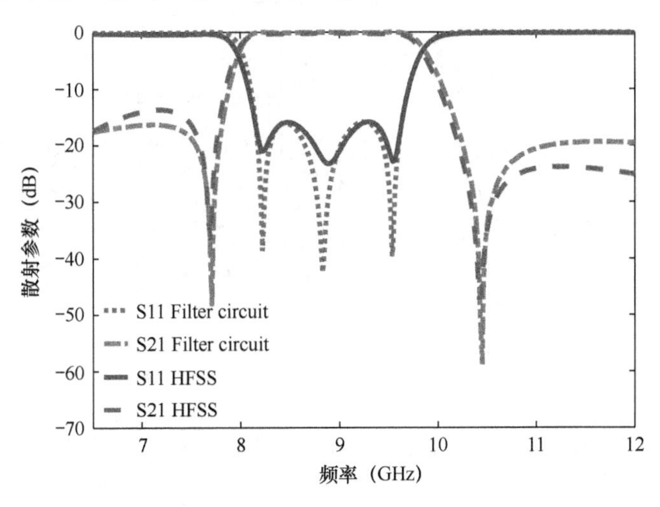


图 7.24　基于 SIW 双缝隙耦合的 TTD 天线单元散射参数电路与全波仿真对比曲线

表 7.5　各 TTD 天线单元 13 dB 回波损耗通带带宽

| 单元类型 | 通带带宽 |
| --- | --- |
| 单缝隙 TTD 单元 | 8.9% |
| 双缝隙 TTD 单元 | 17.3% |
| 三缝隙 TTD 单元 | 21.9% |

**4）三缝隙耦合天线单元**

为了进一步提高对带外信号的抑制能力，以及增加通带带宽，正如前文所述，可以采用类似的方法引入第三个耦合缝隙来实现四阶滤波器，如图 7.25 所示。

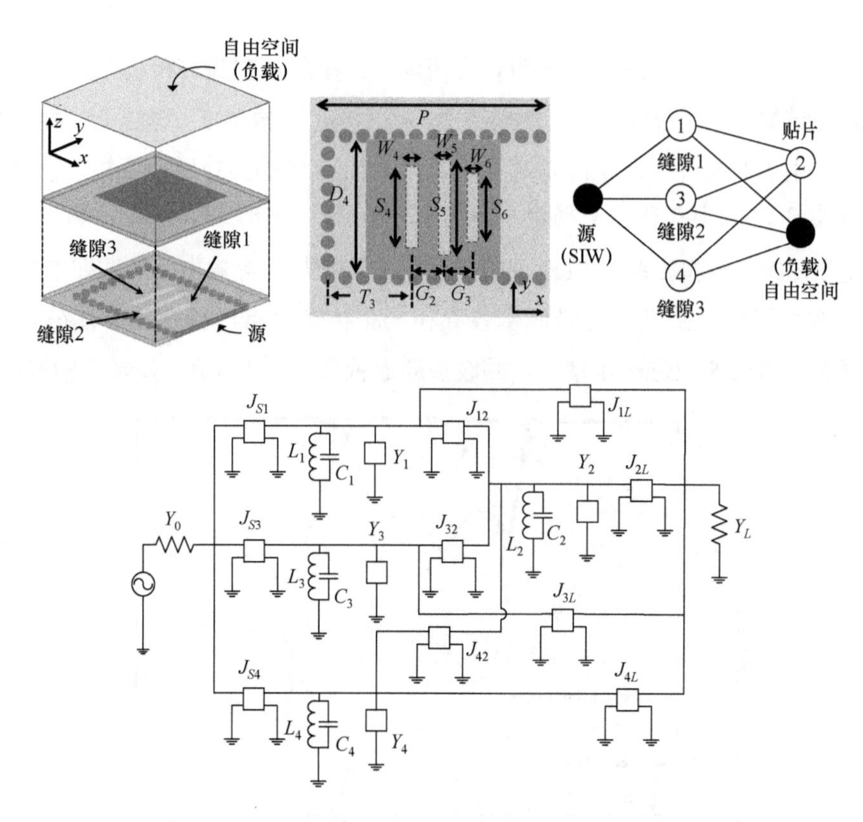


图 7.25　基于 SIW 三缝隙耦合的 TTD 天线单元及其拓扑结构和等效电路

采用同样的分析方法，可以得到图 7.25 中右上的拓扑结构，该拓扑结构意味着在有限频率处存在 3 个传输零点，如图 7.26 所示，一个传输零点在通带的左侧，两传输零点在通带的右侧。另外，各缝隙与背向短路处的距离意味着 SIW 源端口仅能对其中一个缝隙进行电磁波强耦合。基于 SIW 三缝隙耦合的 TTD 天线单元传输函数的耦合矩阵也表明第二缝隙和第三缝隙（Resonators 3 和 4）仅需要弱耦合即可。这可以从下列耦合矩阵的 $M''_{S3}$ 和 $M''_{S4}$ 的元素的值可知。基于 SIW 三缝隙耦合的 TTD 天线单元的耦合矩阵为

$$\boldsymbol{M}''=\begin{bmatrix} 0 & 0.877 & 0 & 0.01 & 0.002 & 0 \\ 0.877 & 0.043 & 0.722 & 0 & 0 & -0.186 \\ 0 & 0.722 & -0.194 & 0.574 & -0.103 & -0.308 \\ 0.01 & 0 & 0.574 & 0.757 & 0 & 0.687 \\ 0.002 & 0 & -0.103 & 0 & -1.038 & 0.409 \\ 0 & -0.186 & -0.308 & 0.687 & 0.409 & 0 \end{bmatrix}$$

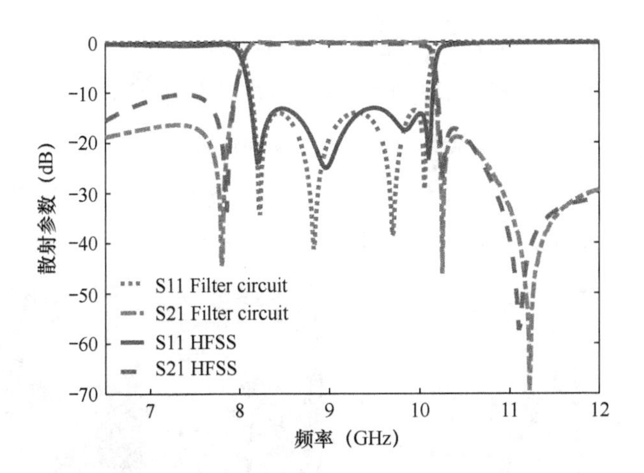


图 7.26　基于 SIW 三缝隙耦合的 TTD 天线单元散射参数电路与全波仿真对比曲线

$\boldsymbol{M}''$ 所示为 $N$=4 时的 $N$+2 阶耦合矩阵，该矩阵从左到右和从上到下依次对应源端、谐振器 1（缝隙 1）、谐振器 2（贴片）、谐振器 3（缝隙 2）、谐振器 4（缝隙 3）和负载。同样地，由于互易性，此矩阵是对称的。从图 7.25 所示的拓扑结构可知，各缝隙（谐振器 1、谐振器 3 和谐振器 4）之间不存在交叉耦合。我们还可以发现，图 7.26 所示的基于 SIW 三缝隙耦合的 TTD 天线单元全波仿真数值与等效电路给出的散射参数具有较好的一致性，由于通带右侧存在两个传输零点，因此高频过渡带更加陡峭，同时通带带宽更宽，如表 7.5 所示。从表 7.5 可知，随着耦合缝隙数目的增加，天线单元的通带带宽也随之增加。

至此，采用滤波器理论依次讨论了基于 SIW 的单缝隙、双缝隙和三缝隙耦合的 TTD 天线单元的工作机理。结果表明，随着耦合缝隙数目的增加，所提出的天线单元带外抑制能力显著提高，这主要得益于对传输零点的控制。这对于反射阵列天线来说，最直接的益处就是使其增益曲线具有很好的频率选择性。

最后需要强调的是，以 SIW 为载体设计的具有滤波特性的反射阵列天线单元，通过引入和控制传输零点实现对天线单元工作带宽和频率选择性的灵活控制。所提出的概念和分析方法具有广泛适用性，可以被应用到其他不同的载体平台上。

为了测试验证所提出的新型 TTD 天线单元的响应特性，中国信息通信研究院加工了若干不同 SIW 长度的双缝隙耦合的 TTD 天线单元，并使用 WR90 波导仿真器进行了测试，图 7.27（a）为典型的新型 TTD 天线单元实物，图 7.27（b）为天线单元实物与 WR90 波导仿真器的连接图，波导仿真器的输入端连接矢量网络分析仪，上层贴片的介质板材料为 1.57 mm 的 Rogers 5880，底层 SIW 采用 RO4360G2 板材，厚度为 0.406 mm，相对介电常数为 6.15，损耗角正切为 0.0038。

(a) 典型的新型 TTD 天线单元实物

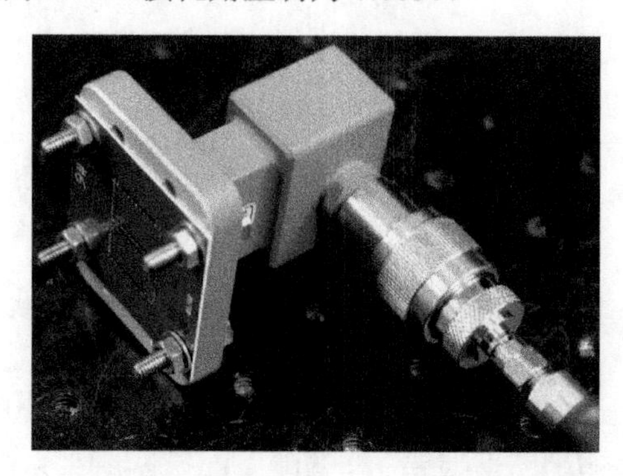

(b) 天线单元实物与 WR90 波导仿真器的连接图

图 7.27　反射阵列天线单元实物图和测试场景

在测试进行前先使用波导校准件进行校准，校准完毕后将该天线单元放置在 WR90 波导仿真器口径内，其反射系数使用矢量网络分析仪进行测量。共对 15 组不同 SIW 长度的单元进行了测试，其反射系数的相位和幅度如图 7.28 所示。图 7.28（a）中的数据为通带内不同频率（8.4GHz、9GHz、9.5GHz 和 10GHz）的相位响应。可以看到，实测数据与全波仿真的结果匹配得很好，这说明了所提出的新型 TTD 天线单元是成功可靠的。需要指出的是，图 7.28（a）中的插图为测试天线单元的散射参数曲线，其与图 7.24 不完全一致，这是因为受限于市场上介质材料的供应，加工测试的 SIW 采用的介质材料与前面理论研究时所采用的不同。

图 7.28（b）为天线单元带外和过渡带处的反射系数相位响应。可以看到，测试数据与全波仿真数据吻合得很好。带外频率处反射系数相位几乎无响应固定不变，这再次验证了前面的理论，带外频率的电磁波无法耦合进 SIW 进行传播，因此不随着 SIW 长度的改变而改变。过渡带处的频率响应说明了反射系数相位随着 SIW 长度的改变急剧变化。最后，图 7.28（c）给出了反射系数的幅

度，也就是反射阵列天线单元的损耗，包括带内和带外两种情形的损耗。可见，带外频率的单元损耗几乎不随着 SIW 长度的改变而改变，其损耗几乎固定不变，这又一次说明了带外频率的电磁波无法耦合进 SIW，从而不能在 SIW 内进行传播，也就不存在能量损耗。而带内频率则相反，由于电磁波可以耦合进 SIW 并进行传播，因此随着 SIW 长度的增大，其损耗也随之变大，这与传统的 TTD 反射阵列天线单元的测试结果类似，因为都存在传播损耗。需要注意的

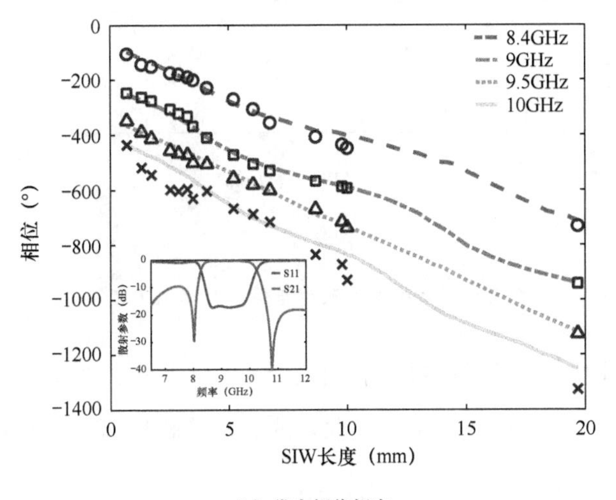


(a) 带内相位相应

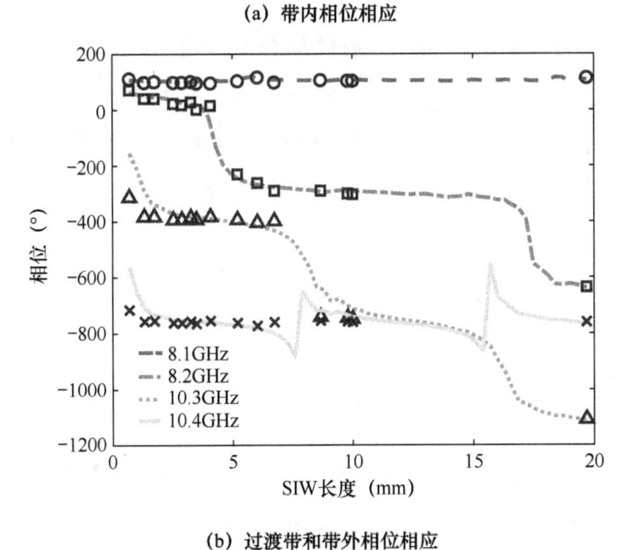


(b) 过渡带和带外相位相应

图 7.28　天线单元测试与仿真对比图

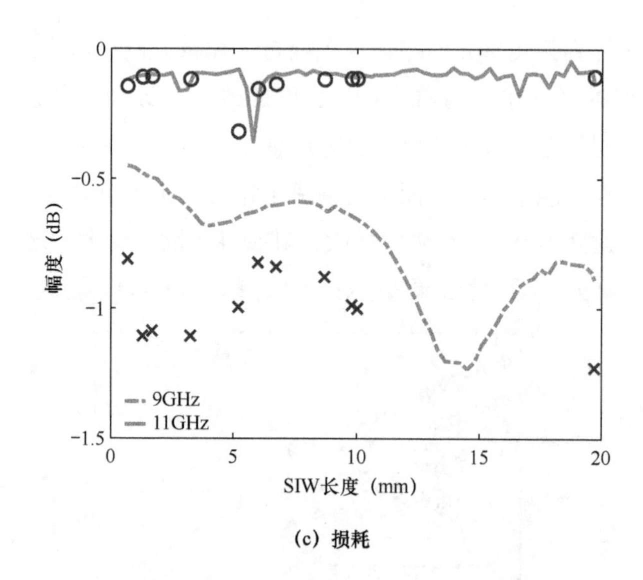


(c) 损耗

图 7.28　天线单元测试与仿真对比图（续）

是，在测试过程中，除了天线单元的加工误差，法兰与天线单元的固定松紧等因素均会造成一定程度的误差。即便如此，所提出的新型 TTD 天线单元的损耗较低，在 0.5～1.3 dB 之间。

下面基于前面的讨论，以新型三缝隙耦合的 TTD 天线单元为例，研究讨论高增益滤波一体化基站天线的辐射特性。所设计的基站天线由 50×50 单元构成，主瓣方向为 $\theta_0=18°$，$\varphi_0=0°$。基站天线带内和带外辐射方向图如图 7.29 所示，$x$ 极化的馈源喇叭用 $\cos^q(\theta)$ 函数等效建模，$q=10$，馈源位置 $x_F=-322\text{mm}$、$y_F=0$、$z_F=838\text{ mm}$，如图 7.29 所示。

从图 7.29 可见，所设计的天线在带内频率时，具有高方向性的辐射特性，这是因为反射阵列天线的各单元可以补偿由于馈源到各单元间不同的传播距离所造成的空间相位差，反射阵列天线单元在主瓣方向上辐射的电磁波能够实现同相位聚焦，从而形成高方向性。所设计的天线增益为 35.8dB，同时交叉极化电平很低，比天线最大增益低 60dB 以上。对于带外频率，所设计的天线的辐射特性则截然不同，由于带外频率的电磁波无法耦合进 SIW，电磁波不能在 SIW 内传播，此时天线的反射系数相位不随 SIW 长度的改变而改变，相位保持不变。这就导致天线各单元无法补偿馈源到各单元间不同的传播距离所造成的空间相位差，也就无法实现能量的聚焦，天线方向性较差。需要指出的是，此时反射阵列天线口面如同一面金属反射面，天线的辐射特性更多来源于馈源的镜面反射，天线增益为 17 dB。

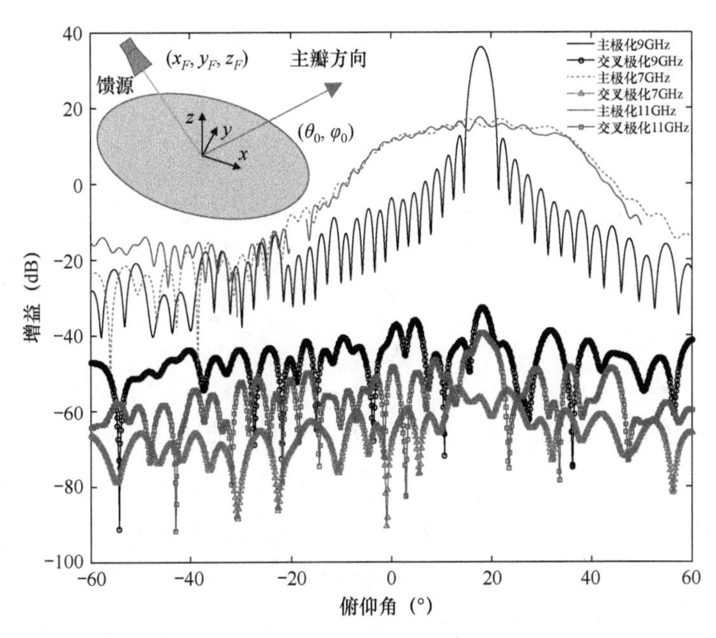


图 7.29　高增益滤波一体化基站天线带内和带外辐射方向图

图 7.30 为分别采用中国信息通信研究院所研究的 4 种 TTD 天线单元构成的反射阵列天线的增益曲线，具体包括传统的 TTD 天线单元、单缝隙耦合 TTD 天线单元、双缝隙耦合 TTD 天线单元和三缝隙耦合 TTD 天线单元。作为比较，将天线口径面用相同尺寸的金属铜板代替后的增益曲线也给出。从增益曲线中可以看出，与传统的 TTD 天线单元构成的反射阵列天线相比，所提出的基于 SIW 缝隙耦合的 TTD 天线单元构成的反射阵列天线具有很好的增益选择性，达 18 dB。由于天线单元集成了滤波器结构，并且随着滤波器结构阶数的增加，在有限频率处的传输零点也随之增加，因此所设计的天线呈现增益选择性。有限频率处的传输零点对图 7.30 中呈现的频率选择性增益曲线至关重要。

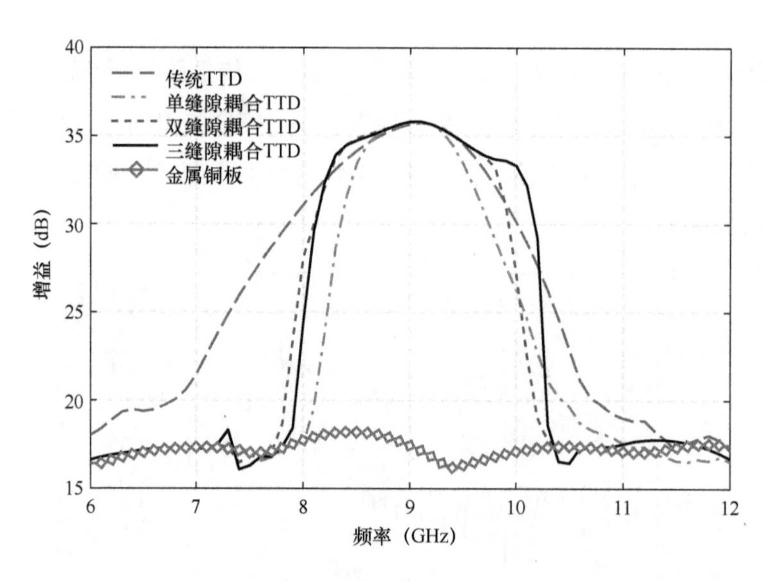


图 7.30 基站天线增益曲线

需要指出的是，在图 7.30 带外频率处，其增益曲线与单纯的金属铜板反射面的情形一致，这是由于在带外频率，电磁波无法在 SIW 内传播并直接反射出去，此时 SIW 结构的作用与金属反射板类似，各天线单元的反射系数相位不变。对于传统的 TTD 天线单元、单缝隙耦合 TTD 天线单元、双缝隙耦合 TTD 天线单元和三缝隙耦合 TTD 天线单元构成的反射阵列天线，其 3dB 增益通带带宽、高频过渡带（高频端）带宽、低频过渡带（低频端）带宽（15dB 衰减）和总过渡带带宽（低频过渡带与高频过渡带之和）如表 7.6 所示。对比可知，传统的 TTD 天线 3dB 增益带宽大于单缝隙耦合 TTD 天线，小于双缝隙耦合 TTD 天线，但是其频率选择性较差（总过渡带 48.6%）。所提的缝隙耦合 TTD 天线具有如下特点：随着耦合缝隙的增加，其通带带宽随之增加（从 12.2%增加到 20.3%）；随着耦合缝隙的增加，过渡带也更加陡峭（从 18.7%减小到 6.6%），带外抑制能力更强。

表 7.6 反射阵列天线 3 dB 增益通带和 15 dB 衰减过渡带带宽

| 类型 | 通带 | 类型 | 高频过渡带 | 类型 | 低频过渡带 | 类型 | 总过渡带 |
|---|---|---|---|---|---|---|---|
| 传统 | 16.6% | 传统 | 15.6% | 传统 | 33% | 传统 | 48.6% |
| 单缝 | 12.2% | 单缝 | 13.2% | 单缝 | 5.5% | 单缝 | 18.7% |
| 双缝 | 17.7% | 双缝 | 4.9% | 双缝 | 5.2% | 双缝 | 10.1% |
| 三缝 | 20.3% | 三缝 | 2.3% | 三缝 | 4.3% | 三缝 | 6.6% |

### 5. W 波段高增益滤波一体化基站天线

基于前面对宽频带滤波一体化基站天线的研究，中国信息通信研究院进一步设计实现了一种工作在 W 波段的高增益滤波一体化基站天线。这种 W 波段高增益滤波一体化基站天线及其设计结构可以为 B5G/6G 天线产业提供一些新思路。该天线可以广泛应用于毫米波汽车雷达、毫米波云雷达和基站端，满足高分辨率、抗干扰和广覆盖等行业需求；也可以用作微波暗室馈源，克服 5G 高频谱 OTA 空口测试中电磁波信号衰减大的问题。这套 W 波段高增益滤波一体化基站天线所特有的滤波特性可以有效抑制带外杂散信号的干扰，提升检测精确度。

W 波段高增益滤波一体化基站天线单元如图 7.31 所示。如图 7.32 所示为天线单元辐射贴片、SIW 顶层和底层结构。一个工作在 W 波段的典型实例如下：第一层介质基板 2 采用 Rogers duroid 5880，相对介电常数为 2.2，厚度为 0.127mm，第三层介质基板 5 采用 Rogers RO3006，相对介电常数为 6.15，厚度为 0.25mm，第二层的介质基板 3 采用 Rogers RO4450F 半固化片，相对介电常数为 3.52，厚度为 0.101mm。介质基板 2 和介质基板 5 通过介质基板 3 压合为一个整体。

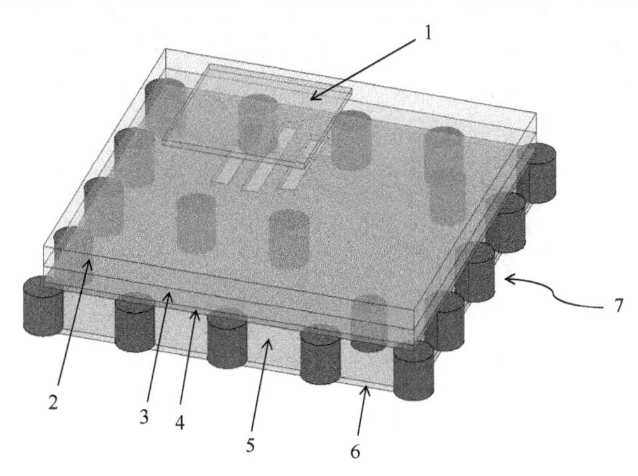


图 7.31　W 波段高增益滤波一体化基站天线单元

该天线单元工作在 W 波段，中心频率为 94GHz，经过理论计算和仿真优化后，一组优选的结构参数如下：$P_{unit}$=2.12mm，$L_{patch}$=0.81mm，$D_{via}$=0.22mm，$S_{via}$=0.53mm，耦合缝隙 401、402 和 403 的宽度均为 0.1mm，耦合缝隙 401 的长

度为 0.68mm，耦合缝隙 402 的长度为 0.74mm，耦合缝隙 403 的长度为 0.58mm，匹配过孔 81 和 82 的直径为 0.2mm。

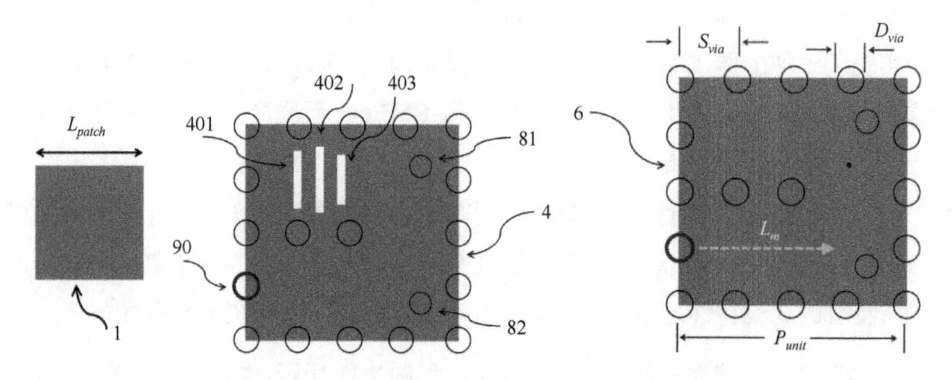


图 7.32 天线单元辐射贴片、SIW 顶层和底层结构

图 7.33 为在工作频率 94GHz 时，改变金属可移动过孔 90 的位置参数 $L_m$ 时的单元反射相位响应曲线，可见反射相位随着 $L_m$ 几乎线性变化且可以满足 360° 相位区间响应，从而支撑高增益反射阵列天线的构建。

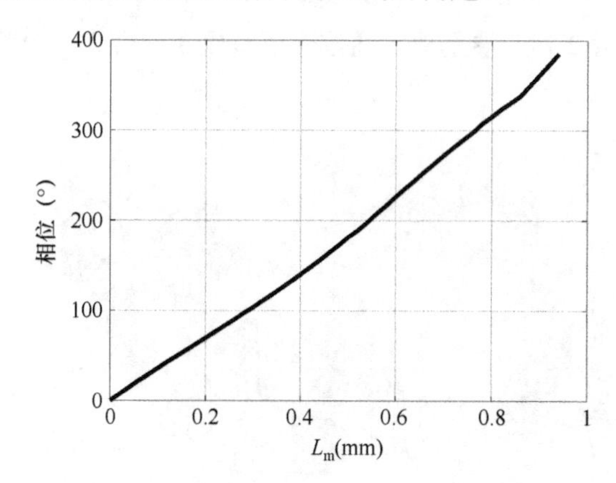


图 7.33 反射相位随着可移动过孔位置参数 $L_m$ 变化的曲线

基于上述天线单元，构建一个工作在 W 波段的高增益滤波一体化基站天线的典型实例如下。

如图 7.34 所示，空馈照射源 10 选择线极化的标准增益喇叭天线，其位置坐标为($x_f$, 0, $z_f$)=（−33.6mm, 0, 145.7mm），且馈源主瓣指向反射阵列天线平面 11 中心处。反射阵列天线平面 11 为 80×80 单元的圆形口径面，所设计的反射阵列天线主波束方向$(\theta_0, \varphi_0)=(0, 0)$。依据反射阵列天线设计理论，以及参考图 7.33 所示反射相位曲线，可以计算得出反射阵列天线平面 11 内各单元金属可移动过孔 90 的位置参数 $L_m$，从而完成完整的反射阵列天线设计。

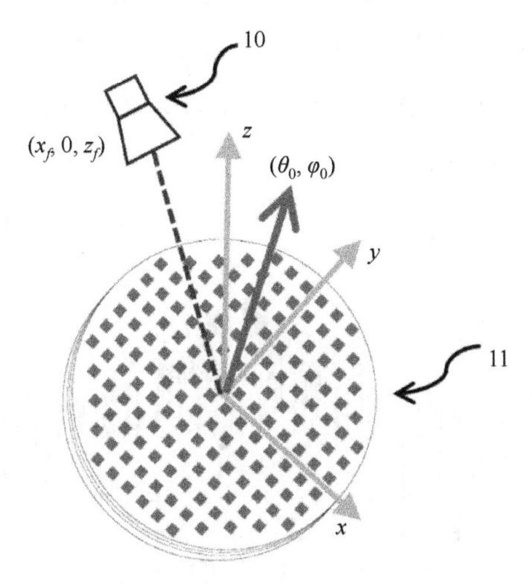


图 7.34　高增益滤波一体化基站天线示意图

顾名思义，滤波天线就是“天线+滤波器”，其既具有天线的辐射和接收电磁波信号的功能，又具有滤波器对带外杂散信号抑制的能力，是一种多功能的集成化天线。传统的如卡塞格伦等反射面天线，需要一个弯曲的金属反射面结构，体积大且难以固定。如图 7.35 所示，中国信息通信研究院研发的这套天线的底座体积大为缩减、质量小、易于安装。

图 7.35　W 波段高增益滤波一体化基站天线样机

图 7.36（a）为所构建的 W 波段高增益滤波一体化基站天线在 94GHz 时的主极化方向图，图 7.36（b）为所构建的 W 波段高增益滤波一体化基站天线在 94GHz 时的交叉极化方向图，可见所设计的基站天线表现出优秀的增益特性，增益高达 41dB；其交叉极化性能同样出色，比主极化低-60dB。此外，这里所提出的 W 波段高增益滤波一体化基站天线还具有低副瓣的特性，副瓣电平低于-30dB。

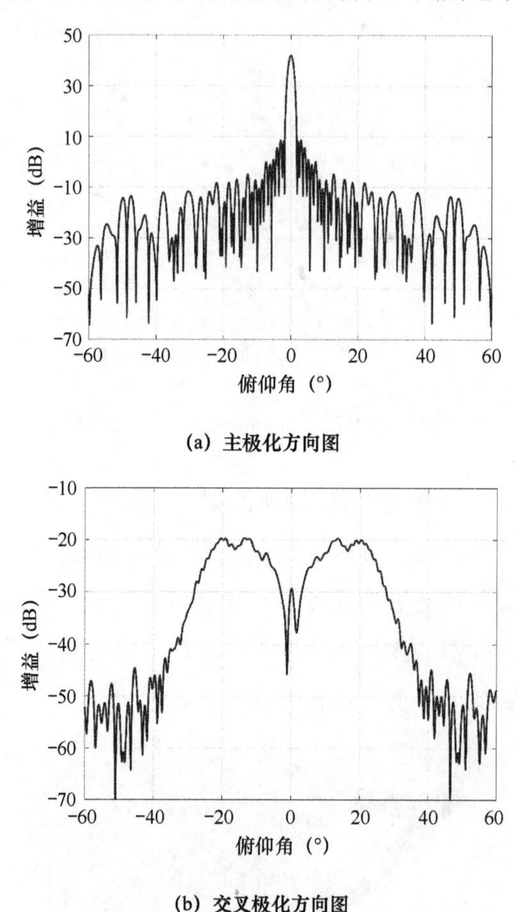


图 7.36　W 波段高增益滤波一体化基站天线主极化和交叉极化图

图 7.37 为所构建的 W 波段高增益滤波一体化基站天线增益随着频率变化的曲线，可见在带内工作频率范围内，该天线保持高增益且增益平坦，而在带外频率范围内，该天线增益被极大地削弱，增益比带内频率低 19dB，同时，过渡带陡峭，呈现良好的频率选择特性，实现了滤波性能。

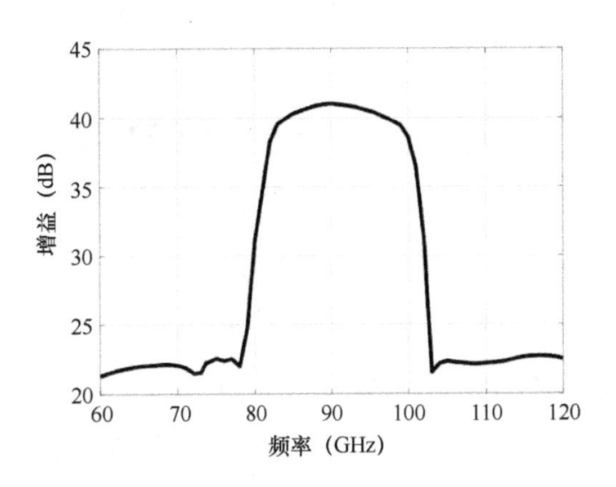


图 7.37　W 波段高增益滤波一体化基站天线增益随频率变化的曲线

## 7.5　新型材料天线技术

**电磁透镜天线：**如龙伯球之类的电磁透镜天线是近年来移动通信基站天线领域的一次突破。它在多单元的天线阵列前放了一个利用人工材料制作的介质透镜，实现了一种高增益预置波束天线。和使用自适应波束赋形的智能天线相比，电磁透镜天线具有增益高、无赋形损失、旁瓣低和宽频一致性好等优点，已在国内高速公路、高速铁路等场景中得到一些部署和应用。

**基于石墨烯的等离子体天线：**石墨烯是一种纳米材料，在 2004 年通过实验获得，为一个原子厚度。与传统的微制造天线相比，基于石墨烯的等离子体天线具有相对较小的尺寸。这类天线的尺寸从几十纳米到几微米，可以很容易地集成到纳米设备和通信系统中。当这类天线的响应可以通过材料掺杂来调整时，使用基于石墨烯的等离子体天线将会具有更多灵活多变的特性。

**液体天线：**液体天线是用导电液体取代普通天线辐射单元所使用的金属材料构成的天线。液体天线有采用离子液体做辐射单元的，也有采用液态金属或液晶材料做辐射单元的。相比于传统的金属天线，由于其流体特性，可以在频率、方向图、极化等方面实现重构。同时，液体天线能够在不施加压力的状态下变成各种形状，弯折也不会导致材料疲劳，甚至能在被破坏后自我修复且消除空气缝隙，具有良好的发展前景。

# 7.6 B5G/6G 频谱应用与天线候选技术

随着 5G 的发展，5G 网络建设和终端设备已逐步定型并步入商用阶段。同时，6G 已成为备受瞩目的重要领域，具有广阔的科研与商业前景。6G 的数据传输速率可能达到 5G 的 50 倍，时延缩短到 5G 的 1/10，在峰值速率、时延、流量密度、连接数密度、移动性、频谱效率、定位能力等方面远优于 5G。这些都推动着天线和射频系统的材料、工艺、技术及形式不断演进。

## 7.6.1 发展趋势

现阶段天线和射频系统有如下几个重要发展趋势。

### 1. 向高频段发展

毫米波在 5G 移动通信系统中不可或缺。作为 6G 潜在发展方向之一，星联网（IoS）为实现全时空覆盖，需要 Ka 频段与其他频段的多种天线系统的支撑。近年来，太赫兹（THz）技术引起学术界和工业界的广泛关注，是国际公认的前沿技术之一。

### 2. 新材料和超材料应用

新材料和超材料所具有的超然特性使天线更趋小型化，不易受干扰，性能也更优异，这是因为新材料和超材料突破了传统材料难以逾越的天线理论和工程障碍。

### 3. 信道特性的演进

拥有新架构或新频带的天线，如三维 MIMO 天线和毫米波/太赫兹天线将带来新的传播信道特性。为此，天线设计者和工程师需要研究不同场景与应用中不同传输信道天线的性能。

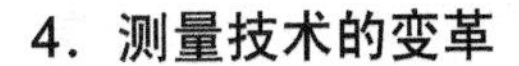

4. 测量技术的变革

在 5G 时代，传统的测量策略与方法、测试指标甚至概念可能不再适用于新的 5G 空口技术。全新的测量方法和测试指标正在迅速定型且有望成为国际标准。因此，当下全面规划 5G 和 6G 天线测量技术至关重要。

## 7.6.2 太赫兹通信

太赫兹（THz）通信与 Sub-太赫兹（Sub-THz，频率超过 100GHz，如 D 频段、110～170GHz 频段等）通信的连续大带宽的可用性，将成就 6G 时代短距离高数据速率的传输系统，因此需要释放太赫兹频段的无线电频谱，以应对大范围应用。

太赫兹频段面临的挑战主要来自其频谱传播特性和射频器件成熟度的限制。太赫兹频段存在严重的路径损耗，300 GHz 频段在距离 10 m 处的路径损耗可达 100 dB，而且在大气中传播也会受到水蒸气和氧气分子吸收的影响，同时由于频段高，绕射和衍射能力差，受周围障碍物遮挡的影响也很大。除太赫兹频段本身的传播特性外，太赫兹频段也对芯片和器件性能提出了更高的要求，其中，功率放大器（PA）是太赫兹频段应用的重大障碍之一，随着频段的升高，PA 的输出功率和功率效率都将大幅降低，难以满足基站和终端的实际应用需求。太赫兹频段在未来 6G 的应用中，需要在关键技术及核心器件等领域实现突破，包括面向太赫兹频段进行信道传播特性测量与建模，针对不同应用场景分析大气衰减、分子吸收、气候等对太赫兹传播的影响，建立太赫兹通信信道模型；研发太赫兹关键元器件及基于新型半导体材料的太赫兹射频芯片，满足高效率、低能耗和低成本的要求；研究适应太赫兹通信传输特性的系统设计方案，包括宽带调制解调技术、高速信道译码技术、超窄波束的精确对准及快速跟踪技术等。

## 7.6.3 可见光通信

可见光通信是指以可见光波段的光作为信息载体进行数据通信的技术，与传统无线通信相比，可见光通信具有超宽频带，并可兼具通信、照明、定位等功能，而且无电磁污染，采用新材料，引入蓝色滤波、脉冲整形等技术可以有效提升 LED 带宽，如基于 InGaN 的高功率蓝光超发射二极管（SLD）调制带宽可达 800 MHz 以上。除有效提升 LED 有效带宽外，可见光通信关键技术还包括超高速率可见光通信调制编码技术、阵列复用等高效传输技术、可见光通信多址接入及组网技术。此外，可见光通信需要在超高速率可见光传输收发芯片、器件与模块等领域实现突破。

可见光通信目前还面临着一系列的技术挑战，有效带宽较低，虽然可见光频段有高达 400 THz 的光谱资源，但商用的 LED 的调制带宽仅有数十 MHz，直接限制了可见光通信的传输速率，可见光通信通过多路涡旋电磁波的叠加实现高速数据传输，为移动通信提供了新的物理维度。

### 7.6.4 轨道角动量技术

随着无线通信技术的飞速发展，射频频谱资源已趋近香农极限。轨道角动量（Orbital Angular Momentum，OAM）技术在理论上能提供无限多个正交信道，可有效提高频谱利用率。

从电磁波的物理特性来讲，电磁波不仅具有线动量，还具有角动量，轨道角动量分为量子态轨道角动量和统计态轨道角动量。量子态轨道角动量技术是由发端装置旋转自由电子激发轨道角动量微波量子，并辐射到收端，收端自由电子耦合微波量子将其转换为具有轨道角动量的电子，通过电子分选器后，特定的轨道角动量电子被检测并解调，提取所携带的信息的技术。量子态轨道角动量需要专门的发射和接收装置。统计态轨道角动量技术是使用大量传统平面波量子构造涡旋电磁波，利用具有不同本征值的涡旋电磁波的正交特性的技术，可应用于飞机、医院、工业控制等对电磁敏感的环境。

研究文献中已经有学者提出用于产生 OAM 的天线、修正的螺旋抛物面天线、环形阵列天线、圆形微带天线等。

当前，轨道角动量在无线通信中的应用仍处于探索阶段，研究难点主要在于轨道角动量微波量子产生与耦合设备小型化技术、射频统计态轨道角动量传输技术，以及如何降低传输环境对涡旋电磁波的影响等。

## 7.6.5　带内全双工技术

带内全双工（In-Band Full Duplex，IBFD）无线通信允许节点在同一频段上同时发送和接收信号，与传统双工技术相比，其在理论上最大可成倍提高频谱效率及网络吞吐量，是 5G 系统充分挖掘无线频谱资源及新空口技术的重要研究方向之一。在 4G 网络中，进行频谱资源的挖掘分析主要是采用 FDD 和 TDD 两种方式，但可挖掘的频谱资源有限，5G 时期需要加强对带内全双工技术的应用，挖掘更多的频谱资源，为 5G 网络的搭建奠定基础。

作为 5G 关键技术之一的带内全双工技术具有同时、同频收发信号的能力。作为下一代无线网络中最具前景的一种技术，带内全双工技术不仅能够提高系统频谱效率，而且有助于解决如今无线网络环境中的一些问题，如隐藏终端、端到端时延过大、频谱使用灵活性较低等。

但是，在目前的研究中发现，带内全双工技术在使用时存在一个很大的问题，即在同频段接收时形成的干扰较大，会影响该技术性能的发挥。在传统的无线通信中，若收发信机工作在同样的频率下，则发射机发出的信号会被自身的接收机接收，从而产生严重的自干扰，进而影响信号的正常接收。研究人员普遍认为，在通信站点之间收发信号时，不同用户终端（User Terminal，UT）之间要么工作在不同的频段上（FDD 技术），要么工作在不同的时段上（TDD 技术）。随着自干扰抵消技术的不断发展，带内全双工技术不断成熟，可以真正意义上实现同时、同频传输，技术转化前景乐观。

## 7.6.6　非互易性天线

作为 6G 候选关键技术之一，带内全双工技术可以解除传统双工机制对收发信机频谱资源利用的限制，有助于进一步提高频谱效率和系统的灵活性。非互易性天线可以支撑同时、同频全双工通信，在 6G 时代可能被应用。非互易性是指电磁波在某介质材料中沿相反的两个方向传输会呈现不同的电磁损耗和相移的特性。

最近几年，国外的一些学者成功采用基于时空调制的方法打破时间反演对称性，从而实现了无磁偏置的非互易性器件。非互易性天线在实现有用电磁信号的高效稳定单向传输的同时不会接收地面强反射信号或敌方强电磁信号的干扰。时空调制的一般实施方法为：在某媒质或器件上离散地加载时变调制信号，并控制调制信号的频率、幅度和初始相位来实现电磁波的非互易性传播。

随着集成电路技术的不断革新，无线通信系统正不断往集成化和小型化方向发展。采用铁氧体等磁性材料的非互易性器件需要笨重的外加磁铁来提供所需要的磁场偏置，由于磁性材料晶格与 CMOS（Complementary Metal-Oxide Semiconductor）集成电路加工工艺不兼容，导致这些非互易性器件的集成化存在困难。采用基于时空调制的方法打破时间反演对称性，可以设计平面化、小型化、低成本和能与 CMOS 工艺兼容等特性的非互易性器件。

随着 5G 通信、自动驾驶、物联网、毫米波和太赫兹雷达等新兴应用的飞速发展，我们对器件的集成度要求越来越高，基于时空调制的非互易性天线无须磁性材料偏置，具有与 CMOS 工艺兼容的特性，因此在电路小型化和集成化方面有巨大的应用前景。

### 7.6.7 超材料天线

将超材料与天线设计相结合，可以有效增大天线的等效辐射口径，增加天线增益。基于超材料的天线阵列也可以解决天线阵列间的耦合问题，改善天线的辐射特性，克服大规模阵列天线普遍存在的方向图畸变的问题。

# 结束语

移动通信发展至今，网络性能逐代提升，新技术、新产品的更新迭代加速。天线产品的技术水平也随着通信系统的发展不断发生着巨大的变化，系统的重要性也在不断攀升。

本书对天线产品的检测架构、检测方法、检测工具进行了细致全面的介绍，对未来天线的发展趋势，以及新技术、新形态进行了介绍。

未来，天线将持续向着大带宽、全双工、集成化、小型化的方向发展，也将给测试技术带来持续的挑战。我们也将持续应对这方面的挑战，研发更科学、准确的测试方法，为天线产业的发展提供坚实的检测平台。

# 附录 A

# 一种典型的基站天线检测实验室配置

为满足基站天线常规测试需求，实验室需要具备辐射性能检测能力、电路性能检测能力、环境可靠性检测能力。其中，辐射性能检测目前主流的测试方案是选用多探头球面近场和室内远场方案。下面介绍一种典型的基站天线检测实验室配置情况。

# A.1 辐射性能检测配置

## A.1.1 近场配置

选用 SG 128 球面近场测试系统作为天线辐射参数测试暗室，暗室尺寸为 12m×10m×10m，测试静区尺寸为 3.2m。由于基站天线体积较大，最大长度可能接近 3m，所以一般选用 128 或更多探头的球面近场测试系统作为测试解决方案。在一般情况下，更多探头的球面近场测试静区尺寸会随着探头数量的增加而增大，可以满足基站天线辐射性能测试的需求。但更多探头的测试场地对空间的要求更高，建设成本也更高，综合考虑测试需求和建设成本，选用 128 探头球面近场为最优天线辐射性能测试解决方案。

如图 A.1 所示为 SG 128 球面近场测试系统。

图 A.1　SG 128 球面近场测试系统

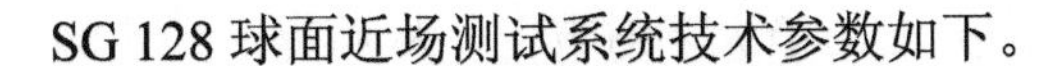

SG 128球面近场测试系统技术参数如下。

（1）暗室尺寸：12m×10m×10m。

（2）暗室屏蔽性能：≤−100dB。

（3）探头数量：127+1。

（4）相邻探头距离角度：2.54°。

（5）探头幅相一致性：相位差≤1.0°、幅度差≤1.4dB。

（6）探头交叉极化比：≤−35dB。

（7）转台精度：0.01°。

（8）转台最大承重：100kg（被测物重量）。

（9）静区尺寸：3.2m。

（10）静区反射电平：

698～960MHz：≤−40dB；

1710～2690MHz：≤−43dB。

（11）测试支持频段：400MHz～6GHz。

（12）增益不确定性：≤0.24。

（13）方向图测试误差：

−10dB 电平±0.7dB 以内；

−15dB 电平±1.4dB 以内；

−20dB 电平±2.1dB 以内；

−25dB 电平±2.8dB 以内；

−30dB 电平±3.5dB 以内。

SG 128 球面近场测试系统的环均匀地布置了 127 个探头，被测天线只需自传 180°即可得到三维辐射方向图，后续可以从三维辐射方向图中的任意切面截取天线的二维辐射方向图。相对于远场测试系统，近场测试系统不仅提高了基站天线的测试效率，也能更准确地找到天线的最大辐射方向，从而提高天线测试的准确度。

SG 128 球面近场测试系统的转台精度及转台最大承重对基站天线检测的影响较大。转台在测试过程中会产生回程差，转台精度低会使转台回转后距离零点位置有较大偏差，从而造成天线测试误差。另外，由于基站天线越来越趋向多模化，天线的尺寸和质量都逐渐增大，目前天线最大质量可达 70kg，所以测试转台的承重也必须满足天线质量要求。

SG 128 球面近场测试系统测得的原始数据为近场数据，需要通过配套的数据处理软件，将近场数据转换为远场数据，再分析辐射指标。为了测试和数据处理的便捷，目前大部分测试软件和数据处理软件是集成在一起的，SG 128 球面近场测试系统软件测试操作界面如图 A.2 所示。

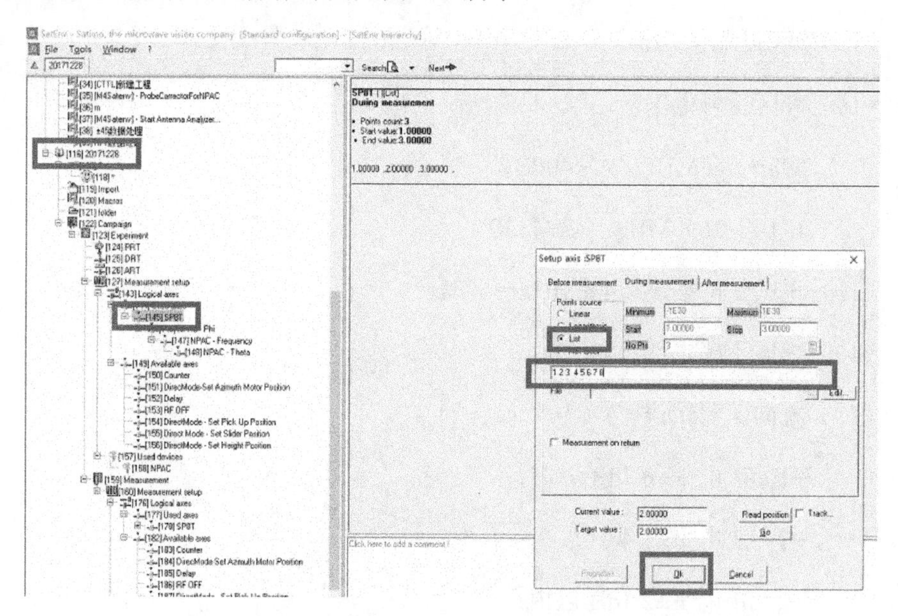


图 A.2　SG 128 球面近场测试系统软件测试操作界面

SG 128 球面近场测试系统数据处理操作界面如图 A.3 所示。

在执行测试操作界面中，可以在相应位置输入测试端口、测试频点等信息，在测试结束后可以根据实际情况对测试生成的原始文件命名。在数据处理操作界面中，可以对原始数据进行远近场转换，远场数据可以根据不同需求在任意下倾角位置进行切割，分析最终的增益、半功率波束宽度、前后比等指标。

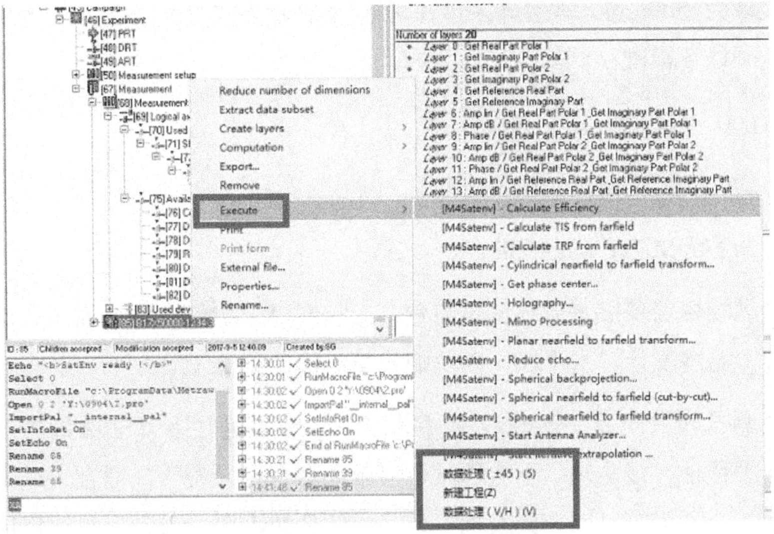

图 A.3　SG 128 球面近场测试系统数据处理操作界面

## A.1.2　远场配置

室内远场主体尺寸为 59m×28m×28m，发射喇叭操作间内尺寸为 6m×4m×4m，暗室静区尺寸为 3m×3m×3m，收发距离≥40m。频率在 400MHz～6GHz 范围内暗室屏蔽效能≤−100dB。如图 A.4 所示为室内远场测试系统。

图 A.4　室内远场测试系统

暗室内吸波材料尺寸分别为 1000mm、1200mm、1600mm，发射操作间内吸波材料尺寸为 500mm。暗室静区口径场幅度锥削度≤0.3dB，暗室静区反射电平性能应达到以下标准。

（1）600～960MHz：≤-40dB。

（2）1700～2700MHz：≤-43dB。

（3）≥2700MHz：≤-45dB。

室内远场内需要配置天线测试转台、矢量网络分析仪、标准喇叭天线、激光对准装置、温湿度计、水平尺，以及捆扎带等辅助测试工具。

天线测试转台承重≥200kg，精度≤0.1°。转台包含下方位轴、上方位轴、俯仰轴、平移轴、极化轴。下方位轴可以带动转台台面旋转，适合天线架设、拆卸时使用；上方位轴可以在天线抱杆有一定倾斜角度时，带动天线抱杆以抱杆为中心进行自传，适合有下倾角天线测试时使用；俯仰轴可以使天线抱杆下降到合适角度，方便被测天线拆装；平移轴控制天线抱杆在转台平面上平移，用来对准被测天线相位中心；极化轴以被测天线为中心旋转，可在测试基站天线水平面和垂直面时调整天线姿态。如图 A.5 所示为基站天线测试站台。

图 A.5　基站天线测试转台

由于室内远场测试转台的抱杆较高，升降速度较慢，为了提高效率，可以在转台附近设置一个升降平台，拆装天线时只需要将抱杆部分降下来，操作人员在升降平台上操作天线的拆装，提高测试效率。另外，暗室配备1分8电子切换开关，支持同时连接天线的8个端口进行测试，大大地提高了测试效率。

室内远场配备频率覆盖400MHz～6GHz的窄频标准喇叭天线两套，用来校准天线增益，以及频率覆盖400MHz～6GHz的矢量网络分析仪。

暗室除以上配置外，还配置了两套烟雾探测装置，自动、手动报警装置，以及通风、除湿等装置。

## A.1.3 紧缩场配置

紧缩场测试系统由微波暗室、反射板、U形测试转台、功率放大器、馈源等组成，测试频率范围为2～110GHz。如图A.6所示为紧缩场测试系统。

图A.6 紧缩场测试系统

微波暗室尺寸为10m×5m×5m，屏蔽性能如下。

（1）2～18GHz：≤-100dB。

（2）18～40GHz：≤-90dB。

（3）40～110GHz：≤-80dB（仿真值）。

暗室静区尺寸≥90cm，幅度锥度≤1dB，相位锥度≤5°，幅度波动在±3.5dB范围内，相位波动在±5°范围内，交叉极化比≤−30dB。

反射面尺寸为2.2m×2.2m，反射面表面公差≤10μm。

U形测试转台宽1.5m、深1.2m，由横滚轴、俯仰轴、方位轴组成，如图A.7所示。U形测试转台上半部分为非金属材质，可以测试最大尺寸为1.0m×1.0m×0.4m的天线，转台精度≤0.05°，升降精度在±1mm范围内，最大有效承重为100kg。U形臂下方配备1分8电子切换开关，可以有效保证测试效率。

图 A.7　U形测试转台

除以上配置外，紧缩场测试系统还配备了覆盖2～110GHz的矢量网络分析仪、信号源及频谱分析仪。

## A.2　电路性能测试

电路性能测试涉及的仪表设备主要有电路参数暗室、互调测试仪、矢量网络分析仪等。根据标准要求，电路参数暗室的稳定测试区域需要大于天线尺寸，所以电路参数暗室外尺寸一般以大于5m×3m×3m为宜。

选用外尺寸为7m×5m×5m的暗室作为电路参数测试暗室，暗室的技术参数如下。

（1）暗室尺寸：7m×5m×5m。

（2）测试区域尺寸：≥4m×1.5。

（3）暗室屏蔽性能：≤-100dB。

电路性能测试需要配备互调测试仪（包含信号源、频谱仪）、矢量网络分析仪、互调标准件、低互调负载等设备，设备技术参数如下。

（1）信号源、频谱仪频率覆盖范围：698MHz～3GHz。

（2）矢量网络分析仪频率覆盖范围：698MHz～3GHz。

（3）互调标准件频段：GSM900、GSM1800、DCS、WCDMA、F、A、LTE 等。

由于基站天线的互调指标受环境影响变化比较明显，所以对互调测试仪的要求比较高。一般要求互调测试仪各频段的残余互调指标在-125dBm 以下，对同一基站天线样品同一端口的互调田字格测试，要求田字格外围 8 个节点的测试结果与田字格中心点的测试结果差异在 2dB 以内，田字格的边长为测试频段的一个波长距离。满足以上要求的互调测试场地为合格的互调测试场地。

另外，驻波比测试也需要满足田字格测试要求。驻波比测试田字格的边长同样为测试频段的一个波长距离。选择驻波比为 1.35 左右的天线，在田字格的外围 8 个节点的测试结果与在田字格中心点测试的结果最大差值在±0.02 以内，则测试场地及仪表满足电路参数测试要求。

## A.3　环境可靠性检测

高低温试验箱技术参数如下。

（1）高低温试验箱内尺寸：3.6m×2.6m×2.2m。

（2）最低温度：-60℃。

（3）最高温度：100℃。

（4）最大湿度：98%R.H.。

（5）温变速率：≥1.5℃/min。

振动台技术参数如下。

（1）最大推力：5t。

（2）最小起振频率：5Hz。

（3）支持振动方向：三维振动。

淋雨房技术参数如下。

（1）淋雨房有效尺寸：3.5m×3m×3m。

（2）最大降雨量：4000mm/h±300mm/h。

（3）雨量可调：可调。

（4）顶部、侧部都可喷水：支持。

盐雾试验箱技术参数如下。

（1）盐雾试验箱尺寸：3m×0.8m×0.6m。

（2）最大沉降量：≥2mL/80cm$^2$。

大功率试验设备技术参数如下。

（1）支持频段：698MHz～6GHz。

（2）最大峰值功率：1000W。

（3）最大平均功率：500W。

（4）大功率暗室尺寸：7m×5m×5m。

以上仪器及设备要求为基站天线常用环境可靠性测试的基本要求。

以上为典型基站天线测试实验室的基本配置，可以满足天线辐射性能、电路性能，以及基本的环境可靠性能测试需求。如果是基站天线供应商的检测实验室，还需配备跌落试验机、碰撞试验机、模拟运输试验机等设备。

# 参考文献


[1] 周峰，高峰，张武荣，等. 移动通信天线技术与工程应用[M]. 北京：人民邮电出版社，2015.

[2] 王玖珍，薛正辉. 天线测量实用手册[M]. 北京：人民邮电出版社，2013.

[3] 钟顺时. 天线理论与技术[M]. 北京：电子工业出版社，2011.

[4] TSE, P. VISWANATH. Fundamentals of Wireless Communication[M]. Cambridge University Press, 2005.

[5] ETSI. ETSI TS 138 104 V16.4.0[S] 3GPP, 2020-07.

[6] 百度百科. 国际电工委员会[EB/OL].（2019-11-04). https://baike.baidu.com/item/%E5%9B%BD%E9%99%85%E7%94%B5%E5%B7%A5%E5%A7%94%E5%91%98%E4%BC%9A/2876390?fr=aladdin.

[7] 百度百科. 国际电信联盟[EB/OL].（2020-04-06）. https://baike.baidu.com/item/%E5%9B%BD%E9%99%85%E7%94%B5%E4%BF%A1%E8%81%94%E7%9B%9F.

[8] 百度百科. 电气与电子工程师协会[EB/OL].（2021-04-08）https://baike.baidu.com/item/%E7%94%B5%E6%B0%94%E4%B8%8E%E7%94%B5%E5%AD%90%E5%B7%A5%E7%A8%8B%E5%B8%88%E5%8D%8F%E4%BC%9A.

[9] 百度百科. 欧洲电信标准化协会[EB/OL].（2021-2-3). https://baike.baidu.com/item/%E6%AC%A7%E6%B4%B2%E7%94%B5%E4%BF%A1%E6%A0%87%E5%87%86%E5%8C%96%E5%8D%8F%E4%BC%9A.

[10] 百度百科. 第三代合作伙伴计划[EB/OL].（2018-01-08). https://baike.baidu.com/item/%E7%AC%AC%E4%B8%89%E4%BB%A3%E5%90%88%E4%BD%9C%E4%BC%99%E4%BC%B4%E8%AE%A1%E5%88%92.

[11] 百度百科. 下一代移动通信网[EB/OL].（2021-01-27). https://baike.baidu.com/item/%E4%B8%8B%E4%B8%80%E4%BB%A3%E9%80%9A%E4%BF%A1%E7%BD%91%E7%BB%9C/8510321?fr=aladdin.

[12] 百度百科. 中国通信标准化协会[EB/OL].(2021-01-15). https://baike.baidu.com/item/%E4%B8%AD%E5%9B%BD%E9%80%9A%E4%BF%A1%E6%A0%87%E5%87%86%E5%8C%96%E5%8D%8F%E4%BC%9A.

[13] 中国国家标准化委员会网站[EB/OL].(2021-01-19).http://www.sac.gov.cn/.

[14] IEEE. IEEE 149-1979 IEEE Standard Test Procedures for Antennas[EB/OL].(2021-03-05). https://ieeexplore.ieee.org/document/19510.

[15] IEEE. IEEE 149-1979 IEEE Standard Test Procedures for Antennas[EB/OL].(2021-03-05). https://ieeexplore.ieee.org/document/19510.

[16] NGMN. Recommendation on Base Station Antenna Standards[S]. NGMN Alliance, 2017-02-17.

[17] 3GPP. 3GPP TS 38.141-2 Base Station (BS) conformance testing Part 2: Radiated conformance testing[EB/OL].(2021-03).https://www.tech-invite.com/3m38/tinv-3gpp-38-141-2.html.

[18] 3GPP. 3GPP TS 37.145-2 Active Antenna System (AAS) Base Station (BS) conformance testing; Part 2: radiated conformance testing[EB/OL].(2020-12-10). https://portal.3gpp.org/desktopmodules/Specifications/SpecificationDetails.aspx?specificationId=3368.

[19] International Electrotechnical Commission. IEC 62037 系列标准[S]. International Electrotechnical Commission, 2013-01.

[20] Antenna Interface Standards Group. AISG 协议[EB/OL].(2019-10-15).http://www.aisg.org.uk/

[21] 中国国家标准化管理委员会. GB/T 9410-2008 移动通信天线通用技术规范[S]. 北京：中国标准出版社，2008-04-11.

[22] 中国国家标准化管理委员会. GB/T 21195-2007 移动通信室内信号分布系统天线技术条件[S]. 北京：中国标准出版社，2007-11-14.

[23] 中华人民共和国信息产业部. YD/T 1059-2004 移动通信系统基站天线技术条件[S]. 北京：人民邮电出版社，2004-12-22.

[24] 中华人民共和国工业和信息化部. YD/T 2635-2013 移动通信基站用一体化美化天线[S].北京：人民邮电出版社，2013-10-17.

[25] 中华人民共和国工业和信息化部. YD/T 2866-2015 移动通信系统室内分布无源天线[S]. 北京：人民邮电出版社，2015-07-14.

[26] 中华人民共和国工业和信息化部. YD/T 2867-2015 移动通信系统多频段基站无源天线[S]. 北京：人民邮电出版社，2015-07-14.

[27] 中华人民共和国工业和信息化部. YD/T 2868-2015 动通信系统无源天线测量方法[S]. 北京：人民邮电出版社，2015-07-14.

[28] 中华人民共和国工业和信息化部. YD/T 1710.1-2015 数字蜂窝移动通信网智能天线 第 1 部分：天线[S]. 北京：人民邮电出版社，2015-07-14.

[29] 中华人民共和国工业和信息化部. YD/T 3061-2016 TD-LTE 数字蜂窝移动通信网智能天线[S]. 北京：人民邮电出版社，2016-07-01.

[30] 中华人民共和国工业和信息化部. YD/T 3182-2016 天线测量场地检测方法[S]. 北京：人民邮电出版社，2016-10-22.

[31] 中华人民共和国信息产业部. YD/T 1710.1-2007 TD-SCDMA 数字蜂窝移动通信网智能天线第 1 部分：天线[S]. 北京：中国标准出版社，2007-09-29.

[32] NGMN. N-P-BASTA Recommendations on Base Station Antenna Standards V11.1[EB/OL]. (2019-06-03) http://www.doc88.com/p-73747391151872.html.

[33] 吴翔，刘罡，张宇. 天馈系列行业标准建设的作用及影响[J]. 电信技术，2016(08)：107-111.

[34] 王守源，陈林，陈喆，安少赓. 基站天线测试场地对比和技术要求[J]. 通讯世界，2020(11)：179-180.

[35] 王守源，安少赓，呼彦朴，魏蔚. 5G 基站的电磁特性检测[J]. 安全与电磁兼容，2020(06)：18-22.

[36] 魏克军，赵洋，徐晓燕. 6G 愿景及潜在关键技术分析[J].移动通信，2020，44(06)：17-21.

[37] 朱伏生，赖峥嵘，刘芳. 6G 无线技术趋势分析[J]. 信息通信技术与政策，2020(12)：1-6.

[38] 段宝岩. 后 5G 与 6G 天线系统技术演进与创新[J]. Frontiers of Information Technology & Electronic Engineering, 2020, 21(1)：1-3.

[39] 孙学宏，李强，庞丹旭，曾志民. 轨道角动量在无线通信中的研究新进展综述[J]. 电子学报，2015，43(11)：2305-2314.

[40] 党唯菓，朱永忠，余阳，张叶枫. 无线通信中的轨道角动量天线综述[J]. 电子技术应用，2017，43(06)：33-36+44.

[41] 周余昂，谢文宣，朱永忠，等. 涡旋电磁波无线通信技术发展综述[J]. 电讯技术，2020，60(12)：1513-1522.

[42] 丁浩. 新型水天线的理论研究与设计[D]. 哈尔滨：哈尔滨工业大学，2019.

[43] 王伟. 基于液态金属表面反应的频率可重构天线设计[D]. 西安：西安电子科技大学，2019.

[44] 6G 新天线技术白皮书[EB/OL]. https://mp.weixin.qq.com/s?__biz=MzA4NDczODcyNQ==&mid=2689393002&idx=1&sn=fe15d1d2b0fb498cc12f9275f8fd5c73&chksm=ba5ad6a08d2d5fb688ac472d698ebeb408d99408a63ab7ced333d6cc725a81c068bc01a1f044&mpshare=1&scene=1&srcid=0110ea8SHOpBDzVwPbmosiWa&sharer_sharetime=1621581095183&sharer_shareid=b8b3fffa835f66dbb87fcc93bed94851&exportkey=AUMDV%2Bqd8R3hzmvvQ4%2FEq4w%3D&pass_ticket=xvJzWpdBeWGZQ19XTnFw82f5ae%2FQlsSC4y41loI9KDFteLOEQIwCfb%2BUCP3nLXwg&wx_header=0#rd，2020.11.

[45] 曹云飞，杨圣杰，章秀银. 面向 5G 移动通信的滤波天线及阵列. 中国科学基金[J]. 2020：34(2)：154-62.

[46] ZANG J W, EDUARDO C, WANG X T, et al. Analysis and Design of Reflectarray Antennas Based on Delay Lines: A Filter Perspective. IEEE Access 8[J]. 2020: 44947-44956.